房地产开发企业核心岗位培训教材

房地产投资岗工作入门指南

牧　诗　编著

中国建筑工业出版社

图书在版编目（CIP）数据

房地产投资岗工作入门指南 / 牧诗编著．—北京：中国建筑工业出版社，2020.3（2021.3重印）
房地产开发企业核心岗位培训教材
ISBN 978-7-112-24658-8

Ⅰ.①房… Ⅱ.①牧… Ⅲ.①房地产投资－岗位培训－教材
Ⅳ.①F293.353

中国版本图书馆CIP数据核字（2020）第010914号

投资岗是房地产类企业的重要岗位之一，投资拓展工作能够与财务、法务、税务、营销、工程、设计、成本等其他岗位联动，也涉及广泛的专业知识和扎实的业务能力。房地产业是我国重要社会产业之一，企业和行业的发展都对相关岗位人员提出了更高的要求。

本教材从房地产企业投资岗的实际需求出发，结合作者多年的工作经验，系统、完整地介绍了房地产投资岗所需的相关知识和工作经验。主要内容包括：房地产行业介绍、房地产投资工作介绍、土地获取一般流程、土地获取基本模式、目标市场调研、尽职调查、房地产主要税费、房地产投资测算、如何写好投资建议书、房地产高效投资工具介绍、房地产投资岗求职以及关于房地产从业的一些思考。

本教材可作为房地产企业对从业人员的岗位培训教材，还可作为房地产类及相关专业的院校师生的教学用书，也可作为相关行业人员的学习、参考资料。

责任编辑：张　晶　吴越恺
责任校对：李欣慰

房地产开发企业核心岗位培训教材
房地产投资岗工作入门指南
牧　诗　编著
*
中国建筑工业出版社出版、发行（北京海淀三里河路9号）
各地新华书店、建筑书店经销
北京雅盈中佳图文设计公司制版
北京同文印刷有限责任公司印刷
*
开本：787×1092毫米　1/16　印张：$13\frac{3}{4}$　字数：290千字
2020年6月第一版　2021年3月第二次印刷
定价：48.00元
ISBN 978-7-112-24658-8
（35251）

前　言

2017 年以来房地产行业发生深度分化，马太效应明显。这个时代是优秀房企和优秀城市运营商的春天，但却是落后房企的冬天。在这一轮洗牌中，众多没有竞争力的中小房企将逐步退出历史舞台或被收购，而一大批前瞻变革、现金为王的房企会适者生存，继续生长。在此背景下，“投资拿地”已经成为房地产企业面向未来的战略性能力，并且成为每一家房企生存的基石。行业对投资拓展人员的需求也达到了前所未有的高度。

投资拓展工作会接触到财务、法务、税务、营销、工程、设计、成本等各个条线的专业知识，静可以报告无数，动可以和政府、合作方谈判，工作可谓相当复合。职业发展路径上，既可以在地产行业内走职能条线或项目条线发展，也可以跳出房地产去到金融、基金公司从事不动产投资业务，符合行业长远的人才需求。此外，由于市场上有经验的投资人员相当匮乏，供小于求，经验丰富的投资人员在职场上的议价能力较强，因而，房企给出的基础年薪均较为丰厚，年薪相当可观。

鉴于以上原因，房地产投资拓展岗也便成为地产择业的热门岗位，这从近几年校园招聘及社会招聘的求职意愿上体现得淋漓尽致。

有不少朋友找我推荐关于房地产投资工作的入门书籍，这些朋友大致分为三类；第一类是想要转岗投资拓展的房地产同行，例如之前做设计、成本、工程、营销的同行，也有一些乙方单位的朋友；第二类是刚入职房地产投资拓展的新人，不知道从哪些方面重点提升自己的专业能力；第三类则是准备进入房地产的应届毕业生们。他们都迫切地想要找到一本全面、靠谱的房地产投资工作入门指引书籍，用于指导自己求职面试或者学习提升。然而在各大书店却鲜有这样的一本专门针对地产投资工作的实务书籍，而其他相关书籍也往往因为过于理论化而缺乏实际工作的指导性。每当他们向我寻求书籍推荐，我却无能为力时，深感遗憾。于是，便萌生了自己写作一本房地产投资工作入门指南的想法。

本书最早以电子版的形式发布在知乎，反响不错，出版后销售超过 3 万册，得到许多读者好评。同时又有很多朋友反映电子书阅读存在诸多不便，因此希望能够再出一版纸质书。为此才有了这本纸质书的问世，相比知乎电子书，本书内容扩充至近 30 万字，新增五大章节，同时每个章节的内容都进行了更加细致地阐述。

本书的撰写倾注了牧诗地产圈团队大量的心血，主要结合团队成员各自的工作经历并查阅了大量的资料，从12个维度展开，对房地产行业投资工作的基本流程、投资测算的基本框架、地产从业现状等方面都作了较为深入的阐述，同时尽量化繁为简，以更加简明的文字进行叙述，以达到快速了解、掌握之目的。与此同时，本书也为想要了解房地产投资逻辑的朋友们提供了一个基本框架，用以指导买房或商品房投资。

由于作者及团队成员能力有限，本教材难免还存在诸多不足之处，还请广大同仁多提宝贵意见。正所谓在批评中完善，在完善中接受批评。希望这部作品能够帮助到更多有投资实务需求的朋友，感谢！

作者牧诗，“牧诗地产圈”微信公众号创始人；“地产王者”APP创始人；“房地产”知识星球星主；知乎“房地产”领域知名答主。希望能有更多机会与广大房地产同仁共同学习，研讨！

牧诗 2018年5月

微信：mushi456

目　录

CHAPTER 1

房地产行业介绍

本章主要对房地产的基本概念、开发流程以及房地产行业发展状况做一个基本介绍，方便房地产从业人员对行业的发展状况和趋势有一个基本的认识。

1.1 房地产发展历程

我国房地产市场相较于欧美、日本等发达国家起步较晚，但发展却很迅速。如果从 1978 年改革开放算起，房地产 40 余年的发展可以说经历了迅猛的起步和成长并逐步成熟。房地产发展过程中就如同年轻人成长中必然经历的青春期一样，难免有躁动，有教训，但更有成长。改革开放以来房地产行业起起伏伏，其发展历程大致可以分为以下几个阶段（图 1–1）：

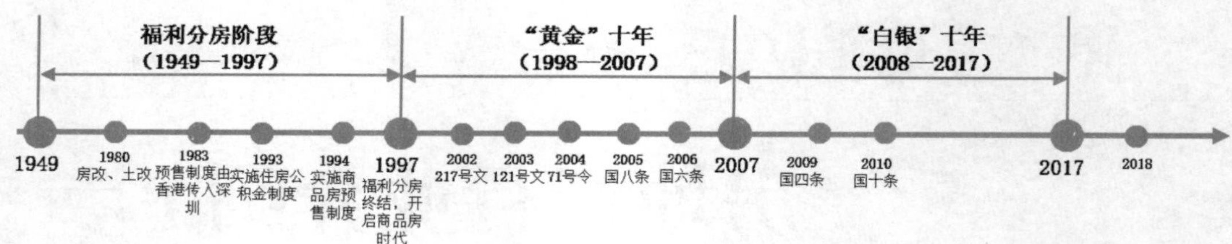

图 1–1 我国房地产发展历程

1.1.1 福利分房阶段（1949—1997）

福利分房是我国计划经济时代特有的一种房屋分配形式。房屋是具备价值的，市场经济时代，人们需要支付货币才可购买。而在计划经济时代，人们创造的剩余价值由国家统一分配，国家拿出剩余价值中的一部分来修建房屋，然后按照级别，工龄，年龄，居住人口辈数，人数，有无住房等一系列条件进行综合评定分给一部分人居住。居住人实际支付的房租远远低于建筑和维修成本，房屋的分配实际上是一种福利待遇。20 世纪 70 年代，人们都住在小阁楼上，不足 $20m^2$ 的居所里需要住 3 口人甚至更多。事实上对于一个普通工薪家庭来说，能在退休前分得一套 $50m^2$ 的房子已经很不容易了，子女成家后三代同堂的住房现象普遍存在。资料显示，1978 年广州人均住房面积仅 $3.82m^2$，房子太小、太挤是每一个城镇居民最真实的居住体验。

1.1.2 房地产黄金十年（1998—2007）

1997 年，在索罗斯等国际炒家的金融市场操纵下，亚洲金融危机爆发，中国房地产行业已经面临困境。很多开发商在 1998 年上半年难以为继，把土地纷纷卖掉退出市场。为了遏制市场进一步下滑的危险，国家决心培育新的经济增长点。出台了一系列刺激房地产发展的政策，最具代表性的是 7 月 3 日国务院下发的《关于进一步深化城镇住房制度改革加快住房建设的通知》（简称“房改”），停止了福利房分配制度，也开启了中国的商品房时代，标志房地产开始市场化。

1998 到 2007 年的十年，中国经济平均增速达到 12%，城镇居民可支配收入从 5160 元上升到 13785 元，人口城镇化率从 33% 提升到 46%，北上深常住人口净流入 1299 万。

这十年，国家及相关部委共计出台多项重要的宏观调控政策，主要集中在金融、财税、土地、行政四个方面，政策出台之多、密度之高、力度之大前所未有。

这十年，是中国房地产行业高增长高回报的“黄金时代”，房地产投资和销售都处于高速增长状态。房地产投资额平均增速 24%，高点是 2003 年，达到 33%。拿地面积平均增速 21.1%，新开工土地面积平均增速 17%，商品房销售面积平均增速 20%。

这十年，房地产行业毛利润率上升至 38%（全行业平均 31%），净利润率上升至 14%（全行业平均 8.3%），地价占商品房价格的 23% 左右，开发商的利润空间巨大（数据来源：WIND，华尔街见闻）。

1.1.3 房地产白银十年（2008—2017）

2008 年，美国爆发金融危机，全球经济衰退。国内大量的空置商品房市场难以消化，同时，中国的宏观经济环境也受到影响，经济增速下滑，为了刺激经济发展推出更为宽松的货币政策（即四万亿计划），央行对房地产业全面松绑，个人房贷利率下限扩大为 70%，首付款最低可以做到 20%。于是，2009 年房价止跌回升，当年房价上涨 25%，推动了房地产价格的上涨。此阶段，中国房地产市场的特征是发展不平衡。表现在：

1）沿海与内地市场的不平衡：长三角地区、珠三角地区、环渤海地区市场占比大，内地及中西部地区市场占比小；

2）城市与农村的不平衡：房地产主要在城市中发展；

3）客户群体的不平衡：客户主要是先富起来的城市富裕阶层，占绝大多数的城市中低收入者获得住房不易；

4）房地产产品品质的不平衡：普通住宅品质不高，高档住宅奢华。

为了抑制房价的过快上涨，2009 年 12 月，政府推出“国四条”，2010 年 1 月又提出“国十一条”。2010 年 4 月 17 日，国务院印发了“国十条”，规定贷款首付比例从 20% 上调为 30%，二套房首付不低于 50%，三套及以上首付和贷款利率应大幅提高，无 1 年以上纳税证明或者社保证明的非本地居民暂停发放住房贷款。该政策调控效果显著，全国房价也都有小幅下跌，不过当年 8 月房价开始止跌，颇有报复性反弹的趋势。9 月 29 日，财政部、国家税务总局、住房和城乡建设部联手发布“新五条”，上浮交易契税，取消个人所得税优惠政策。新一轮调控没有继续收缩银根，所以房价没有进一步大跌，不过止住了反弹的苗头。

接下来就是 5 年的冻市期，2010—2015 年全国房价基本不涨不跌，投机廖廖，基本处于横盘状态，库存闲置商品房数量飞速增加，一直到 2015 年底国务院出台去库存政策刺激房地产，房价引爆了一波翻倍涨幅。然后 2016 年国庆前夕再度开始调控，“限购限贷，限售限价”，到2019年年中，调控政策已经响应全国。

2008—2017年，是中国房地产行业的“白银时代”。与“黄金时代”相比，“白银时代”的行业进入门槛降低，竞争更加激烈，利润也随之下降。2011年是“白银时代”的高点，之后房地产行业的利润开始逐渐下滑。

这十年，房地产行业毛利润率下降至27%，净利润率下降至8.8%。和传统行业及制造业相比,“白银时代”的房地产行业仍然是赚钱的行业,但和已经过去的“黄金时代”相比，成色在迅速退化。

这十年，房地产投资平均增速下降至18.5%，拿地面积平均增速下降至4.5%，新开工面积平均增速下降至7.6%，商品房销售面积平均增速下降至9.4%（数据来源：WIND，华尔街见闻）。

“白银时代”，多数开发商还是靠着“拿地－盖房－卖房”的传统产销模式赚钱，房地产行业的新盈利模式还没有建立起来。

刚刚过去的2018年可谓是房地产分化的一年。上半年，杭州、南京、成都曾出现万人摇号抢房乱象；深圳更为夸张，手握5000万买房却只能蹲墙角。下半年各地楼市调控加码，住房和城乡建设部两次约谈房价上涨过快的城市，楼市快速降温，楼盘摇号无人报名，上海、杭州、天津、苏州等热点城市多幅土地流拍，房企花式优惠促销，刚需持币观望。2018年年尾多地调整楼市政策，央行全面降准，1.5万亿投向市场……

综上所述，回顾1949年至2018年中国的房地产市场，可谓是波澜壮阔。房地产市场注定是一个错综复杂的市场，而房地产投资拓展从业者则要从这扑朔迷离的市场当中去寻求企业发展的机会。

1.2 房地产行业特征

在商场琳琅满目的商品当中，大家有没有见过这样一种商品，它满足以下五个特征：

在没有生产出来之前就可以成批量的销售，甚至“日光”；

在没有生产出来就可以预先回笼大部分销售资金；

在生产过程中可以让供应商垫付大量的资金；

在生产过程中可以获取大量的银行贷款支持；

在销售后，客户也可获得大量的银行贷款支持。

在脑海中努力思考一圈，发现全世界能够同时满足以上五个特征的商品只有一件，那就是“商品房”，而制造商品房的行业也就是我们热议的房地产行业。这个行业异常特殊，它具备以下几个特征：

（1）资金性

资金需求巨大。房地产业不同于其他的行业在于它们的投资巨大，需要有足额的资金支撑，完善的资金链。一个普通房地产项目仅土地投资额就达数亿元，加之建造成本、管理成本，前期资金峰值可能高达数十亿元以上。而一家规模房企，全国都有数十个、上百个项目同时开工，资金需求量可谓巨大，所以这个行业具备较高的投资门槛。

（2）高杠杆

房地产行业的高资金需求，不仅体现在需求端（按揭买房），也体现在供给端。一个普通房地产项目的建设周期又长达三年左右，如果像其他商品一样，等房子竣工后再拿到市场上销售，那么任意一家房地产企业都将面临巨大的资金压力，无法支撑我国庞大的房地产需求。因此，大规模融资便成为各大房企的必然选择。

整个房地产融资可以分三大环节：

第一步是前端拿地融资（包含四证齐全前的配套融资）；

第二步是房地产开发贷款（土地证抵押融资）；

第三步是达到预售条件的销售资金回笼。

这里重点说一下第三步的预售资金回笼，我国在总结各地经验基础上于 1994 年出台《城市房地产管理法》，建立了商品房预售许可制度，房地产开发企业不需等待竣工验收完成后才可对外销售，而只需符合当地的预售条件便可对外销售，例如南通市高层（有地下室）项目预售条件为达到正负零；哈尔滨要求达到主体 1/3；长春要求投入开发建设资金达到投资总额的 25% 以上。商品房预售制加速了整个建设资金周转，提高了资金使用效率，降低了资金使用成本（表 1–1）。

商品房预售条件　　表 1–1

序号	条件
1	已交付全部土地使用权出让金，取得土地使用权证书
2	持有建设工程规划许可证
3	按提供预售的商品房计算，投入开发建设的资金达到工程建设总投资的 25% 以上，并已经确定施工进度和竣工交付日期
4	向县级以上人民政府房产管理部门办理预售登记，取得商品房预售许可证明

来源：《中华人民共和国城市房地产管理办法》

以上三种融资模式的叠加大幅提升了房地产行业的资金杠杆。Wind 数据显示，2017 年 A 股 136 家上市房企负债合计超过 6.58 万亿元，同比增长 34%，平均负债率达到 79.1%。而在 2018 年一季报披露后，总体负债率已增长至 79.42%，房地产行业的资产负债率成为仅次于银行和非银金融行业的第三高行业，2018 年尤甚。

（3）政策性

中国房地产行业长期处于政府“调控”状态，房地产政策监管多且变动大。房地产行业政策及历次调控均主要从房地产供需两端对房地产市场进行刺激或遏制，政策主要从以下几个角度进行调控：①宏观层面的货币政策、财政政策；②中观层面的土地政策、户籍政策、地方政策及调控政策；③微观层面的融资政策。对房地产的调控主要以中微观层面为主（表 1–2）。

房地产政策分类及影响简析　表 1–2

层面	政策分类	影响简析
宏观层面	货币政策	政府利用改变货币供应量，调整存准率和存贷利率等措施刺激或抑制房地产投资规模、信贷规模，从而间接促进或抑制房地产市场的发展
	财政政策	针对房地产企业征收的各类税费会增加房企的开发成本；针对购房者的税收使得购房和持有成本上升，能抑制房地产的投机需求
中观层面	土地政策	政府是土地的唯一供给方，不同区域、不同时期，政府对土地供给量的调控政策都不尽相同，土地供给直接决定了房屋供给。因此，土地政策是影响房地产市场供需均衡的源头因素
	户籍政策	户籍人口城镇化率的提高和住房之都改革的深化有助于有序消化房地产库存，解决区域性、结构性问题
	地方政策	在传统的“限购、限贷、限价”之外，“限售”登上历史舞台，“四限”有利于有效控制房价，减少投资性需求，抑制房市过热
	调控政策	地产调控的目的不仅是为了保持房地产市场的健康可持续发展，更重要的是为了保持经济的可持续发展
微观政策	融资政策	融资政策的收紧从供给端对房地产企业的融资渠道和规模进行控制，着力于防范资产泡沫和金融风险，该政策对市场供需的冲击力大，调控作用较为明显

资料来源：国海证券研究网

房地产行业又是我国国民经济的支柱产业，主要表现在以下几个方面：

（1）基础性

房地产业是国民经济的重要基础性产业，其基础性体现在房地产业是社会一切部门不可缺少的物质条件，土地的开发和利用为人类提供着生存、发展的基础性物质条件。土地的开发利用是大有可为的事业。唯物主义认为，满足衣、食、住、行等项需要是人们从事生产活动和社会活动的起点。房地产业的发展是居者有其屋的基本要求，提高了人民群众的生活质量。房地产业发展的规模、水平、速度，都将直接决定并影响着其他行业的规模、结构、发展水平和速度；另一方面各行业也必然要拥有一定数量的房地产，并作为产业部门固定资产的重要组成，直接参与价值生产和价值实现的经济过程。

（2）关联性

房地产业与其他产业间具有很强的关联性。房地产业的发展最直接影响的是建筑业。房地产企业与建筑业在房地产开发过程中是甲方和乙方的关系，房地产业的发展必然带来建筑业的发展与壮大，这两个行业有着唇齿相依、相互制约的关系。房地产业还直接影响建材工业、建筑设备、化工、仪表、家电等很多行业的发展。房地产开发建设中所需要的各种原材料近 2000 个品种，涉及建材、冶金等 50 多个生产部门。

另外，房地产业的发展也能促使一些新行业的产生，如物业管理、房地产评估、房地产中介、房地产咨询、房地产法律等。

房地产的关联性，使房地产也对国民经济的贡献率很高，据有关资料统计，我国房地产业对国民经济的贡献为1%~1.5%，房地产业的发展将拉动相关24个行业的发展，其拉动比例为1 ： 1.3。而从支撑中国经济增长的数字分析来看，房地产业也确实在成为推动经济增长的主力军（图1–2）。

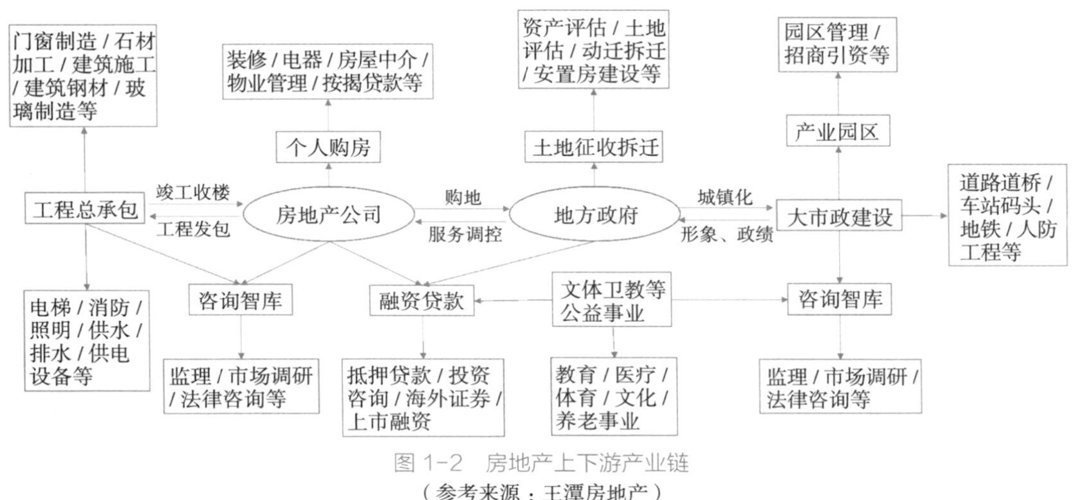

图1–2 房地产上下游产业链

（参考来源：王潭房地产）

（3）周期性

房地产业是进行房产、地产开发和经营的基础性行业，属于固定资产投资的范畴，受国家宏观政策的影响非常大。因此，同国民经济的发展具有周期一样，房地产业的发展也具有周期性。房地产的周期性在美国、日本，以及中国香港、中国台湾都很明显。

房地产业受社会经济发展变化影响，一般表现出扩展与收缩的波动态势。在国民经济发展顺利时期，房地产业会率先获得相当高的回报；而在国民经济萧条时期，房地产业会首先滑坡。受房地产业周期性的影响，房地产业的发展总是表现出波浪式前进、螺旋式上升发展的特征。从这个意义上说，房地产业是我国经济发展的“晴雨表”。

1.3 房地产开发流程

房地产开发主要包括六个阶段，从前到后分别为：项目决策阶段、前期准备阶段、工程建设阶段、项目销售阶段、交付使用阶段、物业管理及维护阶段；“五证”获取贯穿房地产开发全过程（图1–3）。

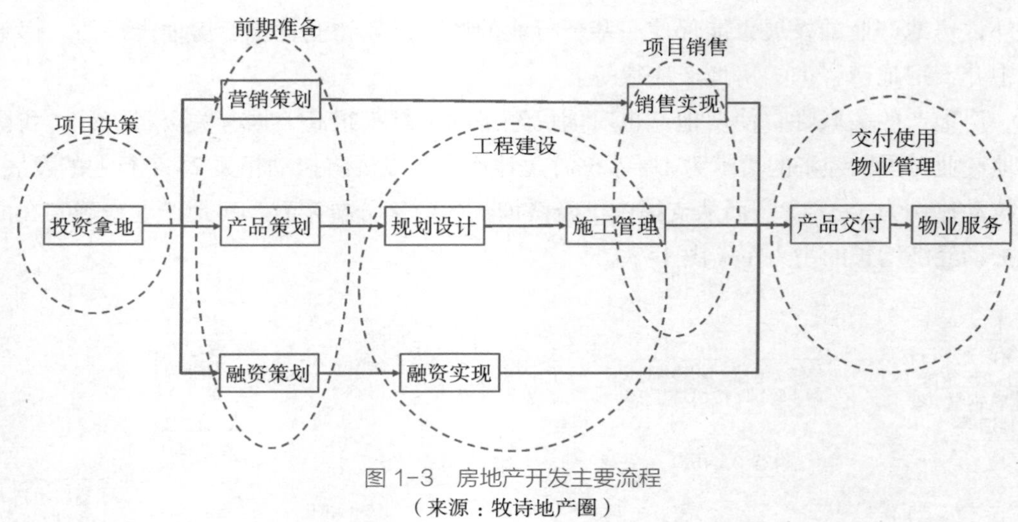

图 1-3　房地产开发主要流程
（来源：牧诗地产圈）

1.3.1　项目决策阶段

本阶段主要完成投资机会选择及项目的可行性研究，寻找和筛选好的投资标的（这里主要指土地）并进行深入地市场分析及财务评价，从而判断项目是否符合房地产公司投资策略及经营策略。通过市场调查，结合地块现状、板块环境及开发企业自身资源优势确定开发项目的物业业态，界定和研究目标客户群体，挖掘和分析目标客户群体的现实需求和潜在需求，对项目进行市场定位，拟定初步开发方案，进行投资风险收益分析，决定最终开发方案和开发模式。在很大程度上土地出让价格、地块优质资源、周边市场环境、政府支持力度等方面决定项目能否成功运作，也是后续所有项目开发工作的基础。这个阶段以获取土地使用权为结束，需申办《国有土地使用证》（图 1-4）、《建设用地规划许可证》（图 1-5）。投资拓展人员的主要工作多集中于本阶段，其工作内容将在下文详细阐述，在此不再赘述。

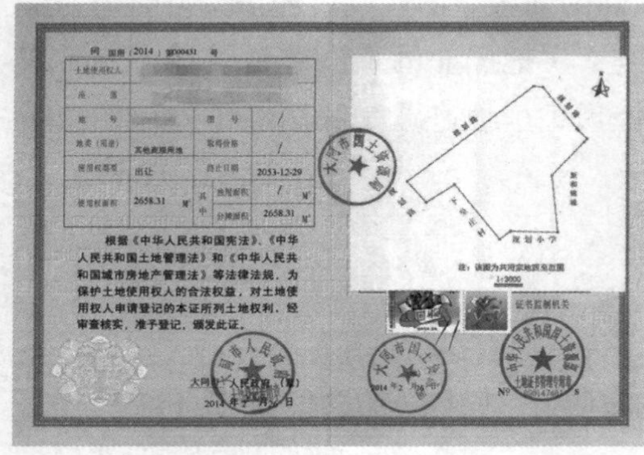
根据《中华人民共和国宪法》、《中华人民共和国土地管理法》和《中华人民共和国城市房地产管理法》等法律法规，为保护土地使用权人的合法权益，对土地使用权人申请登记的本证所列土地权利，经审查核实，准予登记，颁发此证。

图 1-4 《国有土地使用证》示例
（来源：公开网络）

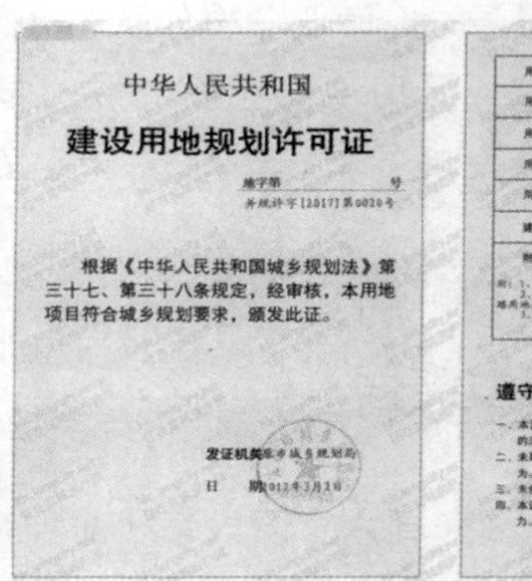
中华人民共和国

建设用地规划许可证

根据《中华人民共和国城乡规划法》第三十七、第三十八条规定，经审核，本用地项目符合城乡规划要求，颁发此证。

发证机关

日　期

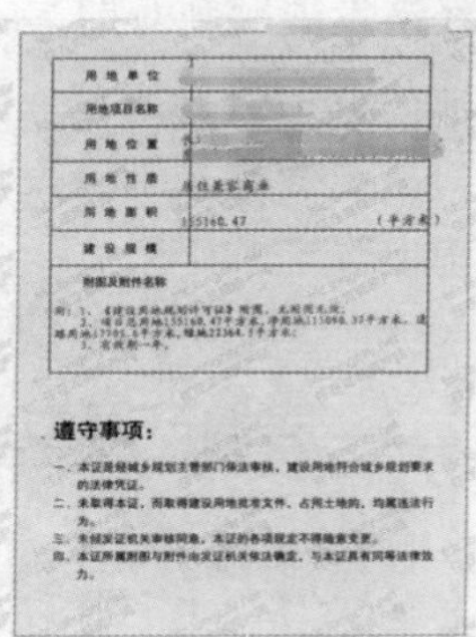
遵守事项：

图 1-5 《建设用地规划许可证》示例
（来源：公开网络）

开发企业通过招标、拍卖、挂牌或协议出让获取土地后，签订《土地出让合同》，缴清土地出让价款后办理《国有土地使用证》；规划局在审核项目用地是否符合城市规划后，办理《建设用地规划许可证》。

《国有土地使用证》是证明土地使用者（单位或个人）使用国有土地的法律凭证，受法律保护。

《建设用地规划许可证》是建设单位在向土地管理部门申请征用、划拨土地前，经城市规划行政主管部门确认建设项目位置和范围符合城市规划的法定凭证，是建设单位用地的法律凭证。

1.3.2　前期准备阶段

主要包括以下工作事项：规划设计和施工图设计、建设项目报建登记、申请招标、办理招标投标手续、申办《建设工程规划许可证》和《建筑工程施工许可证》；规划设计和施工图设计是前期准备阶段的重中之重，决定着项目约 80% 的利润，同时也是项目风险最高的一个部分。前期准备阶段参与部门主要为设计研发部、开发报建部。

房地产开发商经过土地交易市场获取了土地使用权，并取得《建设用地规划许可证》，但是不代表项目可以开建了，还需要获取《建设工程规划许可证》，证明项目建设方案符合相关规划的规定。于是开发商会委托编制修建性详细规划，规划具体规定了每栋建筑的高度，功能，位置，形态等规划设计内容（图 1–6）。

图 1–6　修建性详细规划方案示例
（来源：公开网络）

修建性详细规划是具体落实成未来修建物的规划，它与控规的主要区别在：控规是指标体系性的，用指标和色块指引和控制某地块的建设情况，属指引性的详细规划，具有弹性；而修规则是在控规的基础上落实某个地块的具体建设，涉及建筑物平面的造型，道路基础设施的布局，环境小品的布置等，属确定性的规划。

设计单位按照土地指标及当地设计规范进行修详规设计，规划局审核方案是否符合规划、规范和环境要求、消防要求，如果修规方案获得了区县规划部门的通过，就可以获取《建设工程规划许可证》（图 1–7），这些都是房地产项目开发建设必不可少的报批报建工作。

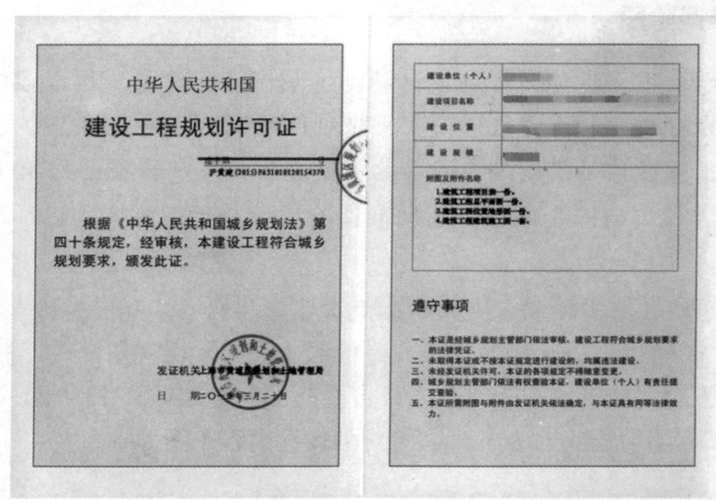

中华人民共和国

建设工程规划许可证

根据《中华人民共和国城乡规划法》第四十条规定，经审核，本建设工程符合城乡规划要求，颁发此证。

建设单位（个人）	
建设项目名称	
建设位置	
建设规模	

附图及附件名称

遵守事项

一、本证是经城乡规划主管部门依法审核，建设工程符合城乡规划要求的法律凭证。
二、未取得本证或不按本证规定进行建设的，均属违法建设。
三、未经发证机关许可，本证的各项规定不得随意变更。
四、城乡规划主管部门依法有权查验本证，建设单位（个人）有责任提交查验。
五、本证所需附图与附件由发证机关依法确定，与本证具有同等法律效力。

图 1–7 《建设工程规划许可证》示例
（来源：公开网络）

《建设工程规划许可证》是有关建设工程符合城市规划要求的法律凭证，是建设单位建设工程的法律凭证，是建设活动中接受监督检查时的法定依据。没有此证的建设单位，其工程建筑是违章建筑，不能领取房地产权属证件。

开发企业办理开工申请后，建设局审核项目资金是否落实，审查施工企业资质，办理《建设工程施工许可证》（图 1–8）。

《建筑工程施工许可证》（建筑工程开工证）是建筑施工单位符合各种施工条件、允许开工的批准文件，是建设单位进行工程施工的法律凭证，也是房屋权属登记的主要依据之一。

1.3.3 工程建设阶段

顾名思义，本阶段为工程建设主要阶段，是设计图纸得以实施的阶段，也是产品生产的过程。对于房地产项目开发全过程而言，它类似于制造类企业的生产车间，源源不断地生产出合格的产品，支援着项目的销售一线。主要内容包括地下室施工、主

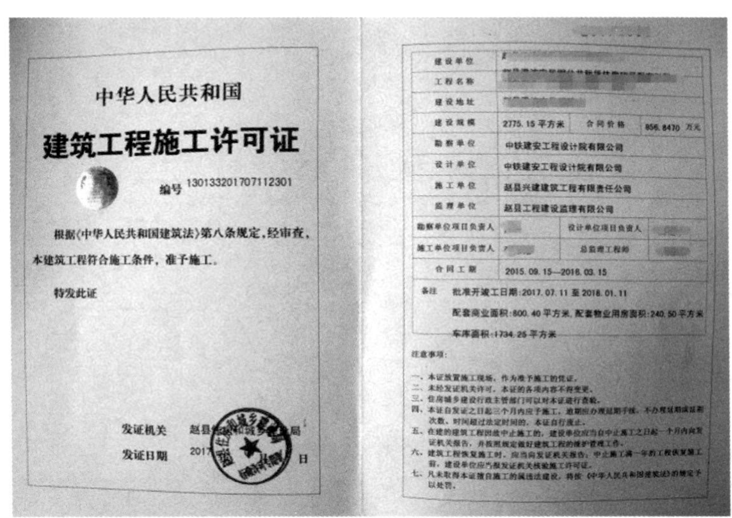

中华人民共和国

建筑工程施工许可证

编号 130133201707112301

根据《中华人民共和国建筑法》第八条规定，经审查，本建筑工程符合施工条件，准予施工。

特发此证

发证机关 赵县住房和城乡建设局

发证日期 2017 日

建设单位			
工程名称			
建设地址			
建设规模	2775.15 平方米	合同价格	856.8470 万元
勘察单位	中铁建安工程设计院有限公司		
设计单位	中铁建安工程设计院有限公司		
施工单位	赵县兴建建筑工程有限责任公司		
监理单位	赵县工程建设监理有限公司		
勘察单位项目负责人		设计单位项目负责人	
施工单位项目负责人		总监理工程师	
合同工期	2015.09.15—2016.03.15		
备注	批准开竣工日期：2017.07.11 至 2018.01.11 配套商业面积：800.40 平方米，配套物业用房面积：240.50 平方米 车库面积：1734.25 平方米		

注意事项：

一、本证放置施工现场，作为准予施工的凭证。
二、未经发证机关许可，本证的各项内容不得变更。
三、住房城乡建设行政主管部门可以对本证进行查验。
四、本证自发证之日起三个月内应予施工，逾期应办理延期手续，不办理延期或延期次数、时间超过法定时间的，本证自行废止。
五、在建的建筑工程因故中止施工的，建设单位应当自中止施工之日起一个月内向发证机关报告，并按照规定做好建筑工程的维护管理工作。
六、建筑工程恢复施工时，应当向发证机关报告；中止施工满一年的工程恢复施工前，建设单位应当报发证机关核验施工许可证。
七、凡未取得本证擅自施工的属违法建设，将按《中华人民共和国建筑法》的规定予以处罚。

图 1-8 《建筑工程施工许可证》示例
（来源：公开网络）

体结构施工、装饰装修施工（如有）、园林绿化施工、建筑设备安装等。核心需要做好质量控制（原材料、设备检验，确立控制质量的措施）、进度控制（工程进度计划编制）、进度管理（横道图法、网络图法）、成本控制、合同管理、安全管理（总承包单位负责，分包单位向总承包单位负责），此阶段项目部的一项至关重要的工作就是配合营销完成预售工程条件，参与主要部门为工程管理部。

1.3.4 项目销售阶段

本阶段为商品房在满足预售条件并取得《预售许可证》后进行的商品房销售及按揭。包括确定销售形式（自行销售、委托销售），制定租售方案（租售选择、租售进度、租售价格），制定宣传与广告策略；参与部门主要为营销策划部、销售管理部、开发报建部。项目销售阶段中的预售环节是整个房地产开发过程中一个非常关键的阶段，进入该阶段时，前期图纸设计与报批报建工作已基本结束；项目楼栋施工进入主体施工阶段，工程施工作业已进入比较平稳的发展期；整个项目的前期资金从纯投入转变为开始有资金回笼，改变了项目运营的现金流状况。因此，在房地产企业内部运营管理中，项目预售（还包括售楼处、样板房、景观示范区开放）通常被提到公司的战略发展高度，并由项目总经理亲自跟进，设计、合约、报建、工程等部门无条件支持。

《商品房销售（预售）许可证》（图 1–9）是市、县人民政府房地产行政管理部门允许房地产开发企业销售商品房的批准文件。各地在预售条件执行层面略有不同，如上海要求高层需封顶；南通则要求多层须封顶，小高层 / 高层（有地下室）须达到正负零；小高层 / 高层（无地下室）须达到地面两层；无锡要求高层需主体完成三分之一后方可预售。

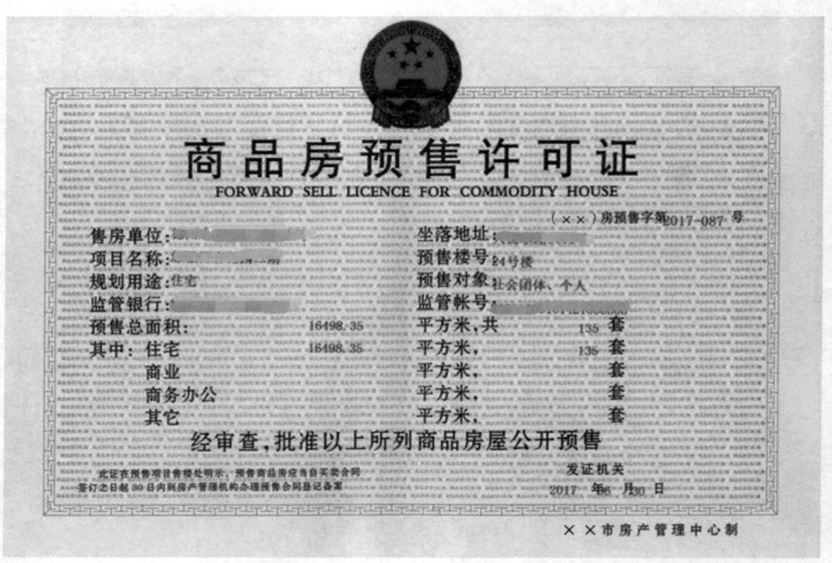

商品房预售许可证

FORWARD SELL LICENCE FOR COMMODITY HOUSE

（××）房预售字第2017-087号

售房单位：　　坐落地址：

项目名称：　　预售楼号：24号楼

规划用途：住宅　　预售对象：社会团体、个人

监管银行：　　监管帐号：

预售总面积：16498.35 平方米，共 135 套

其中：住宅 16498.35 平方米，135 套

商业 平方米， 套

商务办公 平方米， 套

其它 平方米， 套

经审查，批准以上所列商品房屋公开预售

此证在预售项目售楼处明示，预售商品房应当自买卖合同签订之日起30日内到房产管理机构办理预售合同登记备案

发证机关

2017 年6 月30 日

××市房产管理中心制

图 1-9 《商品房销售（预售）许可证》示例

（来源：公开网络）

1.3.5 交付使用阶段

本阶段主要包括：申请竣工验收、取得验收合格证、交楼、办理产权证等工作。主要参与部门为开发报建部、工程管理部、客户关系部。此阶段是前期所有工作的闭合循环阶段，代表着项目经政府相关管理部门检验后合格，相当于获得了产品的合格证，有了合格证产品才能交付给买家。

到此阶段整个项目的开发就基本进入到尾声了，项目现场的施工作业已基本结束。此时，客户服务工作开展便成为重点，同时也是企业品牌得以巩固和提升的关键阶段。

1.3.6 物业管理阶段

主要为项目交楼后的小区物业管理及后期维护保养，主要职责部门为物业管理部。项目在竣工验收完成后开发企业会将项目整体移交给物业公司进行管理和服务。若开发企业有自己的物业管理公司则将项目移交给自己的物业管理主体，若没有则委托给第三方的物业管理主体。

本阶段的主要工作内容包括：房屋建筑主体的管理及住宅装修的日常监督、房屋设备、设施的管理、环境卫生的管理、绿化管理、配合公安和消防部门做好住宅区内公共秩序维护工作、车辆秩序管理、公众代办性质的服务及物业档案资料的管理等。

CHAPTER 2

房地产投资工作介绍

此处房地产投资即指房地产投资拓展岗，也称土地拓展岗，即帮助企业雇主实现购买土地的职责，当一家企业在快速扩张规模的时候，老板是根本不可能一块地一块地去现场查勘的，这样效率太低，因此他需要寻找一批懂土地、懂房地产开发、懂财税、会谈判、会算账、最好再要有一点人脉资源的专业人才帮助他快速实现土地资源的获取。这个也是我们目前绝大部分投资拓展人员的职责工作。实际工作推进中，地产投资拓展岗就是协调公司内外部资源共同来完成拿地工作。

2.1 地产投资主要工作

从房地产开发的全过程链上来看，利润贡献和运营风险从项目前端到后端呈现出递减特性，投资拿地工作处于房地产开发周期中的最前端，其对项目的影响是关键性的，毫不夸张地讲，土地投资的成功与否决定了项目结果的 70%！因此，投资阶段充分拓展土地市场信息渠道，协调政府资源，准确地进行项目可行性研究分析、最终取得优质土地，是房地产企业得以持续发展的基石，也在很大程度上决定了房地产项目的优质性（图 2–1）。

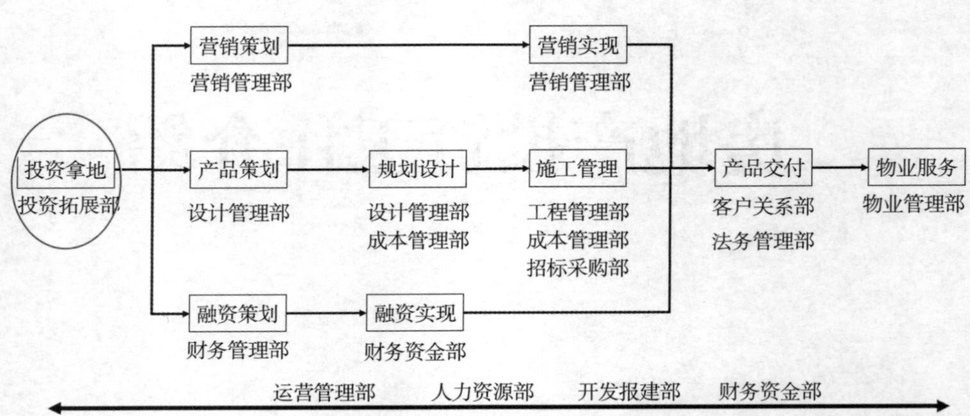

图 2–1　房地产开发流程及参与部门
（来源：牧诗地产圈）

从实际的操作经验来看，地产投资岗参与的主要工作如下：

（1）获取土地信息：利用自身各种资源尽可能多地获取土地资源信息，详见本教材 3.1 节。

（2）踏勘土地：在获取到土地信息后第一时间前往目标地块进行踏勘，查看地块现状条件，详见本教材 3.2 节。

（3）市场调研：对项目所在的目标市场进行详尽调研，了解目标区域市场供应、销售、存量情况，详见本教材 3.4 节及第 5 章。

（4）设计项目合作交易路径：二手项目需设计完善的、可实施的合作交易路径，详见本教材 4.2 节。

（5）组织完成投资测算：组织营销、设计、成本、财务等部门共同完成投资测算表，得出项目相关利润指标，详见本教材第 8 章。

（6）撰写市场 / 项目研判报告：在完成项目踏勘及市场调研后，需将获取到的所有信息客观全面地整理成报告，并明确给出自己的研判结论，向直属投资领导进行汇报，详见本教材第 9 章。

（7）公司评审资料及项目报名 / 合作资料准备：在测算利润指标均符合公司要求的情况下，准备公司评审材料提报集团公司立项审批；集团公司审批通过以后方可准备项目竞买资料参与竞拍（招拍挂项目）或准备合作协议等资料（合作项目）。

（8）获取土地：完成土地出让合同的签订（招拍挂项目）、协调内部程序支付土地价款、协调土地移交、办理土地使用权证等。

综上，投资岗的主要工作都是以“土地”为中心进行的，拿地前期做好项目可行性分析研究，拿地阶段做好土地合同的签订（招拍挂项目）及合作协议的签订（合作项目），拿地之后协助其他横向部门推动土地移交、土地基础资料的收集及项目整体开发策划。

2.2 地产投资能力需求

房地产投资拓展岗是一个非常综合性的岗位，对从业者的要求也非常高，简单做一个思维导图可能看得比较清楚一些（图 2–2）：

（1）专业能力

从投资的工作内容来看，如果要做一名合格的投资人员，必须要懂营销、设计、财务、成本、法务、税务、开发等专业知识，不懂这些专业版块的基本内容，则无法和横向部门沟通。不懂营销无法和别人谈市场；不懂设计无法和别人谈方案；不懂财税无法和别人谈交易架构及合同。

（2）政府政策

既包括房地产政策，也包括其他经济政策。既包括国家宏观政策，也包括企业所在城市的地方性政策。

（3）沟通协调

投资工作中所接触的人太多，一方面要横向和公司内部营销、设计、成本、财务、法务等部门沟通，同时还要不停地与政府及土地合作方周旋谈判。现在，拿地还要求投资人员带融资方案提报方案，因此还需要与融资方进行沟通，不善表达的人很难胜任。

（4）注重细节

投资工作涉及项目金额巨大，不容

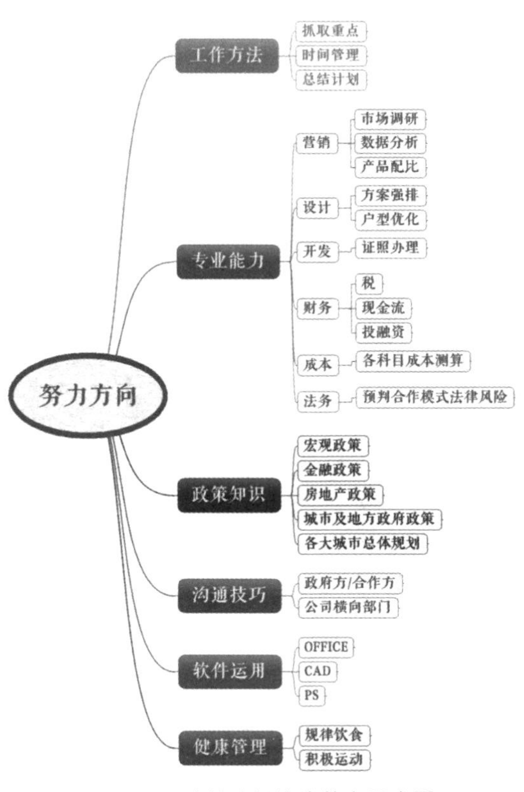

图 2–2 房地产投资岗能力需求图
（来源：牧诗地产圈）

许出现一丝纰漏。测算数据必须严格准确，投资报告应关注用词、标点符号、语序是否准确，行间距、字体、字号是否美观，图表是否恰当；做事情一定要思考全面且要预防所有可能发生的问题，例如安排领导行程之类，力求思考到过程当中的每一个细节。

（5）工作方法

协调如此多人来共同做好一件事情，如何保证各部门不相互推诿责任？项目推进过程中遇到瓶颈如何突破？工作烦琐如何提升效率？这些都需要投资人员具备好的工作方法。

（6）擅长制作 PPT

投资工作中很大一部分就是写各类报告，如城市进入性研究报告、项目初步研判报告、投资分析报告等，熟练掌握 PPT 是一项基本技能，PPT 不仅要会用，而且还要用得好！如何通过一份简短的 PPT 汇报表达出你想要表达的所有内容，考验着从业人员的专业素养。

（7）强健体魄

投资人员出差多，工作忙碌，压力大。但身体是革命的本钱，没有强健的身体很难胜任这样一份工作。每周给自己设置一个可以量化的运动量，坚持完成。

2.3 地产投资四大流派

房地产业作为我国经济支柱产业，是一个十分复杂的行业，牵涉范围十分宽广；它上下游带动建筑行业、钢筋水泥等基础的建材行业、物业行业、广告行业、旅游行业、商业、水电安装等行业，房产融资又涉及金融、银行、证券等众多行业；房子捆绑了户口、教育、医疗等公共资源，因此兼有居住和金融属性；同时房地产又是一个民生行业，国家调控自始至终会伴随整个行业。

正是由于房地产行业的复杂性、特殊性和综合性，这就对一名有追求的房地产从业人员提出了甚高的要求，上要懂国家政治调控方向，中要懂市场、会布局，下要懂房地产开发，作为房地产投资人员，尤为如此。

在房地产投资圈，流传得最多的一句话便是“喝喝酒、谈谈地、开口闭口几个亿！”还有这么美好的工作？一句话似乎描绘了这个职业的“锦绣前途”，也就在 2016—2018 年吸引了无数有志之士加入到这个行业，做起了投资。作者所遇到的有金融银行业转投资的、公务员群体转投资的、咨询行业转投资的、汽车行业转投资的、消费行业转投资的、通信行业转投资的等。

微信每天咨询作者关于职业抉择的问题有近百条，看得出来大家对这个行业和岗位倾注了极高的期待与热情。总的说来，目前这个岗位从业的人员大体可以分为以下四大流派：

2.3.1　技术流

这个流派是我比较欣赏的，自然要放在第一位。很多朋友肯定要问，都说房地产是一个简单粗暴的行业，有什么技术可言，闭着眼睛买买买就是了，短期不涨长期涨，买房子是这样，买土地是同样的道理！然而，笔者在自己的微信公众号“牧诗地产圈”上发表过一篇文章《孙宏斌谈房地产发展趋势，解答了小生众多疑问》，文中提到，连孙宏斌这样的大咖都不得不感叹，“投资本来挺难的，这个行业投资更难，因为投下去之后好几年才知道是什么样。这有点像种庄稼一样，农民不知道是下雨、打雷还是洪灾，中间隔了很多东西。”

因此这个行业需要技术大咖！值得欣慰的是，目前这个行业确实也存在这样的一批技术流派，这一流派主要以80后为主，目前30~40岁，是当下整个地产行业的中坚力量。这一批人大多经历过完整的高等教育，对市场、对数据更加理性，普遍有着财、税、法的基础运用能力，懂得谈判，逻辑条理能力强，时间管理能力强，项目推进有条不紊，同时善于学习。他们汇报项目更多地是以数据说话，利益风险分析面面俱到，反映出来的更多是专业、靠谱，不为了拿项目而拿项目，更多是以经营的思维在思考。

这种客观、冷静的流派个人认为是大多初入职业者应该学习和努力的方向。初入职场一无所知的时候，唯有努力提升自己的专业能力才是正解！

2.3.2　资源流

拿地需不需要资源？当然需要资源，而且很重要！很多时候资源起到的作用往往大于技术流。为什么这么说呢？参与过土地拓展的人都知道，获取土地信息、土地变更、项目指标调整、政府关系协调等，都需要一定的资源。小项目需要小资源，大项目需要大资源，没有资源需要建立资源，建立资源同样需要资源。有资源则生，无资源则亡,这么说一点不夸张。尤其对于一个初入的陌生市场，没有一定的资源几乎寸步难行，没有找到关键的人，连工作协调的机会都没有，更别提具体的项目谈判了。这也就是为什么近一两年，地产企业愿意邀请一些掌握土地资源、擅长协调政府关系的行业外人士加入，他们愿意放弃稳定闲适的工作加入这个高压力行业，给出的薪酬自然是相当可观的。而他们日常的工作即为协调各方关系，统筹推进项目落地。

资源流派最大的不足就是专业知识相对欠缺，战略谋划能力极强，但专业落地稍显不足，因此给他配置一名强有力的专业副手是相当必要的。

2.3.3　串串流

想必大家都肯定吃过串串，形象上讲就是一根竹签将不同种类美食串到一起。“土地串串”与此类似，在房地产投资圈有这样一批人就在扮演这样一根“竹签”的作用，牵线搭桥，把 A 公司的土地推荐给 B 公司，把 C 政府的土地资源引荐给 D 公司，目的只有一个，就是助力地产公司顺利拿下土地，过程当中出现的难题他们出面协调，他们不仅能左右逢源，他们也是有利益诉求的，要么是拿走真金白银，要么是要求在项目公司中占股，说白了他们其实也就是在将自己的资源进行变现。变现能力的强弱，取决于资源的强弱。

一般而言，此类人员通常都是多年的房地产业从业人员（企业或相关职能部门）。由于多年从事本行业积累的能力、经验及人脉，加之其了解行业内部情况，往往处理问题能够做到游刃有余。

2.3.4 吹嘘流派

这一流派往往属于资源流派或串串流派，但是，其往往是上述流派中不成功的群体。这一流派的人员往往在工作中缺乏务实精神，过于重视交际，工作难免流于华而不实。其具体表现是：总是热衷于联系其他人看地，但是实地考察却发现地块总是存在各方面的问题，例如土地能否按其描述变更用图、如何确保二级土地摘牌、红线内可能有轨道交通规划等。该流派的人员缺乏扎实的专业知识和工作经验，更缺乏务实的工作精神。行业里有一句形容该流派人员的顺口溜，较为贴切："喝喝酒、谈谈地，张口闭口几个亿。"

综上，作为一名普通的房地产投资人员，一定先要将"才华、能力"作为自己的从业基础，而不是"资源"。笔者建议，有志于房地产投资岗的同仁，先在岗位上认真工作三到五年，努力提高自己的专业知识和业务能力，让自己变得更加"靠谱"。只有这样，公司和上级才会放心地交付给你更多的事情、更大的项目。同时，负责的项目越多，能接触到的资源就越多，加上自己扎实的业务能力，就会不断积累自己的资源。对于一名房地产投资人员而言，"技术流 + 资源流"无疑是最好的能力构成。同时，笔者建议从业同仁，保持耐心，一步一个脚印地走好每一个阶段，才能走向更广阔的舞台。

CHAPTER 3

土地获取一般流程

本章主要对投资拓展工作流程做简单介绍，以便读者建立宏观认识。针对流程中的关键环节会在后续的章节中再进行详细阐述，由表及里，从宏观到微观。各大企业投资岗的工作流程大体相同，作者把投资工作的内容简单做了一个流程图（图 3-1）：

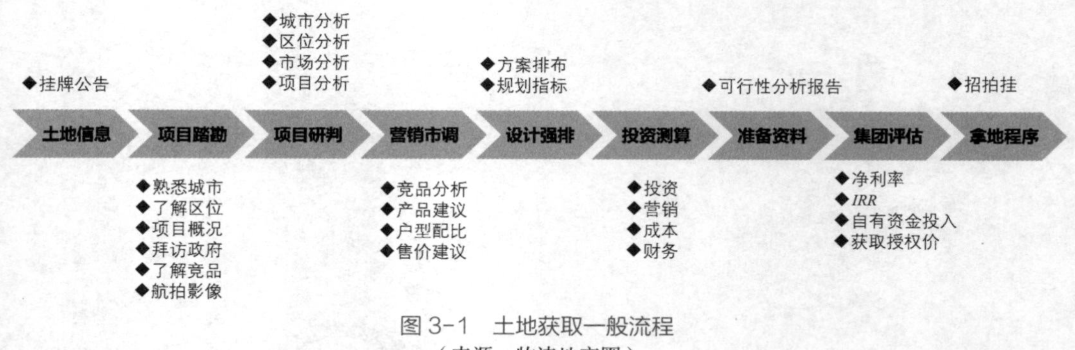

图 3-1　土地获取一般流程

（来源：牧诗地产圈）

3.1 土地信息

投资拓展的第一步便是要获取土地信息，可以说资源及人脉在这一环节中扮演着极其重要的角色。常规的土地信息获取途径主要有集团公司、政府部门、合作单位直接推荐，或通过个人资源获得。还有一种笨办法，就是通过城市的排查进而获得。对于一个刚毕业的学生或是入行不深的新人是很难获取到优质的土地信息的，好在现在大型房企里面，土地信息很多都由集团或公司领导直接分配。上文中提到的“串串流派”，即是通过倒卖市场土地信息来获取收益的，但层级较低的“串串流派”多是能力有限，推荐的土地或项目资源也多不可靠。城市排查的方法虽然比较初级，但一般来说效果还是不错，这个方法指在城市当中发现一块空地，通过各种关系或资源查找的方式去寻求这块土地信息的归属方，进而去寻求下一步的合作机会。例如，在某城市发现一块空地，可以通过周边的相关单位或个人咨询地块的所有者，或者通过中国土地市场网查询该地块的成交单位，再通过“企查查”或“国家企业信用信息公示系统”查询到公司相关信息，进一步主动登门拜访寻求合作机会。

总的说来，土地信息获取是投资拿地最关键的一步，只有获取到靠谱的土地信息才有可能获取到优质土地，这也是极其考验公司和个人的人脉资源基础的。

3.2 项目踏勘

获取到土地信息以后，就要动身前往目标地块进行踏勘。地块勘察即常说的“看地”，通过现场勘察发现问题，分析实现的障碍，以便制定应对措施；对潜在的风险提前做好防范，避免造成重大损失，增强风险意识，是为日后项目开发阶段“扫雷”的关键工作之一，是每一名投资人员都应该认真掌握的内容。

踏勘主要包括去熟悉地块所在的城市、区位，并了解地块的现状（如有无高压线等不利因素，有条件可以启用无人机等），了解周边项目的产品及销售去化情况，必要的时候还可以去拜访一下当地的政府或者做客户访谈，侧面打听一下当地人对于这个区位甚至是这个地块的看法。这一步主要是采集地块的信息，越详细越好，以便用于后续的分析所用。常见的“看地”误区就是去地块现场转一转位置，站在地块边上望一望有没有拆迁，有没有高压线就结束了。详细的踏勘工作应系统完成以下要点：

（1）四至范围。红线的边界分别在哪里，是否有标志建筑物或特征，拍照做记录，方便返回公司后做四至图及地块信息整理。项目周边环境如何，查看项目周边治安、环境卫生、周边景观、危险或污染源、近期或规划中的周边环境变化（如道路的拓宽，工厂的搬迁，大型医院、学校、购物中心 / 超市的建设等），拍照或文字记录。

（2）场地标高。地块场地是否平坦，自然标高多少，与周边地势相比是否有较大高差，较大高差则意味着项目的土石方及挡墙成本较高，成本测算时应充分预估。

（3）场地现状。宗地内是否有水渠、较深的沟壑（小峡谷）、池塘及高压线等对开发有较大影响的因素，并计算因此而损失的实际用地面积。

（4）拆迁情况。宗地内是否有尚存的待拆迁物，是民居还是工厂，建筑物户数、是否有人员居住，居住人数 / 户数、规模、开工状况等，预估拆迁难度（成本及进度），预判拆迁对项目开发进度的影响。

（5）地下情况。包括管线、地下电缆、暗渠、地上建筑物原有桩基及地下建筑 / 结构等，地上地下都要注意有没有受保护的历史文物古迹。

（6）地质情况。包括土地结构、土石比例等，方便后期对宗地承载力、地下水位和抗震性能进行评估。

（7）土地完整性。是否有市政代征地、市政绿化带、市政道路、地铁线路、名胜古迹、江河湖泊等现状因素或规划分割土地。

（8）大市政配套。项目周边道路现状及规划发展，各市政配套管网现状和未来发展情况，例如：

1）道路现状及规划发展：包括现有路幅、规划路幅、规划实施的时间，与宗地的关系与影响。

2）供水状况：现有管线、管径及未来规划和实施时间。

3）污水、雨水排放：现有管线、管径及未来规划和实施时间。

4）通信（有线电视、电话、网络）：现有管线、上源位置、距宗地距离、涉及线路成本等。

5）永久性供电和临时施工用电：现有管线、上源位置、距宗地距离、涉及线路成本等。

6）供热及生活热水：现有管线、上源位置、距宗地距离、接口位置。

7）建议去相关部门找到项目现状管网综合图等附图。

看地过程中要深入地块，详细勘察，发现问题、大胆验证、预估影响。有一些经验可以借鉴：

看到机场、雷达/气象台、微波/中波天线、卫星地面站/电视塔/电台、军事设施、名胜古迹/风景区，要第一时间联想到板块可能存在“建筑限高”的要求。建筑限高会导致规划产品种类受限，容积率无法做足，因而产生货量损失。此外机场还会有噪声的影响，噪声过大会影响项目销售，甚至业主投诉或退房。

看到油/气管线、地上管线、高压线、地下光缆、电缆、各种地下管网、市政道路、日照间距等要第一时间联想到板块可能存在“建筑红线退让”的要求。

看到水源保护地/水利工程、环保警示牌、噪声/污染源、矿藏/采空区/地陷区、军事设施/道路/铁路/养殖场等要第一时间联想到板块可能存在“红线退让”的要求。

看到高压线，需要核实高压线的能级，预估迁改的难度。首先联想到的便是迁改可能会导致挂牌、交地延期，从而延误工期，此外迁改还将占用资金、增加成本。如果高压线能级较高，无法迁改，则需要考虑建筑退让、净用地减少、规划将受限，同时高压线还将影响景观，高压线两侧房子不好卖。如果能顺利联想到这些问题，那我们自然知道接下来应该怎么办了，我们首先需要去了解高压线的业主是谁？是国家电网或企业自备电厂还是地方政府？怎样了解呢？可以去找宗地的业主单位或者供电局去了解是否有拆迁的可能，拆迁的程序是怎样的，预估需要多少费用。如果拆迁程序复杂，项目难以承受拆迁成本则高压线无法实施迁改。此时我们就只能按保留高压线的方案进行规划设计了。

3.3 项目研判

信息采集完成后，一般都要写一个项目研判报告，研判报告为一个项目的初步研判结论，该报告再进行深化后即为投资建议书（详见本教材第9章）。初入职场者刚入行时往往不知从何开始，怎样才能判断这个地块好不好？有没有项目成功的可能性？一般可以从以下几个方面去思考：城市分析、区位分析、市场分析、项目分析。

城市分析主要看几个指标：GDP、城区户籍人口/常住人口、三产比例、人均可支配收入、汽车保有量等。从而能够判断一个城市的基本面。区位分析就很好理解了，李嘉诚常说“地段、地段、地段”，好的地段（区位）意味着项目也就成功一半了。市场分析主要是研判当地房地产市场的产品及库存去化情况，如库存周期还有多少年，当地热销的产品户型是什么，销售价格如何等，分析后就应该去思考这个市场有没有自己公司进入的机会。最后便是项目分析，主要是看项目内有无高压线、拆迁、地质情况以及土石方量是否很大等不利因素，以及是否具备基本的开发条件等。

这样分析下来，作为一名合格的投资人员，你心里也应该能大致得出结论，判断这个项目能不能做了。

3.4 营销市调

初步判断一个项目可行以后，向领导汇报争取立项，立项成功以后便可以深入跟进这个项目了。如何才叫深入跟进这个项目？那就得协调公司各个专业版块的同事分别从各自专业条线出发来思考项目的可行性。例如，需要营销部的同事前往目标地块进行专业地市场调研（简称市调），他们会更深入地对目标地块所在区位几乎所有的竞品进行全方位踩盘，最终形成专业报告，详细分析这座城市的市场库存、去化周期、产品建议、售价建议、客户来源等。

营销同事根据市场调研结果会完成一份业态建议配比给到设计同事，包括应该规划哪些业态、业态层数、梯户比、户型面积及户数等数据，类似于图 3–2：

地块编号	块面积（㎡	土地性质	容积率	建筑规模(㎡)	建筑密度	限高	配套设施	商业面积	住宅面积						
2	39335		2.5	98338		无		1000	97338						
物业形态	占地面积	建筑面积	容积率	户型	建筑面积	户数	套数占比	面积小计	体量占比	建面售价（毛坯）	单户总价（万元）	货值(万元)	单层户数	楼层	楼栋数
洋房11+1（1T2）	19863	69520	3.5	三房双卫	110	176	29%	19360	31%	5000	55	9680	2	11	8
				二变三单卫	110	264	43%	29040	46%	5000	55	14520	3		
				三房双卫（舒适）	120	176	29%	21120	33%	5000	60	10560	2		
	合计					440	100%	69520	110%			34760			
洋房7+1（1T2）	6560	16400	2.5	三变四双卫	115	100	71%	11500	70%	6200	71	7130	20	/	5
				底跃	115	20	14%	2300	14%	6200	71	1426	4		
				顶跃	130	20	14%	2600	16%	6200	81	1612	4		
	合计					140	100%	16400	100%			10168			
洋房7+1（1T2）	2040	5100	2.5	三变四双卫	180	20	71%	3600	71%	6200	112	2232	20	/	1
				底跃	180	4	14%	720	14%	6200	112	446	4		
				顶跃	195	4	14%	780	15%	6200	121	484	4		
	合计					28	100%	5100	100%			3162			
别墅（245）	8983	5390	0.6	三变四双卫	245	22	100%	5390	100%	9000	221	4851	1	/	22
	合计					22	100%	5390	100%			4851			
住宅合计	37446	96410	2.6			630		96410				52941			
裙楼底商	1333	2000	1.5					2000		12500		2500			
合计	38780	98410	2.5					98410				55441			

图 3–2 业态配比建议

在这里需要强调的是，实际工作中，营销部门和投资部门针对产品定价存在天然的博弈，投资部门由于每年投资任务考核的压力，对市场价格存在本能的乐观，因为只有市场价格高了，在开发成本一定的情况下，项目可承受的地价才更高，"招拍挂"市场上的出价能力才更强，项目获取的可能性才更大。而营销部门对市场价格存在本能的保守，如果此时前策阶段把价格定得过高，后期对于项目营销去实现这个价格下的销售去化是比较有压力的，因此他们愿意将价格定得偏保守一些，后期项目获取后，若他们实现了更高的价格，公司一般会给予营销额外的奖金。因此，平时工作中两个部门间争争吵吵也就比较可以理解了，如何与营销同事保持有效地沟通并顺利获取项目考验着每一位投资人员的智慧。

营销对产品的定价主要采用市场比较法。顾名思义，即参照周边同板块竞品来定价。竞品的选择需满足区位及产品的可对标性。区位的可对标性是指需选择具备同等区位价值的竞品进行对标，不可出现目标项目在城郊，却选择一个城市核心区的项目来做对标；产品的可对标性是指产品的配置或价值是趋同的，目标产品若是 T2 的 6+1 洋房，那么竞品也必然选择 T2 的 6+1 洋房；目标产品是底商则应选择底商对比，而不能选择竞品的商业街来对比，以此类推。

为了保证对标竞品的合理性，我们往往还可以采取打分的方法来做定价。例如，把目标项目与竞品项目从区位、交通、周边环境、产品规划、品牌及营销运营等维度进行打分,然后按“项目价格 = 楼盘权重后得分 / 类比项目权重后得分 × 类比项目价格”来确定目标项目的售价（表 3–1）。

项目业态定价打分表 表 3–1

影响因素	权重	拟售项目分值	类比项目 1 分值	类比项目 2 分值	……
位置	0.125				
价格	0.125				
配套	0.108				
交通	0.092				
物业管理	0.092				
周边环境	0.092				
城市规划	0.092				
楼盘规模	0.076				
建筑风格及立面	0.058				
户型	0.058				
开发商品牌	0.041				
广告	0.041				
合计	1				

商铺的定价除采用市场比较法外，还可以选择租金反推法。其基础仍然来源于市场比较法，首先需要了解板块同等竞品的租金情况，然后按该城市一般租金回报率反推售价，即：

售价 = 年租金 / 年投资回报率

那年投资回报率多少合适？这个没有标准答案，依城市和板块不同，一般 5%~8% 不等。

3.5 设计强排

营销完成市场调研后，设计管理部的同事便可以登场了，设计部同事拿到红线图、地形图（投资提供）以及营销部同事提供的产品建议（会详细罗列建什么样的业态产品，高层、洋房、别墅各建多少体量，户型分别是哪些面积段等），进行设计方案强排，最终得出本项目的最终规划指标（详见本教材 8.3.1）。

设计同事在进行设计强排时，可根据公司整体要求朝着项目“货值最大化”及“利润最大化”的方向去努力，可尝试通过多布局“高溢价”产品去实现。

设计同事在进行方案排布时首先会考虑占地面积、容积率、计容建筑面积、建筑密度、限高、商业配比、标准规范等刚性要求，同时也会根据营销同事的建议考虑市场的客户群体、户型面积段、周边景观资源最大化、地形地貌等因素。可见，要做好一个完美的规划方案是多么的不容易，投资人员在平时工作中也要多理解设计部门同事的苦衷。

设计同事拿到营销同事出具的业态配比表后，主要关注：①要建哪些业态，是高层 + 洋房 + 别墅，还是洋房 + 别墅，还是全洋房；②规划哪些户型。至于各个业态栋数、占地面积、各户型套数等数据一般情况下是很难做到与营销同事一致的，因为营销同事的这个数据一般考虑的限制因素不够全面，未充分考虑到建筑退距及其他设计规划等要求。而设计同事则是要全盘考虑，将所有的限制性因素都考虑在内，他们的做法一般是按照营销同事提供的业态，找出各个业态 1 栋的基底面积、建筑面积数据，然后在满足总占地面积、总计容面积的情况下找到一个解，然后再逐步去挨个检验其他条件是否满足，若不满足再去调整，直至最终满足为止。

从整个过程当中，我们其实可以发现，强排方案其实是一个多元线性整数规划问题，设计同事通过自己的经验往往可以找到一个“解”，但这个“解”是否满足“货值最大化”或“利润最大化”，即我们想要的“最优解”，往往不得而知。根据高等数学知识，理论上来讲，多元线性规划问题应该是可以找到一个最优解的，前提是我们要把所有的限制性因素都进行表达，然后通过建立项目货值或者利润的目标函数进行实现。

3.6　投资测算

投资人员拿到设计给出的规划指标以后，便可以根据公司的成本数据以及营销给出的销售数据组织相关部门进行投资测算了，当然，过程中会需要成本、营销、财务、设计各专业版块同事的支持。最终便可以得出各大公司比较关心的两大指标：项目净利率、*IRR*（内部收益率）。各个公司对这两个指标的要求往往不同，一般来说对项目净利率的要求行业内普遍在 10%~20%，而对 *IRR* 的要求则在 10%~40% 不等。投资测算详细阐述请见本教材第 8 章。

3.7　集团上会

投资测算结果出来，项目净利率及 *IRR* 都满足公司基本要求以后，便可以准备相应的汇报资料前往集团总部进行上会（根据各个公司的上会流程而定），最终获得相应的项目授权价。授权价的高低直接决定了公司在拍卖现场的举牌能力或给予土地方的溢价能力，授权价越高，公司在公开市场上及二手项目上的还价能力越具备竞争性，同时获取土地的可能性就越高。

3.8 拿地程序

集团上会通过以后，就可以进入实际的拿地程序了。如是招拍挂项目，则准备进入报名竞买程序，这个时候投资人员就要开始着手准备项目竞买资料参与报名，拍卖当天前往土地交易中心参与举牌。如是二手项目，则要进一步完成洽谈合作协议、签约、完成工商变更等步骤。

CHAPTER 4

土地获取基本模式

土地获取基本方式分为一手土地获取和二手土地获取。一手土地获取可简单理解为对公渠道获取土地；二手土地获取则为向已经取得土地使用权的公司或个人寻求合作开发从而间接获取土地使用权的方式。

4.1　一手土地获取模式

在一手土地获取模式上，本教材着重讲解最为常见的招拍挂、勾地、一二级联动及三旧改造四种模式。

4.1.1　招拍挂

招拍挂是指通过招标、拍卖或挂牌出让土地的方式，是企业前期未就项目地块与政府进行接触，在政府公示后才获取地块信息，直接通过公开途径获取土地。招拍挂制度之前，我国盛行协议出让经营性土地，由于土地出让方式不尽规范，银行信贷规模也受到严格管制，房地产开发存在一定的进入门槛，自然也就催生了官商勾结拿地、囤地居奇的问题。一些房地产商依靠土地增值、房产增值，财富野蛮增长。2004 年 8 月 31 日，国土资源部、监察部联合下发了《关于继续开展经营性土地使用权招标拍卖挂牌出让情况执法监察工作的通知》（即“71 号令”），要求从 2004 年 8 月 31 日起，所有经营性的土地一律都要公开竞价出让。各省区市不得再以历史遗留问题为由采用协议方式出让经营性国有土地使用权，以前盛行的以协议出让经营性土地的做法被正式叫停，也被业界称为“8・31 大限”。这从一定程度上终结靠关系、暗箱操作的协议供地方式，进入了一个土地供应公开交易的新时代，极大地降低了土地出让过程中腐败行为的发生。

我国《土地法》及国土资源部相关部门规章规定，对于经营性用地必须通过招标、拍卖或挂牌等方式向社会公开出让国有土地，也称为“招拍挂制度”。招拍挂也是目前国内诸多城市土地出让的主流形式（表 4–1）。

招标、拍卖、挂牌区别　　表 4–1

类别	招标	拍卖	挂牌
含义	报一次价、保密、满足最低要求服务	多次出价、公开、价高者得	多次出价、保密、价高者得
流程	发布招标公告，邀请参加投标，根据投标结果确定	发布拍卖公告，由竞买人在指定时间、地点进行公开竞价，根据出价结果确定	发布挂牌公告，接受竞买人的报价申请，根据挂牌期限截止时的出价结果确定使用者
报价方式	填写投标书	现场举牌	电脑报价 / 终端报价
报价次数	一次报价机会	可多次报价	可多次报价
竞价规则	综合评价最佳者或价高者得	价高者得	规定时间内价高者得，挂牌截止日若现场有继续竞价者，挂牌出让日自动转为现场竞价

以上三种方式中以拍卖最为常见，开发企业参与土地拍卖基本流程为：当地公共资源交易网查询最新土地出让信息，下载出让公告，前往公共资源交易中心获取竞买文件，土地踏勘，市场调研，经济测算，确定报名，准备竞买资料，报名，参与拍卖（图 4–1）。

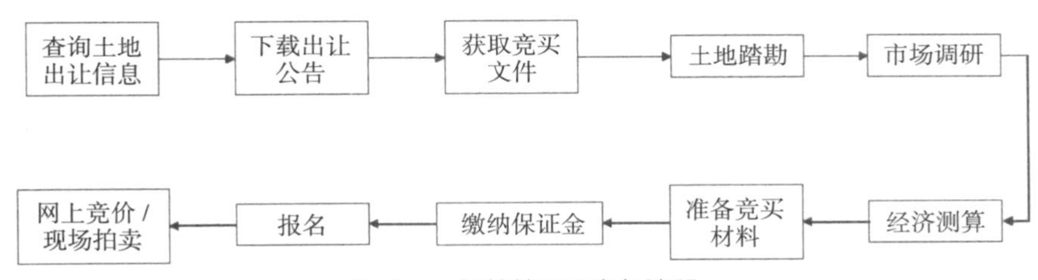

图 4-1 招拍挂项目参与流程

出让公告一般只列明项目的基本位置、占地、容积率、起始总价等基础信息，在各地的公共资源交易中心或自然资源规划局即可公开下载。而竞买文件为出让公告的补充文件，对项目会有更为明确的要求，例如限高、退距、外立面风格等规划要求，竞买资格的要求，以及是否设置底价等，很多“特殊的”设置条件往往也只体现在竞买文件中；因此诸多城市往往要求竞买文件只能到交易中心现场领取（图 4–2、图 4–3）。

下面重点分享一些参加招拍挂项目的经验要点：

（1）信息监测

投资人员应养成习惯，每天一早首先查看当地公共资源交易网是否有新的土地出让。避免遗漏新挂牌项目信息或发现时间太晚而无充分时间准备。与此同时，一旦有

中国政府网

中华人民共和国自然资源部
Ministry of Natural Resources of the People's Republic of China

土地市场

首页 机构 动态 公开 服务 互动 数据 专题

临海市自然资源和规划局国有建设用地使用权拍卖出让公告(临土告字[2019]013号)

发布时间：2019-05-11 | 行政区：临海市 【字号：大 中 小】【打印】【关闭】分享到：

临海市自然资源和规划局国有土地使用权拍卖出让公告(临土告字[2019]013号)

临土告字[2019]013号 2019-5-11

经临海人民政府批准，临海市自然资源和规划局决定以 拍卖 方式出让 1(幅) 地块的国有土地使用权。现将有关事项公告如下：

一、拍卖出让地块的基本情况和规划指标要求：

宗地编号：	331082004207101	宗地总面积：	17798平方米	宗地坐落：	大田街道双山村
出让年限：	50年	容积率：	大于或等于1.4并且小于或等于2.2	建筑密度(%)：	大于或等于35并且小于或等于55
绿化率(%)：	大于或等于10并且小于或等于20	建筑限高(米)：	小于或等于50		
土地用途明细：					
工业用地					
投资强度：	2295万元/公顷	保证金：	900万元	估价报告备案号	
起始价：	1950万元	加价幅度：	10万元		

二、中华人民共和国境内外的法人、自然人和其他组织均可申请参加，申请人可以单独申请，也可以联合申请。

三、本次国有土地使用权拍卖出让采用增价拍卖方式，按照价高者得原则确定竞得人。

四、本次拍卖出让的详细资料和具体要求，见拍卖出让文件。申请人可于 2019年05月21日 至 2019年05月30日 到 浙江省自然资源和规划局上交易系统 获取 拍卖 出让文件。

五、申请人可于 2019年05月21日 至 2019年05月30日 到 浙江省自然资源和规划局网上交易系统 向我局提交书面申请。交纳竞买保证金的截止时间为2019年05月30日15时00分 。经审核，申请人按规定交纳竞买保证金，具备申请条件的，我局将在 2019年05月30日15时00分 前确认其竞买资格。

图 4–2 出让公告示意
（来源：中华人民共和国自然资源部）

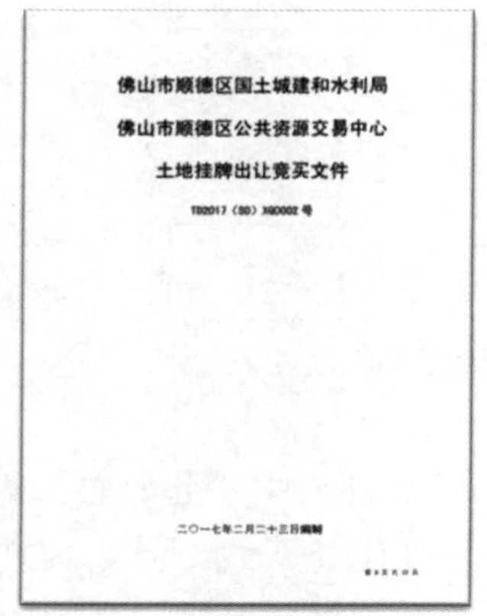

佛山市顺德区国土城建和水利局

佛山市顺德区公共资源交易中心

土地挂牌出让竞买文件

二〇一七年二月二十三日编制

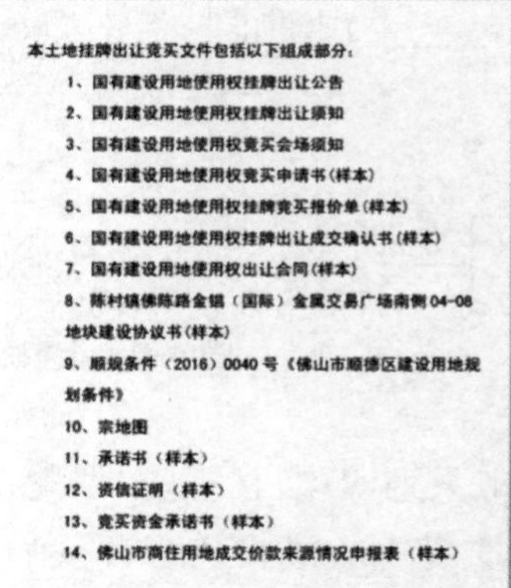

本土地挂牌出让竞买文件包括以下组成部分：

1、国有建设用地使用权挂牌出让公告
2、国有建设用地使用权挂牌出让须知
3、国有建设用地使用权竞买会场须知
4、国有建设用地使用权竞买申请书（样本）
5、国有建设用地使用权挂牌竞买报价单（样本）
6、国有建设用地使用权挂牌出让成交确认书（样本）
7、国有建设用地使用权出让合同（样本）
8、陈村镇佛陈路金锠（国际）金属交易广场南侧04-08地块建设协议书（样本）
9、顺规条件（2016）0040号《佛山市顺德区建设用地规划条件》
10、宗地图
11、承诺书（样本）
12、资信证明（样本）
13、竞买资金承诺书（样本）
14、佛山市商住用地成交价款来源情况申报表（样本）

图 4-3　竞买文件示意
（来源：公开网络）

新地挂出第一时间记录进入自己的“Excel 土地台账”及“奥维土地台账”，建立自己的数据库。关于“Excel 土地台账”及“奥维土地台账”将在后文再行阐述。

（2）挂牌文件解读

仔细研读挂牌文件，包括出让公告、规划条件函、竞买须知。仔细研读每一个条款，重点关注保证金打款截止时间、报名截止时间、建筑规划指标、报名方式、是否限高、有无配建要求、其他特殊条件限制等（排查是否有勾地可能）。如果有非常明确的特殊条件，例如要求“报名企业必须为当地注册的企业”“注册资本必须 10 亿元以上”等，那说明这块地很大可能是别家企业的勾地项目了。

（3）快速决策

从各大城市的拍卖流程来看，一个项目从公示到报名截止一般有 20 天的时间。在这段时间内必须完成地区公司及集团的报名审批程序，时间其实并不宽裕。越早能够完成内部决策程序，那么就有更多的时间去研究竞争对手。

因此，拿到一个新的项目公示信息，应该借助自己的经验马上判断项目是否有机会，可以先调研了解该地区的房价水平，再利用自己积累的土地台账看看周边最新成交土地单价，再参照自己公司的建造成本水平，基本可以从算账层面判断项目是否可行。

若可行，马上报告领导，启动项目踏勘、市场调研、强排、经济测算等工作，不能耽搁。

若不可行，马上报告领导，说出你建议放弃的理由。

（4）打探敌手

这是招拍挂非常重要的一个环节。只有充分地了解竞争对手，才可以辅助后期的举牌工作。但这里最大的问题在于，不到保证金报名截止的最后一刻，谁也不知道哪些企业会报名。而诸多公司为了节省企业现金流（保证金动辄数亿元）往往会在报名截至当天才会打款报名。这种情况下我们应如何提前确定报名企业呢？

首先，可根据地块位置判断和哪些企业的投资战略比较相符，然后逐一向各企业朋友打电话核实（所以平时多加入各专业群，多认识行业朋友是很有必要的）。

然后，在报名截止当天及前一天务必到交易中心进行蹲场，看有哪些企业过来递交报名资料，一旦有同行过来马上主动过去了解一下，一般这种情况下过来的同行都是愿意互相沟通的，你知道有哪些企业要来，我知道哪些企业要来，双方再一合计也就八九不离十了；如果你一直坚守到报名截止的最后一刻，那么在报名前10分钟你基本可以完全确定本次报名的企业名单了。

（5）“硬举”or“和谐”

如果报名企业少（例如3~5家），那完全是可以谈和谐的。匆忙的时候，大家有可能从报名截止到项目竞拍中间的两三个小时就得谈一场合作，速度谈下来一个框架协议，约定好多方各自的股权比例、谁操盘、谁并表、各方分别管哪些部门、各方股东会董事会席位等。如果报名企业多于了5家，一般“谈和谐”的难度就比较大了，这个时候大家就要摩拳擦掌，比拼实力了，这种场合下最为幽默的是，每次拍卖会感觉都像是一场“武林大会”，各路豪杰齐相逢。

（6）做好举牌准备工作

举牌看似一项十分简单的工作，然而做好是需要做非常多准备的，举牌前做好敏感性分析表，做好现场及“指挥部”之间的沟通，随时传达拍卖现场各对手的叫价情况，建议可以创建一个微信群，将拍卖现场各家企业的叫价第一时间反馈在群中，供未到现场的领导决策。作为一名懂行规的投资人员，切忌超过授权价举牌，超过1元钱也不行！

（7）招拍挂项目后评估

招拍挂后评估包括两个方面，一方面是自我总结，若摘牌成功，需要将本项目开盘后的经营情况与当初前期的测算指标进行对比，看看有哪些方面自己当初没有预估充分，价格、成本是否在自己的合理预期内？项目整体定位是否产生偏差？产品是否有了新的替换？越是有差异的地方越要找出原因。

另一方面是分析对手，分析一下竞争对手的举牌记录，看看每家企业举牌边界大致在什么位置，可与自家企业做一个简单线性对比，这么做可以简单评估每家企业的举牌能力，为未来新的招拍挂项目申请授权价做好准备。若未摘牌成功，则要思考一下为什么这次别人举牌价远高于我们？是定价高？成本低？品牌溢价？产品竞争力？投资战略布局需要？还是采用了更优的方案？待对方项目开盘以后，一定要到项目现场去观摩学习，看看别人如何实现当时的举牌价的，在现在行情下，任何一个企业举出的一个价格几乎都是有理由的！

（8）积极参与每一次招拍挂

每一次拍卖就是一次武林大会，对公司来讲积极参与一次便可以有参与和谐“捡漏”的机会；对于个人而言，积极参与一次你便可以多认识三五个同行，久而久之圈子人脉就悄然建立起来了。

4.1.2 勾地

对于非业内人士一看到“勾地”,不明觉厉,脑海中首先浮现的一定是“勾搭”“勾引”之类的联想。不过这么想还真有点挨边了,“勾地”还真可以粗俗地理解为“勾搭土地”,甚至“勾引土地”。看似是粗俗了一些,但本质上类似这个意思。

勾地是指土地在正式挂牌出让前,由单位或个人对感兴趣的土地向政府表明购买意向,并承诺愿意支付的土地价格。再通俗点,即指开发企业提前与政府沟通,锁定好地价、规划指标、供地计划、优惠政策等条件,推动政府按开发企业的要求进行挂牌,开发企业通过招拍挂途径获取土地。勾地这种特殊的一级市场拿地模式看似是与招拍挂制度相悖,有违公平之嫌,为什么还应用如此之广,政府也愿意承担风险而乐此不疲呢?笔者认为起码有以下 3 个方面的原因:

(1)政府希望引入产业

类似红星美凯龙旗下红星地产这样的企业较为重视做勾地,而且是只做三四线城市勾地。道理很简单,三四线地方政府对于红星美凯龙的产业引进颇感兴趣,而红星地产的条件便是引进红星美凯龙可以,但政府需要配套一定体量的住宅开发用地,地价大幅降低。虽然红星美凯龙在三四线很多情况下都只是品牌输出,但当地政府就认这个品牌,因此双方也能达成合作。类似模式的还有万达通过万达广场,新城通过吾悦广场,而恒大则通过童世界进行勾地,在此不表。关于产业拿地模式详见本教材 4.3 节。

(2)政府希望整体规划、统一开发

政府规划城市新区,有一片区位较好的土地需要拿出来开发,这一片土地属于当地的宝贵资源,政府对规划、建设期望较高,不允许有丝毫差错。已有诸多城市出现片区规划比较凌乱,没有统一风格和一致性,究其原因在于片区划分非常零碎并交由不同开发理念的企业规划建设,虽然细看每个项目都可圈可点,但整体放到一起就充满违和感。在此经验之上,政府就希望引进一家有资金实力、开发实力的房地产企业来进行整体打造,即使无法交由一家企业整体建设但也要保证方案的整体性。

这种情况下,政府往往对规划方案要求非常之高,一见面就会让开发企业先做一个方案,方案初次汇报后会给开发企业提出意见,然后继续修改,反反复复,会耗费较大的时间和资金成本。简单的方案,难以通过;复杂的方案,一版城市规划方案可能就需要花费数十万甚至上百万。同时,往往是多家企业都在找政府谈,政府被迫需要做规划方案的比选,你的方案他往往也不会明确给出结论,就是给你反馈一些意见进行修改,甚至改到最后也没有选用你司的方案,这种情况下基本就宣告勾地失败了,将浪费巨大的时间和资金成本。因此,在与政府勾地的时候,一定要多从侧面了解还有哪些意向企业在与政府谈,将你司与这些竞争企业做一个横向对比，如果品牌、理念、产品、资金、方案等方面都不占优势的话，那么就应该果断放弃，再寻目标。

4.1.3　一二级联动

为搞清楚一二级联动开发，有必要先了解一级开发与二级开发之间的区别。

土地一级开发，是指由政府或其授权委托的企业，对一定区域范围内的城市国有土地、乡村集体土地（生地）进行统一的征地、拆迁、安置、补偿，并进行适当的市政配套设施建设，使该区域范围内的土地达到“三通一平”“五通一平”“七通一平”的建设条件（熟地），再对熟地进行有偿出让或转让的过程，这个过程我们可以理解为生地变熟地的过程。土地二级开发即土地使用者将达到规定可以转让的土地进行商品房物业开发的过程。

一二级联动开发，即由一家企业先后承担土地熟化（一级开发）以及住宅、商办物业开发（二级开发）两道程序，面对土地出让及物业租售双重市场的一种开发模式。一二级联动开发在实际操作中最大的难点是在介入一级开发的基础之上如何确保取得二级开发的权利？毕竟对摘牌净地再进行商品房开发才为房企的核心诉求。在这里提供几种策略供大家探讨：

（1）捆绑拆迁

土地公开挂牌出让时设定的条件是由开发商完全负责拆迁安置工作，以此增加土地开发操作难度，阻止竞争者进入。但实际上是由政府负责或协助完成拟出让用地中的拆迁工作。

（2）限价回购

一级开发企业与政府达成协议，在拟出让土地挂牌出让时设定以低于成本“限价回购”的条款：当项目开发完成时，一级开发企业可优先以低于成本的价格回购其中一定量的住宅和商业物业以抵扣土地一级开发成本费用，以此提高拿地成本，阻止竞争者进入。

（3）苛刻的交地付款条件

一级开发企业与政府达成默契，使拟出让土地一级开发后在基础设施和拆迁上遗留尾巴，从而起到限制其他竞标者的目的。

（4）控规调整

一级开发企业与政府达成协议，拟出让地块在公开出让时按照市场实现性和盈利水平较差的规划条件出让，使其他开发商不愿进入，一级开发企业竞得该地块后政府相关部门可以协助调整规划指标，一级开发企业相应补交地价。

举例，我们一般看到常规的二级出让土地控规往往是这样的（图 4–4）：

项目红线与控规一致，比较规整。

项目共有 1000 亩土地，但是 A 公司与政府沟通后先挂出 400 亩土地，其红线是这样的（图 4–5）：

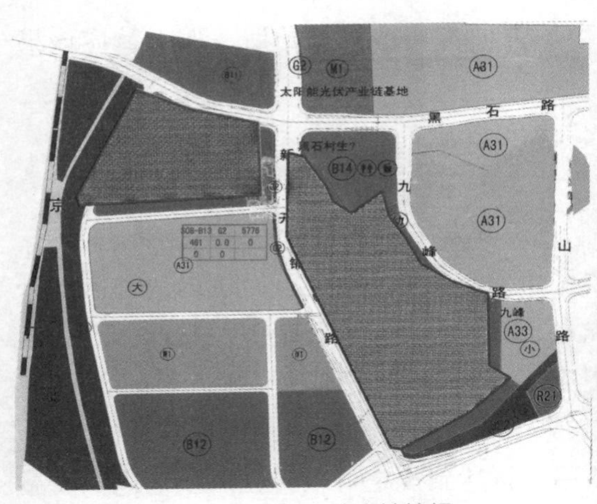

图 4-4　二级出让土地控规
（备注：本图仅为示意，非实际案例）

图 4-5　土地红线
（备注：本图仅为示意，非实际案例）

业内把这样的土地叫做“插花地”，或者“飞地”，开发企业只有将后续 600 亩土地摘牌到手，整个区域才可以协同开发，否则仅仅 400 亩项目根本无从开发，项目甚至连基本的道路都没有！懂行的人都知道这块地早已“名花有主”，也就不要再去凑热闹了！同理，后续 600 亩在出让的时候类似，也全都是插花地，从而可以保证 1000 亩土地的整体摘牌。

（5）代建公建配套

一级开发企业与政府达成协议，一级开发企业在进行土地一级开发的同时在项目用地范围内代建部分公建，如体育馆、图书馆、学校、会议中心等。在土地公开出让时设定条件：公建与土地捆绑出让，土地受让人必须承担该公建的建设费用和日后的经营管理，这时一级开发企业往往夸大建设成本，提高土地取得成本，起到限制其他开发企业进入的目的。

（6）项目方案整体规划

①开发企业在进行一级开发时，都先向规划部门进行申报规划意见书，在该意见书中开发企业将根据政府的要求和土地的性质进行一定的规划设计，一级开发企业可以在编制区域规划和描绘区域发展愿景时融入自身的意愿，通过区域的全盘规划和各配套功能的整体性，来控制后期用地；②一级开发企业与政府达成协议，由一级开发企业进行本区域的市政建设，以某地块的二级开发权冲抵公建建设成本，政府在该地块出让时协助一级开发设置限制条件控制土地。

（7）带规划方案竞标

企业与政府在较早的时间达成初步开发协议，企业获得充足的时间进行项目整体开发定位与规划方案研究，并将项目发展规划成果向上级政府管理部门汇报，经过若干轮的研讨和修改，争取到上级主要领导的认可。拟出让土地进行带规划方案招标，限定投标时间为 5~20 天，使其他竞标者没有足够时间对项目进行充分的研究，降低其标书质量从而使企业顺利中标。

（8）围棋策略

通过控制大规模土地中那些资源条件最好的、处于交通节点的土地，形成既成的围合拿地布局，从而阻止其他竞争者进入。

（9）二级土拍收益分成

企业与政府约定，拟出让地块如果超过某个拍卖单价，企业与政府进行收益分成，这样形成“跷跷板”赢利模式：进入二级市场拍卖的土地，企业能够比其他的开发企业以更加高的价格拍地。高价成交的土地，企业从中分得收益后，降低了实际拿地价格。即使不分配土地增值收益，企业因为有对地块条件更加熟悉的优势，更容易在拍卖中获得土地。

4.1.4 三旧改造 / 城市更新

“三旧”改造是在城市发展到一定阶段后，土地集约化发展要求下，针对“旧城镇”“旧厂房”和“旧村居”进行重建、再开发、综合整治或功能改变，优化区域功能，助力城市升级。

“旧城镇”改造，主要是指对区、镇（街道）城区内国有土地的旧民居、旧商铺、旧厂房等的改造，以及对重点改造城区需要“退二进三”的旧厂房、旧仓库及危旧居民用房的改造；“旧厂房”改造，是指对镇（街道）、村和工业园区内的旧厂房的改造，包括对严重影响城市观瞻的临时建筑的改造；“旧村居”改造，是指对“城中村”、大量用地被城市工业区等占据的“园中村”、村民逐步迁出或整体搬迁形成的“空心村”等推进农民公寓建设、旧物业改造和村容村貌的整治。

常见的三旧模式有三种：①政府主导模式，即政府是改造的主体，由政府投入大部分资金进行改造，政府负责村民的安置补偿；②由政府和房地产开发企业进行改造的市场改造模式，开发企业在政策范围内负责村民的安置补偿，并按照改造方案进行开发，政府给开发企业提供一定的优惠政策并在其中起监督、规划的作用；③由村民集体经济组织或村民自行改造，改造资金由村集体经济组织和村民自行解决，政府则在税收、贷款和基础设施建设等方面提供优惠或协助。

可见三旧改造为政府、开发企业和村民三方利益的博弈。企业利益在于开发利润及品牌建立，政府利益在于城市功能完善、旅游消费升级和城市价值提升，村集体及村民利益在于村民居住环境改善、村民社会保障增加、城市归属感增强。

从房地产企业角度来看，三旧改造虽然过程复杂，参与周期长，但是其优势也非常明显。首先项目大多位于城市中心区，住宅商业价值均较高，且具备较强的升值空间。此外，“三旧项目”土地成本相对招拍挂较低，获取周期较长，因此可赚取土地的溢价，也可作为公司的长期的土地储备。

与此同时，三旧项目也存在诸多风险和不确定性。例如，三旧项目容易因政府领导换届和财政问题影响项目改造方向，受政策变动影响性大；村领导换届直接影响旧改合作的效率和改造的进度；项目拆迁难度大，钉子户多，签约率低，交地时间长；开发商的财力和背景，直接影响旧改的成败，因此能够参与三旧项目的多为大中型房企和财团。

4.2 二手土地获取模式

如果一手土地主要是和政府打交道，那么二手土地则主要是和拥有土地资源的企业、个人打交道。随着国家对房地产行业调控的日益深化，市场不确定性越加明显，“闭着眼睛赚钱”的时代已经一去不返，未来二手土地的获取将逐步成为房企拿地的主要方式。

4.2.1 土地转让

土地使用权转让是指直接从原土地使用权人手中通过国有土地使用权转让的方式获取土地，它属于一种资产收购形式，这里的资产便指的是土地使用权。常见的交易架构如图 4–6 所示：

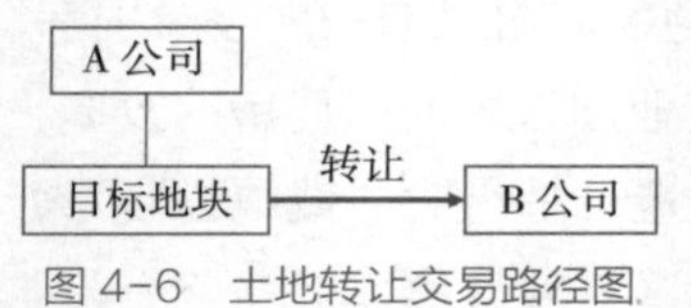

图 4–6　土地转让交易路径图

目标地块在 A 公司名下，A 公司将目标地块通过国有土地使用权转让的方式给到 B 公司，B 公司支付土地转让价款给到 A 公司。其实简单来说就是 A 公司将自己名下的目标地块卖给了 B 公司，这和我们在生活中的买卖交易并无太大差异。在这个交易过程中一共需要实现三个步骤：

（1）目标地块的权属在 A 公司名下。在现实收并购案例中，这就要求 A 公司已经缴纳完毕土地出让金，并且已经取得国有土地使用权证。完成资产交易，首先要证明资产属于卖方，缴纳完毕土地出让金并提供发票、提供国有土地使用权证就是最好的证明。

（2）目标地块的权属由 A 公司变为 B 公司。根据《中华人民共和国城市房地产管理法》，以出让方式取得土地使用权的，需“按照出让合同约定进行投资开发，属于房屋建设工程的，完成开发投资总额的百分之二十五以上”，否则不得转让。我国为了杜绝非法囤地的行为，要求 A 公司在转让土地之前必须要开发建设，且开发建设投资额（不含土地出让金）必须达到总投资额的 25%。换言之，净地不允许转让。

（3）B 公司向 A 公司支付土地转让价款。这一步就涉及 A 公司的要价问题了，在实际转让过程中我们会遇到，A 公司由于多年的资金成本以及自己的心理预期等因素，往往会给出一个高于自己原始获取土地成本的价格。例如 A 公司 2014 年获取一宗土地，总价 10 亿元，由于 2015 年市场行情一般，未开发土地，一直闲置，见 2016 年市场开始向好准备动工开发却发现资金吃紧，于是想把土地进行出让，收回自己的10亿元土地成本以及两年的资金成本3亿元，同时自己还想再挣一点，于是给B公司开价18亿元。此时，对于B公司而言10亿元为有票成本可以计入土地成本进行土增税及增值税抵扣，另外8亿元（=18–10）则为无票溢价无法进入税前抵扣项。

由此我们可以看出土地使用权转让的优点在于转让完成后比较干净，不涉及以前公司的债权债务，可轻装上阵直接开发；而缺点在于转让税费高（增值税及附加、契税、土地增值税），导致拿地成本增加。因此这种方式主要适用于以下两种情形：

（1）目标公司债权债务过于复杂，不适用于股权收购时，可考虑土地转让；

（2）目标公司除了目标土地外，有其他资产、物业或经营业务，不好剥离，或者对方不愿意转让目标公司股权时可考虑土地转让。

关于土地转让不满25%投资额限制转让的问题，针对现在常见的几种处理思路简单总结如下：

（1）股权转让，直接收购土地所在的目标公司股权，通过持有目标公司股权的方式实现对土地的持有，这种方式建立在目标公司债权债务比较简单，风险可控的前提下可以选择。但如果未满投资额25%，此种方式仍然可能会被税务局认定为土地转让而无法达成，各地区认定标准各有不同。

（2）转让方自己垫资修建到投资额的25%再进行土地转让。这种方式是建立在转让方有建设资金的前提下，而很多转让方出售自己土地资产的重要原因就是资金流紧张，无资金进行开发，所以由其拿出资金来垫资修建一般是不可行的。即使转让方能拿出建设资金垫资修建到25%，那他为什么还要合作开发呢？因为修建到投资额25%的时候往往也基本达到预售状态，已经可以有资金回笼了，收购方存在的意义也就不大了。

（3）转让方和收购方沟通共同找一家施工单位垫资修建到投资额的25%再进行土地转让。这种方式就是针对性地解决转让方无资金垫资开发的问题。转让方提前和收购方谈好，双方共同找一家互相认可的施工单位，按照收购方的规划方案进行建设施工，收购方提前派入管理团队介入项目操盘，而施工单位要承接项目的前提便是要垫资，垫资到什么时候呢？垫资施工至项目投资额的25%，转让方与收购方完成土地过户。土地过户一旦完成，收购方支付项目（在建工程）对价给转让方，转让方支付施工方建设款，剩下的便是土地转让的对价款了。收购方获取了土地，转让方拿到了资金，施工方接到了工程，交易完成。

这种方式往往施工方承担了较大的风险。因此施工方会非常关注收购方的资金实力及信誉度。同时需转让方与收购方提前签订协议，一旦项目修建到25%立即启动转股，在完成股转工作之前项目公司章、法人章及财务章需共管。

（4）收购方垫资修建到项目投资额25%再进行土地转让。模式基本同方式（3）

一致，收购方出钱出团队提前介入项目管理。这种方式对于收购方来讲存在较大的风险，若收购方垫资将项目修建到了 25%，到项目可以进行转让的时候，转让方反悔或坐地起价怎么办？

为了应对这种风险，收购方往往也是先和转让方签订好收购协议，同时要求共管项目公司的公司章、法人章、财务章等所有证照，或者在协议中明确一个较高的违约金额。一旦项目符合过户转让条件，收购方立即启动过户程序。

（5）25% 投资额前由收购方代建代管，达到 25% 投资额后立即启动土地过户。如前文所说，投资建到 25% 时已经临近销售收入了，此时收购方与合作方的关系如何处理？合作方反悔如何处理？钱也投进去了，品牌也对外输出了，这个时候退出就很困难了。解决方式除保管合作方公章，或者多设置违约金外，还可以在前期与转让方再签订一个代管代建协议，收取较高比例的管理费（例如 20%）+ 高额的违约金，如果后期顺利完成土地转让以后则豁免管理费。如果合作方违约了则收购方可以代建代管直到项目结束收取 20% 管理费。目的是为了避免前期收购方品牌投入了、营销拓客了，最后转让方反悔的情况。

4.2.2 股权转让

公司股东依法将自己的股东权益部分或全部有偿转让（股权转让或者增资等形式）给受让人，受让人取得公司 100% 或部分股权，从而实现间接获取土地（图 4–7）。

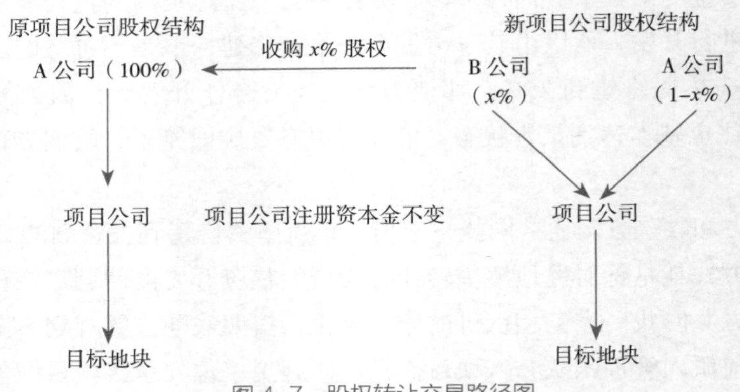

图 4–7　股权转让交易路径图

这种合作方式的优点是拿地方式灵活且可以快速启动能满足快速获取土地的需要，但缺点是通常情况复杂，隐藏的风险大，税负变相转嫁，且合作沟通较难。因此，股权收购模式一般适用于目标公司资产、债权债务简单清晰，财务及法务风险评估可控；且原始地价发票充足或有票成本不足但经测算仍可实现预期盈利目标。股权转让买方需要承担的税费有所得税、印花税，买方需要承担的税费有印花税。

股权类合作方式主要为新设公司合作开发及已有项目公司的股权获取，详细解释分别如下：

（1）收购新设项目公司股权

尚无项目公司，合作双方共同出资新设立项目公司（或者一方设立项目公司后转让一定股权比例给另一方），然后把土地转进新设项目公司。新设项目公司基本无债权债务问题，因此双方主要关注点应在于：

1）公司治理：由谁操盘，董事会以及管理层如何确定；

2）资金管理：开发资金如何解决、销售资金如何处理；

3）利润分配：利润什么时候分配以及分配比例。

（2）收购已有项目公司股权

土地已在项目公司名下，并且不适宜将土地作价入新设公司的情形下，要想收购获取土地，就可以通过收购已有项目公司股权的方式进行。常见的获取方式有股权转让、增资扩股、吸收合并，三者的主要区别在于：

1）股权转让：股权转让方（原股东）收钱；

2）增资入股：由项目公司收购，任何一方都不能擅自抽走；

3）吸收合并：两个公司合并为一个公司，承继债务债权。

此种方式为规避复杂的债权债务关系，在股权收购前必须对目标公司进行充分的尽职调查。

讲解完土地转让及股权合作，有必要再详细谈谈资产转让与股权转让的区别。很多同行对资产转让与股权转让分不太清楚。而几乎在任何一个二手项目中都难以摆脱这两种收购方式，何时采用资产收购，何时采用股权收购几乎考验着每一个投资人员的专业能力。

字面意思上二者非常好理解，资产收购即收购资产，股权收购即收购股权。在房地产领域提到的资产主要即指土地，本教材 4.2.1 节部分谈到的土地使用权就是资产。而股权收购更多强调的是公司股权的收购，而这类公司一般持有资产，既然是公司除了资产以外必然还涉及资产以外的人员、业务体系、甚至负债等。

因此，如果买方需要的就是卖方的资产（例如土地）一般就选择资产收购，而如果买方需要的是卖方的人才或者业务体系一般就选择股权收购（例如互联网公司的收购一般就是股权收购，因为资产对于互联网公司来说往往不是最重要的部分）。

上面的解释仿佛说出了真谛，似乎很好理解了，其实不然。因为资产收购和股权收购还牵涉到开发主体、收购手续的难易程度、法律上的障碍及税费风险等诸多问题，而这才是二者区别的核心关键。详细区别如下：

（1）开发主体是否变化

股权收购方式项目开发主体（项目公司）不变，变化的是目标公司股东；资产收购方式将导致项目主体发生变化，资产将由目标公司过户到收购公司（图 4–8）。

（2）收购手续的难易程度

资产收购完成后要从立项开始，对项目建设选址意见书、用地规划许可证、土地使

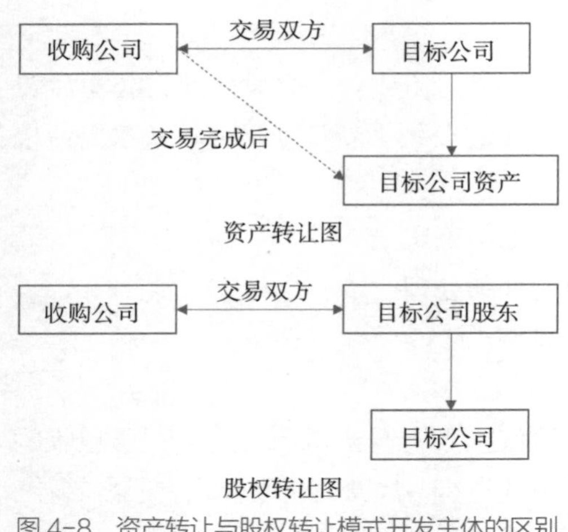

图 4-8　资产转让与股权转让模式开发主体的区别

用权证、建设工程规划许可证、施工许可证等环节逐一办理变更手续，收购手续流程较为复杂。如果是在建工程转让，还会牵涉到总包单位的更换等诸多问题，因而会对项目开发造成影响，开发周期也会拉长。

股权收购与资产收购相比无须办理土地或者在建工程的过户和各种证照的更名手续，只需交易双方签订股权转让合同，并办理相应的工商登记变更手续，收购手续相对简单；项目股东变更并不会对项目公司的实际开发造成过多影响，新入股东投入资金后项目便可继续开发。

（3）是否存在法律障碍

资产转让方式要求土地不允许净地转让，必须满足投资额 25% 才能转让，而在现实当中满足 25% 条件转让的项目少之又少，而大部分依然是净地转让，此时我们如果把这些土地资产转入一个空壳公司里通过股权转让的形式就能在一定程度上避免审批障碍从而间接实现转让。

（4）或有债务风险

资产收购相比股权收购方式可以最大限度地避免目标公司或有债务的影响。由于项目资产收购不涉及股权变动，只是目标公司对其资产（土地或者在建工程）出售，目标公司的一切债务仍由原目标公司承担，对于受让人来说，目标公司资产收购不会因原项目权利人或目标公司的债务或潜在债务、担保等影响而拖累项目过户后的开发行为，无疑可以降低商业风险。反之，收购目标公司股权即会承担原目标公司的债务，而股权收购存在原股东故意隐藏项目公司真实债务、虚增成本等诸多风险，因此针对股权收购必须要做充分的尽职调查，以尽量挖掘目标公司的真实债务，在项目合作协议中明确由原股东资产和项目留存利润作为或有负债的兜底。

（5）经营风险

目标公司进行房地产开发，往往是在一个地上建设多个项目（如写字楼、住宅、酒店、商贸等）。若采取股权收购方式无法将盈利前景不佳的项目进行剥离，不仅会增加收购成本，而且还面临较大的经营风险，项目的资金回报无法获得保障。

（6）税收差异

资产收购中，纳税义务人是收购公司和目标公司本身。根据目标资产的不同，纳税义务人需要缴纳不同的税种，主要有增值税、所得税、契税和印花税等。

在股权收购中，纳税义务人是收购公司和目标公司股东，而与目标公司无关。除了印花税外，目标公司股东可能因股权转让而缴纳企业或个人所得税（表 4–2）。

资产转让与股权转让税收科目对比　　表 4–2

获取方式	资产转让	股权转让
增值税及附加（纳税主体）	√（转让方）	
所得税（纳税主体）	√（转让方）	√（转让方）
印花税（纳税主体）	√（双方）	√（双方）
土地增值税（纳税主体）	√（转让方）	
契税（纳税主体）	√（受让方）	

资产转让与股权转让之间的税收差异将在本教材 7.3 节详细阐述。

总的说来，资产收购“干净”，但税费更高；股权收购更“灵活”，但可能存在潜在的负债，在现实操作中二者绝无优劣之分，只有是否合适之分（表 4–3）。

资产转让与股权转让核心要点对比　　表 4–3

获取方式	资产转让	股权转让
办理程序	程序烦琐，办理手续时间长	程序简单，办理手续时间短
税费差异	税费较高	税费较低
溢价处理	可计入成本	无法计入成本
风险大小	风险可控	风险难控

4.2.3 资产剥离

房地产企业之间以股权收购方式进行资产收购时，如果收购方仅对部分资产有收购意向，则被收购方可将目标资产剥离至一个壳公司，再将壳公司股权转让给收购方，我们称这种方法为资产剥离。常见的为被收购方名下有一个住宅地块及多个商业地块，而收购方仅有意收购住宅地块时，可考虑采取资产剥离。具体可分为三种方式：

（1）非货币投资

指以非货币性资产出资设立新的企业，或者以非货币性资产出资参与企业增资扩股及其他类似的投资。主要过程包括：设立全资子公司，以标的资产对新设子公司进行增资。

（2）公司分立

公司分立，指一个公司通过签订分立协议，不经过清算程序，分为两个或两个以上公司的法律行为，分立后的公司具有独立的法律人格。这种方式适合于某企业资产规模较大，要将其中的一块土地卖给房地产企业的情形。公司分立后，形成的新公司一般会被锁定限制交易 12 个月，如果变更视同交易，需要补交相关税费；且公司分立后的新设公司对公司分立前的债务承担连带责任，债权人与债务人另行签署协议明确的除外。公司分立可以采取新设分立和存续分立两种形式。

新设分立，又称解散分立，指一个公司将其全部财产分割，解算原公司，并分别归入两个以上新公司的行为。在新设分立中，原公司的财产按照各个新设公司的性质、宗旨、业务范围进行重新分配组合。同时原公司解散的债权、债务由新设立的公司承受。新设分立，是以原公司的法人资格消灭为前提，成立新公司。用公式表示为 A → B+C（图 4–9）。

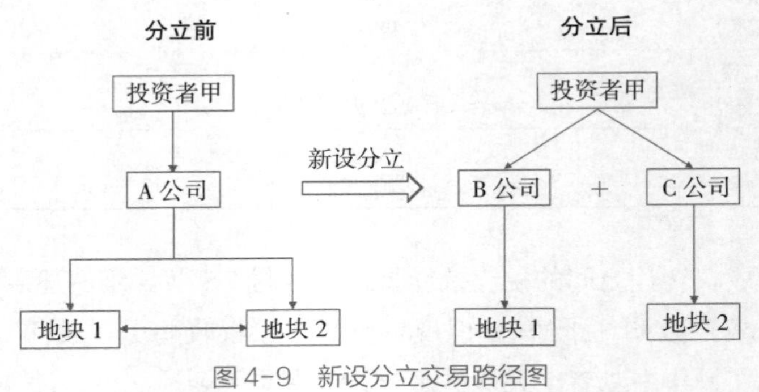

图 4–9　新设分立交易路径图

新设分立中，收购方仅需收购 B 公司或 C 公司便可持有地块 1 或地块 2 的开发权益。

存续分立，又称派生分立。是指一个公司将一部分财产或营业依法分出，成立两个或两个以上公司的行为。存续分立中，原公司继续存在，原公司的债权债务可由原公司与新公司分别承担，也可按协议由原公司独立承担。新公司取得法人资格，原公司也继续保留法人资格。用公式表示为 A → A+B（图 4–10）。

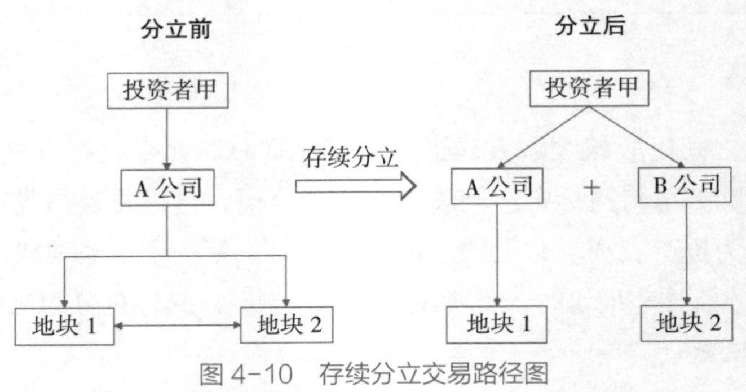

图 4–10　存续分立交易路径图

存续分立中，收购方仅需收购 B 公司便可持有地块 2 的开发权益。

（3）资产划转

指 100% 直接控制的母子企业之间，以及受同一或相同多家企业 100% 直接控制的兄弟企业之间划转股权或资产的行为。在房地产项目中，资产主要指土地及在建工程（图 4–11）。

假设 A 公司名下有一块住宅用地，通过划转可将该土地权属变更至 A1 公司，收购方可向 A1 公司股东收购 100% 股权，从而取得目标土地的开发权益。

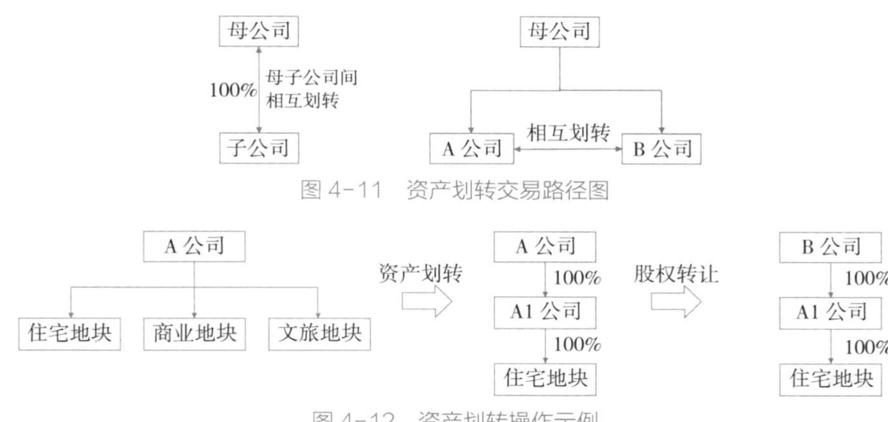

图 4-11　资产划转交易路径图

图 4-12　资产划转操作示例

具体步骤可参见如下：

①公司与 A1 公司签订资产划转协议；

②公司向 A1 公司开具增值税不征税发票；

③公司缴纳土增税、印花税；

④公司与 A1 公司签订债权转让协议、完成土地评估报告、清理劳动关系；

⑤土地转至项目公司 A1；

⑥将项目公司 A1 重新作价，转让 100% 股权至 B 公司。

为什么现在不时有房企愿意尝试资产划转呢？此前确实很少有类似案例，主要原因还是在于采用资产划转模式会有一个增值税的优惠政策。《国家税务总局关于纳税人资产重组有关增值税问题的公告》约定“纳税人在资产重组过程中，通过合并、分立、出售、置换等方式，将全部或者部分实物资产以及与其相关联的债权、负债和劳动力一并转让给其他单位和个人，不属于增值税的征税范围”。即上述案例中 A 公司在将土地及相关债权、负债及劳动力关系一并转入 A1 公司的过程中，可以不征收增值税。

4.2.4　作价入股

土地作价入股是指以一定年期的国有土地使用权作价，作为出资投入股份有限公司或者有限责任公司，相应的土地使用权转化为原持有方对新设立企业出资的资本金或股本金的行为。一个公司名下有多个地块，而其中仅有一个住宅地块，如果直接收购目标公司将会涉及复杂的债权债务，此种情况下便可以考虑土地作价入股的方式。合作路径如下（图 4-13）：

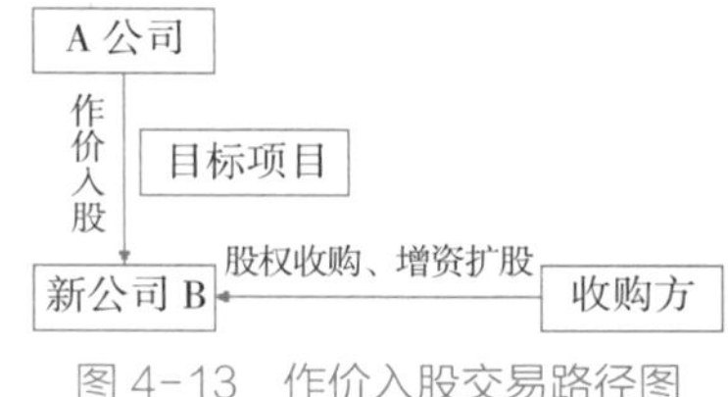

图 4-13　作价入股交易路径图

持有目标项目的公司A将目标项目剥离至新公司B，土地权属转移至新公司，收购方向持有目标项目的公司购买新公司100%的股权，取得目标地块的开发权益。

土地作价入股需要满足土地转让的条件。《中华人民共和国房地产管理法》第39条规定："以出让方式取得土地使用权的，转让房地产时，应当符合下列条件：

（1）按照出让合同约定已经支付全部土地使用权出让金，并取得土地使用权证书；

（2）按照出让合同约定进行投资开发，属于房屋建设工程的，完成开发投资总额的百分之二十五以上；属于成片开发土地的，形成工业用地或者其他建设用地条件。转让房地产时房屋已经建成的，还应当持有房屋所有权证书。"

但从实操来看，在很多小城市选择土地作价入股并不受投资总额25%的限制。因此各地是否可通过土地作价入股实现净地转让，需前置咨询当地税务部门。

4.2.5 委托代建

房地产委托代建即土地拥有方发起委托代建诉求，而有具备专业开发实力的品牌房企承接代建，双方签订《项目开发代建管理合作协议》，共同合作开发的模式。此种模式多用于很多地方小房企拥有土地资源，而无开发能力、资金实力及品牌的情形。从国内房地产代建的发展来看，我国的代建行业先后经历了政府代建、商业代建、资本代建等不同阶段的演化，当前已发展成三种代建模式并存的状态。

（1）政府代建

代建方与政府相关部门合作，承接安置房、限价房等保障性住房和大型公共服务配套的建设管理和服务，依据项目的投资、销售或利润总额收取7%~8%的佣金。政府代建项目的利润较低，但也有机会获得更多的社会资源。

委托代建模式也存在诸多风险。首先是品牌受损的风险，委托方希望贴品牌房企的牌，又想不切实际地控制成本，甚至不惜牺牲产品标准，这样一来势必招致客户投诉，或者委托方资金链出问题，都将影响品牌房企的口碑。基于该类风险的存在，导致代建方在选择委托方的时候评估成本就较高；除基本的法律调查、资信情况、资金情况的调查之外，为了考察对方的经营诉求、契约精神，还需要了解对方高层的性格、处事方式等，确保合作的顺畅开展。这样一来就要耗费较多的时间成本、人力成本。此外，很多小房企选择供应商的时候，喜欢选择熟人关系，品牌房企体系内合格供应商无法进入，从产品的设计到品质的把控就会比较弱。而且品牌房企通常按照高标准做产品，大家有同一个标准同一个体系，内部沟通容易。可是现在不同的委托方有不同的要求，又无法完全标准化，品牌房企内部各个中心、分支机构联合作业的时候，整合资源的过程就比较复杂，沟通成本很高。许多购买品牌房企商品房的客户，是基于对其品牌的信任，但因为是代建的项目，会对是否还能保证原汁原味的高品质有一定的疑虑。如果要做相关解释工作，会产生很多额外的教育成本。随着从事代建项目的企业越来越多，竞争加大，导致投标价格降低，房地产项目利润率的降低也将导致当前代建费的下降。

更极端的案例是，委托方把回笼的销售资金都抽走了，导致工程无法继续，项目的各种抵押贷款无法偿还，购房者要么拿不到房，要么拿到了房办不出房产证。要防止这种情况发生，除了事先的约定和事后的救急，更需要事中的风险控制。代建方必须拥有财务知情权和部分控制权，确保项目公司账面上的资金能够应付各种可能发生的危机。

（2）商业代建

商业代建模式中代建方不占有任何股份，委托方提供土地及开发资金，拥有投资决策权，承担投资风险，享受投资收益。代建方根据委托方诉求派驻专业的开发团队，提供从前期策划、施工建设、销售管理到品牌输出等全过程开发管理，提升项目溢价。此类模式可以简单理解为小开发商有土地、有资金但无开发实力；大开发商提供优质的开发管理服务，输出品牌，从而帮助小开发商实现项目溢价。而代建方在此过程中则收取三部分收益：派驻团队基本管理费、委托开发管理费、项目业绩奖励。

派驻团队基本管理费包括管理团队基本工资、社会保险、福利等。代建方根据委托项目规模、物业类型及开发计划，派驻相应数量的管理团队，一般采用包干制的方式予以约定，由委托方承担，在项目公司列支。

委托开发管理费是主要的代建收益来源，其收费标准原则为项目总销售额的 7%（别墅类项目高于此标准），结合项目物业类型、总销售额、销售去化速度等因素确定。其发放主要根据项目销售进度节点，并结合部分关键工程节点，分批支付。如果项目分多期开发，以项目每期的销售额为基数，按上述方式分批支付。

项目业绩奖励则是根据考核指标（如销售总额、利润指标等）给予代建方的项目业绩奖励，当项目经营结果超过考核目标时，按一定标准提取项目业绩奖励。如果延展到前期的规划设计到后期物业管理，全程获得的收益将更高。此外，代建方通过轻资产运作、品牌输出，可实现规模的迅速扩大及品牌影响力的进一步提升（图 4–14）。

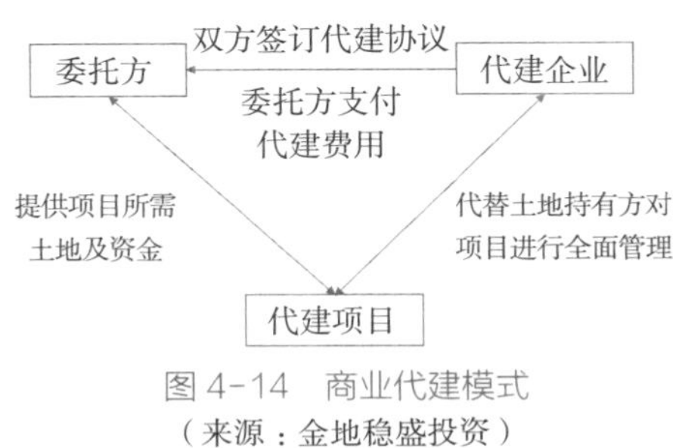

图 4–14 商业代建模式
（来源：金地稳盛投资）

行业内最早介入商业代建的企业当属绿城，由于商业代建模式可帮助企业以轻资产快速实现规模扩张从而被房地产行业广泛认可，紧随绿城之后，绿地、阳光城、滨江、建业等企业纷纷尝试商业代建项目。

（3）资本代建

资本代建，即部分专注于房地产股权投资的金融机构，拥有充裕的资金，但由于缺乏房地产项目操盘团队，或团队缺乏操盘经验，而寻求品牌房企进行委托代建的模式。这种模式根据金融机构是否拥有代建项目股权又可细分为两种形式：

1）金融资本拥有全部或部分股权

金融资本入股代建项目，拥有全部或部分股权，通过协调原有股东（若有）达成一致，以委托代建主体的身份，寻找与待开发项目品牌理念、产品匹配度、客户匹配度等相契合的代建开发商，签订委托代建合作协议，明确相关各方职责和权利，由代建企业负责开发全流程的管控，包括前期管理、规划设计到工程营造、成本控制、营销策划、竣工交付甚至到最后的物业管理，各个环节全权委托给代建企业，金融资本仅保障资金的充足性，并监控资金使用情况等。

2）金融资本不具备项目股权，但作为代建委托方

小开发商只有土地但缺乏开发资金，由于小开发商的银行授信低融资较为困难。此时代建企业在看好项目发展前景的基础上，可通过其强大的融资渠道引荐与自身保持战略合作关系的金融资本，由金融资本作为代建委托方委托代建企业进行项目开发。项目主体与金融资本之间是类似于投资与被投资的关系，金融资本从中收取一定的投资收益，代建单位负责项目开发和管控，从而帮助小开发商解决资金困难。品牌房企在此过程中可再收取一道融资服务费。这种模式下，金融资本相当于是代建单位引荐的资本，要求代建单位有强大的资金整合能力，且品牌实力和开发能力又能得到项目主体的认可，对代建企业的要求较高（图 4–15）。

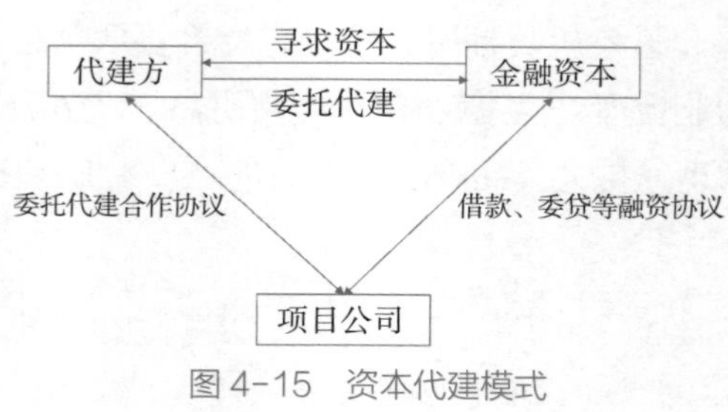

图 4–15 资本代建模式

资本代建表征金融资本正从前端融资服务逐步渗透到中端的房地产开发，再到后端的物业管理。金融资本对房地产行业更全面的渗透也意味着资本已不满足于单纯的投资利息收益，而对整个项目的增值开发收益都想分一杯羹。这代表着资本代建对项目的收益能力要求会更高。基于此诉求，代建方在选择投资项目或代建单位的过程中，最注重的是项目的投资价值和代建单位的品牌影响力及项目运营管理能力所带来的项目整体溢价水平。此外，由于金融资本在房地产行业的专业度不高，也没有太多精力投入到项目的选择及企业的选择中，因而也更加容易与代建方形成战略合作关系，交由代建单位承

担前期项目及企业的甄选及项目全过程管理工作。而金融资本仅负责资金的投入和收益核算等，双方在各自的专业领域各司其职，权责分工明确，合作共赢。

4.2.6　小股操盘

股权式代建又称为“小股操盘”，是指房地产企业在合作项目中一方仅持有项目公司小部分股权（即不控股，甚至可低到10%），但却通过协议和章程等安排，由小股一方全权操盘项目，使用公司品牌、产品体系和管理，共享企业的信用资源和采购资源，提升项目回报。因此小股一方多为可输出管理运营能力的品牌房企。

“小股操盘”是万科总裁郁亮在2015年初提出的新概念，是万科合作开发模式的进一步深化，即万科在合作项目中不控股，但项目仍由万科团队操盘，使用万科的品牌和产品体系，共享万科的信用资源和采购资源。万科股权代建的提出源于与铁狮门的合作，2013年2月，铁狮门公司和万科合作开发旧金山Lumina项目，总投资6.2亿元，万科股权占比71.5%，铁狮门及其下属基金占28.5%，该项目由铁狮门操盘。在此次合作中，铁狮门通过层层杠杆，减少自己的投入和风险，实际投资仅占股权价值的1.71%，股权结构如下（图4–16）：

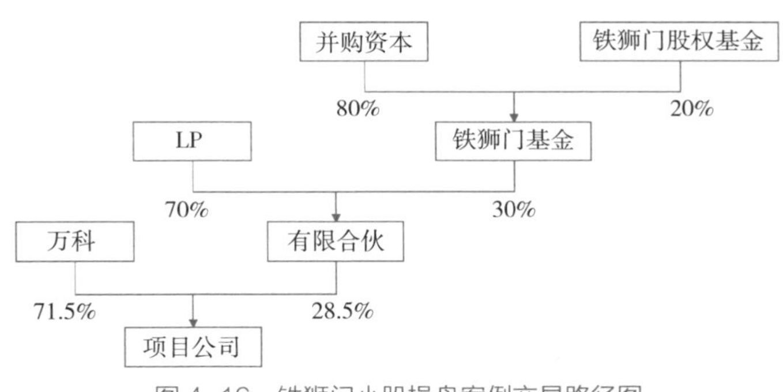

图4–16　铁狮门小股操盘案例交易路径图

铁狮门仅以1.71%的股权,配合运营与财务的多层杠杆,在项目中赚取了“五道钱”：股权收益、项目管理费、项目超额利润分配、基金管理费、基金超额利润分配。铁狮门的这种运营理念为万科式“小股操盘”奠定了雏形。

在国外，铁狮门和凯德置地都形成了比较成熟的小股操盘模式，两者均通过精妙的结构设计，实现以较小资本运营较大物业资产的“小股操盘”。借助经营杠杆带来基础费用之外，铁狮门通过财务杠杆放大超额回报，凯德置地则通过持股基金股份销售分红收益。铁狮门将小股操盘模式做到了极致，以1%~2%的自有资金量，配合运营与财务的多层次杠杆来撬动项目。但在杠杆利用上，万科更倾向于借鉴凯德置地的稳健模式。凯德置地在利用财务杠杆上要比铁狮门更加审慎，多以20%左右的资本金运营操盘，在市场大幅波动时，其表现也更加稳定。

在收益分配上，万科通常会与项目方约定项目的预期收益标准，并设立浮动的分配方案，而非简单按照股权比例进行分配。通常而言，万科将赚取股权收益、项目管理费、项目超额利润分配这三部分利润：先按照销售收入收取一定比例的管理费，再按照股权比例进行收益分配；同时，根据和其他投资合作方事前签订的协议，按照项目最终的收益情况，设立浮动的分配方案，收取项目的超额利润分配。

在公司治理上，股东会及董事会席位应保障操盘方有控制权（如对方有并表的要求除外），总经理及管理团队由操盘方委派。

在资金投入上，同股同投，操盘方一般不做为对方收回资金的承诺或担保。操盘方原则上不垫资，特殊情况需要垫资的则应收取资金占用费。

在利润分配上，操盘方除按股权比例进行利润分配外，由于为项目提供管理服务（项目定位、报批报建、规划设计、施工管理、销售管理等）因此通常还按销售收入一定比例收取管理费，可单独约定项目收益超过约定标准后，增加操盘方分红比例。

小股操盘的优势是操盘方以较低的持股比例进行项目开发，可利用有限的资源抢占更多的市场份额，凭借管理能力和品牌输出实现大量项目的同步运营，为团队提供发展空间，为股东提供更高的回报。品牌价值的实现，提升了无形资产的盈利能力，同时根据项目资质及交易条件选择并表可显著推动企业的规模化扩张。万科、龙湖、旭辉、朗诗等百强企业均积极尝试小股操盘，有效利用外部资源，抢占更多的市场份额；同时也凭借更好的项目运营能力提升品牌影响力，进一步反哺业绩增长。

但小股操盘模式仍然存在一定的风险及特殊性，在采用时应充分考虑开发企业自身条件及能力。由于项目方无实际操盘运营能力，往往需要委托另一方输出品牌及管理团队全权操盘项目，并以项目公司名义行使项目日常经营管理权。首先是品牌受损风险，操盘方由于将其品牌授权给项目公司使用存在因项目质量问题而造成公司品牌严重受损，因此品牌输出必须与管理能力输出同步，确保项目开发过程中的质量安全，防止品牌受损。同时应明确品牌使用范围、使用时间和形式。其次该模式对制度设计能力要求较高，不同的合作方有不同的利益诉求，在运营和分成等环节容易产生矛盾。项目合作前应做好合作方的背景调查，包括其信用状况，财务资金实力等；同时需合作方确保开发资金及时足额到位，最好能够提供担保。

和代建模式相比，小股操盘模式对于代建企业而言在获取项目利润分成、超额收益方面增加赢利点，因此，在房价上涨或增值效益明显背景下小股操盘模式收益更高，房价下跌时代建收益更加稳定。鉴于国内信用体系尚未完善，小股操盘（即股权式代建）更为常见。从实际情况来看，目前小股操盘的比例在30%以下，同时持股比例受双方品牌实力、风险评估、服务模式等方面影响，并没有固定的比例，通常与一二线品牌合作持股比例相对较高，并多采用品牌联合的形式，与三四线品牌合作持股比例相对较低，操盘控盘的话语权较强。

4.3　产业拿地模式

所谓的产业拿地，指开发商以产业投资为先导向政府勾地的模式。当前越来越多的地方政府都对产业有着极为强烈的诉求。主要原因是引入产业可以刺激当地经济、就业，摆脱土地财政。例如，重庆着力发展电子信息产业，成都着力构建西部金融中心。

从房企端来看，搞产业拿地一是可以获取低成本乃至免费的土地。由于产业地产能给地方经济做贡献，自然受地方政府欢迎，但产业地产由于前期投入大、资金回笼慢，政府为吸引产业地产投资商，给予房企低价或免费土地出让作为对产业地产投资商的“弥补”自然可以理解。而且有一点非常重要，那就是产业地产可以作为工业用地出让，也能作为综合类商业用地出让，灵活度较高。二可以是获得低成本的融资。2018 年以来，国家限贷政策下开发贷大幅收紧，融资难成本高，而园区类开发商融资渠道更丰富，成本明显低于房地产行业整体融资成本。

政府有诉求，企业有利益，因此产业拿地模式在 2016—2018 年期间如火如荼地开展着和尝试着。抛开老牌产业运营商华夏幸福外，前 20 强房企几乎一半以上都曾经有涉足过产业地产，例如万科、恒大、绿地、绿城、碧桂园、富力、融创、新城等。笔者依然记得当时各大房企铺天盖地的产业地产相关岗位的招聘场景。

总结可以发现，目前常见的产业拿地模式主要分为地产开发商模式、产业新城开发模式及产业投资商模式。

4.3.1　产业地产开发模式

开发企业以产业资源优势向政府勾地，土地类型包括工业用地、商业用地及配套住宅用地等；然后整体开发产业综合体、总部综合体、配套住宅或者以客户的需求定制开发，最终以出租或销售的形式获取利润（图 4-17）。这种模式与传统的住宅开发基本一致，因此成为众多资本进入产业地产的首选模式。联东 U 谷，天安数码城、坤鼎集团是地产开发商模式的典型代表。

产业地产开发模式盈利点为产业物业及配套住宅租售利润及增值服务（融资服务等），由于产业地产前期投入大，整体销售难度大，且地产企业为了引进具备勾地优

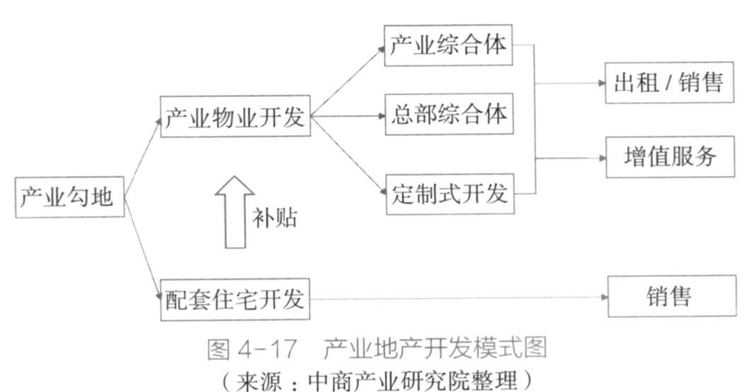

图 4-17　产业地产开发模式图
（来源：中商产业研究院整理）

势的产业资源，往往需要对产业资源方进行“补贴”；所以较多房企是通过先行销售配套住宅快速回笼资金，再逐步开发产业地产，以住宅“养”产业。以天安数码城为例，其最重要的盈利点有 3 个，分别为住宅及部分商业产品的销售、持有部分物业经营赚取租金、将持有的物业资本化。深圳天安数码城定位于城市型科技园，居住占了总物业形态的 25%，商业占了总物业形态的 15%。因此深圳天安数码城通过销售住宅，部分商业产品，部分总部楼、产研大厦等产品回笼资金覆盖大规模开发建设的资金。

这种模式需要房地产企业重新定位自己和政府的位置，把开发企业所有的自有产业资源或合作产业资源都梳理出来给政府去选，看政府需要什么，努力实现以自己的优势产业资源低价勾地。

4.3.2 产业新城开发模式

该模式为开发企业与政府签订产业新城开发协议。由开发企业投入资金进行一级土地整理及公建配套的修建，并获得多年产业新城的运营权，自行引入相关产业，待新城内基础设施建设完毕并逐步成熟后，分批供应新城内住宅土地。开发企业可通过一级整理方优势获取住宅用地开发从而实现一二级联动。政府获得土地出让收入及产业新城的税收后将该级政府留存部分返还给开发企业。开发企业新城经营权到期后将新城无偿移交给政府。这个过程中政府不用投入一级资金而实现了整个产业新城的建设及良性运营，开发企业通过参与产业新城开发获得大量低价住宅用地，同时也获得政府留存收入返还以及产业新城多年的运营收入，其盈利模式为土地一级开发及土地二级开发（图 4–18）。

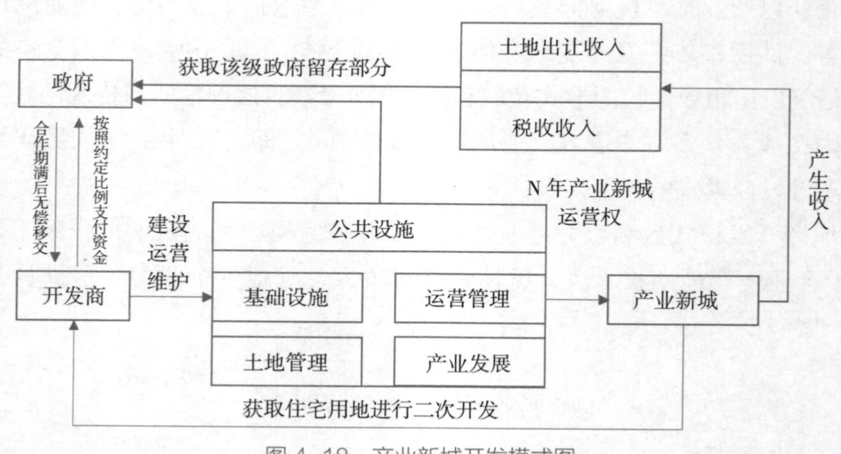

图 4–18 产业新城开发模式图
（来源：中商产业研究院整理）

该模式的代表企业是华夏幸福，其已实现让当地政府前期零成本零投入，降低地方经济负担，而随着入园企业经营和盈利能力提高，实现财政收入和区域 GDP 双提升。通过这种与政府的协同效应，满足政府政治、经济诉求，反过来让企业获得大量优质低价土地，公司利用此优势在产业园区周边进行大规模房地产开发，形成一体化联动发展模式，实现较低的土地成本。

4.3.3　产业投资开发模式

房地产、产业企业、金融三者之间本来就是强关联关系，产业投资商模式实行“基地 + 基金”双轮驱动，向社会资本募集园区开发基金，该基金不仅投向产业园区进行土地及产业物业开发，同时还投向具有市场前景的科技型创新企业，用投资的方式吸引大批创新企业入驻（图 4–19）。产业园区先期是较难引进上百家产业企业的，先期主要引进 2~3 家龙头企业，龙头企业进驻后可带来一波产业链企业，后期靠基金来孵化引进。此外一定要注意的是产业企业如果要到某个地方去发展肯定是要看订单的，如果不能提供订单那就只能靠开发利润进行反哺。产业投资在实现资本溢价的同时还带动园区资产增值。该模式典型代表：张江高科。盈利模式：园区运作、资本运作、基金管理。

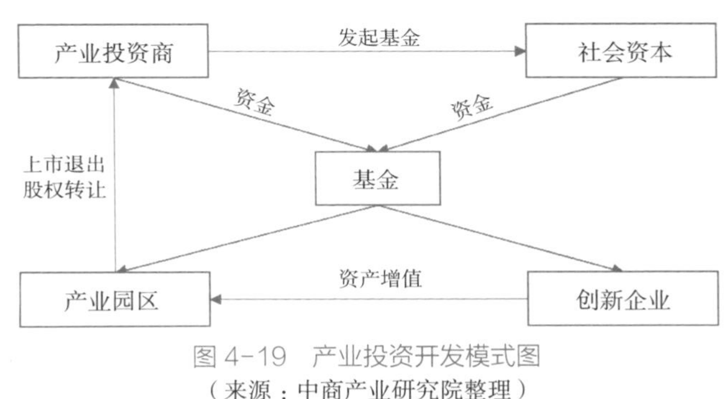

图 4–19　产业投资开发模式图
（来源：中商产业研究院整理）

4.3.4　常见的产业 IP 类型

目前常见的 IP 类型包括：文化旅游、大健康、商业综合体及 TOD 等。

文旅地产的典型代表为华侨城，其模式为典型的“旅游培养 + 地价升值 + 住宅开发 + 深耕旅游”模式。进入城市，将当地生态资源、景观元素进行包装，形成文化内涵；然后向政府推销具有“文化内涵”的旅游产业，获取大片区低价土地。然后开发以主题公园为主的旅游地产项目，催热当地经济，提升土地价值。借助旅游产业发展，开发商场、酒店、商业配套等业态，进一步拉动消费，提高土地溢价。在旅游项目周边实施分片区多次住宅开发，获得高额地产收入，反哺旅游业发展。

大健康与地产联动模式代表企业为保利地产。保利以全产业链的形式进入健康养老产业，打造以“居家为基础、社区为依托、机构为核心”的三位一体中国式养老模式。联合多家权威医学机构打造养老联盟，推出养老服务标准体系和养老护理标准，并推广“一地入会多地养老”的管理模式，实现资源共享。同时发展养老住宅，并将养老产业与租售结合的地产模式相融合，实现养老和地产联动。一方面，通过养老住宅销售反哺养老产品开发建设以及配套改造；另一方面，产权长期租赁式持有，入住老人通过15年左右的公寓长期租赁，获得产权，如中途老人去世，则获得部分产权变现为资金归还给老人继承人，公寓再重新出售产权。

商业综合体模式以万达为例。万达通过其强大的招商能力、订单地产模式和资源整合能力，从储备的5000余家商家中挑选优质资源，按照与主力店商家的要求订单式建造万达广场。基于此，地方政府乐于低价转让大规模、优质土地给万达。此外，早期万达还以文旅地产带动当地休闲、娱乐等产业发展，实现文旅聚势。以此新增大量就业岗位，以提振当地经济，增加税收、就业，满足政府发展地方经济的诉求，借此实现大幅低价拿地。万达在低价成本优势的基础上，通过房地产销售收入反哺商业、文旅产业的发展；同时通过商业、文旅产业带来高人气和人口导入，拉动周边地块价值上升，提升地产价值。

“TOD模式”以绿地为例。绿地牵头申通地铁、上海建工组成联合体，以“轨道工程+区域工程”整体开发模式，进军地铁投资产业，以地铁沿线土地出让作为部分回购条件，在地铁沿线区域打造具备商业、办公、酒店等功能于一体的地铁上盖城市综合体及配套服务设施，实现整体联动。随着我国轨道交通建设大规模的增长，仅依靠政府财政拨款是难以支持的。绿地集团这种创新模式,不仅将减轻政府的回购资金压力，更能带动轨道交通及沿线功能的综合开发，快速推进各地基础交通建设、区域功能完善和经济增长，实现多方共赢。

超高层建筑代表企业为绿地。绿地集团在全国各地修建超高层地标建筑，带动当地“摩天经济”的发展，满足地方政府发展地方经济的诉求，带动整个区域形象和品质的提升。超高层一旦建成，采取租售结合模式，压缩资金回收周期；通过政府配送的住宅开发、销售回笼资金，偿还土地款，形成良性循环，获取高额利润。地方政府为降低超高层巨大的投资风险，配送住宅用地，并容许绿地参与旧城改造和进行综合体开发，得到地方政府的政策支持并拿到捆绑的住宅用地，大大降低拿地成本，并得到政府在融资方面的支持。

但实际上，产业地产的投资及运营是相当复杂的。从前期如何找到合理的盈利模式，确保投资效益到后期的产业招商、运营都对房企提出了极高的要求。由于各大房企大部分均以住宅开发为主，缺乏产业投资、招商、运营团队，也没有积累过相关经验；投资阶段“算账”就是一个很大的难题，经常面临“算不过账”的窘境，由于产业地产较多物业均需要自持，而自持物业如何经营并产生良性的现金流在投资阶段都带有极大的不确定性，因此常规的保守测算模型为住宅的超额利润用于覆盖产业投入，基于这样的测算模型下，只有获取大体量的低价住宅土地才基本可覆盖产业投入，而在一个城市一次性要供应如此大体量的低价土地却又存在极大的风险和不确定性，如何实现保牌也是一个问题。

CHAPTER 5

目标市场调研

市场调研是投资人员及前策人员对市场判断的基础来源，系统、细致的市场调研可帮助我们更加合理地进行项目定位、产品定位、客户定位，合理地预估售价及推货节奏，制定未来项目的营销策略等。市场调研工作扎实与否直接关系项目投资测算结果，影响项目最终决策。本章将对市场调研进行详细阐述，重点从房地产政策、城市格局、区位、配套、市场等维度展开。

5.1　政策维度

我国房地产市场严格意义上并不属于完全的市场经济，具备高度的政策相关性。房地产行业关系社会民生，国家这支“无形的手”自始至终会相伴于行，“房住不炒”已是行业主基调，当市场泡沫虚高的时候，政府会配置政策调控，当市场下行之时，政府又会出台相关政策刺激以免出现市场“硬着陆”。常见的政府调控政策手段包括土地政策、保障房政策、货币政策、信贷政策、利率政策等（图 5–1）。

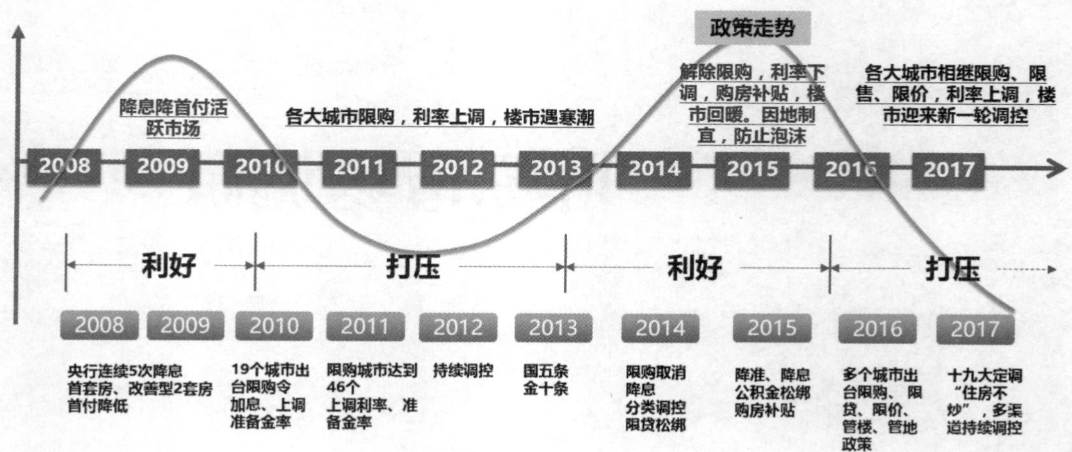

图 5–1　我国近十年房地产政策走势图

（资料来源：锐理数据）

近十年我国经历了两次调控周期，每轮周期大致 6 年，其中扶持周期 2 年，打压周期 4 年左右，而调控政策在其中往往扮演着周期阶段加速变化的催化剂作用。基于十九大确立的“房住不炒”主基调，预计未来两年楼市调控将更加深化。纵观 2016 年 10 月以来各大城市纷纷出台的楼市调控政策，主要为限购、限贷、限售、限价四大方面（图 5–2），目标市场调研在政策层面需重点关注。

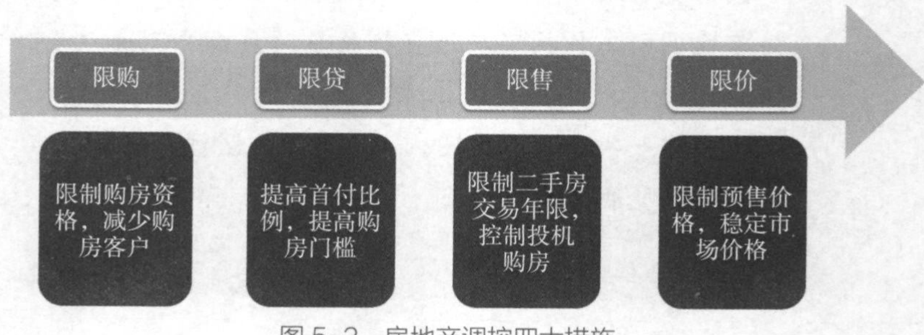

图 5–2　房地产调控四大措施

1）限购：商品房限购是政府出台的控制市场投资房地产的一种政策，主要是限制购买二套住房和投资者炒房，目的是限制购房资格，减少购房客户。针对商品房限购，各地均有不同规定。一般通过首付款比例和贷款利率等相关费用调节进行管控。限购政策主要调控需求端。

2）限贷：主要为提高购房成本，例如二套房提高首付比例，上调贷款利率，三套房不准贷款等；限贷政策仍主要调控需求端。

3）限售：即房屋不能上市交易。最常见的情形是：①未取得预售许可证明的商品房不得销售；否则，房屋买卖合同无效。②未满一定年限的新购住房不得上市交易，否则不能过户。例如重庆出台限售政策，凡在主城区范围内新购买的新建商品住房和二手住房，须取得《不动产权证》满两年后才能上市交易。同样出台限售政策的还有成都、昆明、三亚、长沙等城市。此外，由于二手房限售，投机收益也被折断。因此限售政策可同时调控供给端和需求端。

4）限价：指政府通过行政手段给房价设置一个天花板，让其不致过快上涨。2017年初，国内房价上涨过快的城市陆续开始限价，部分地方政府要求新开楼盘预售备案价不能高于周边二手房价，分多期开发的项目，后竣工的价格必须明显低于先竣工的价格，有些城市则要求必须按照一年前的均价来确定新房的开盘价，这将严重影响房地产企业利润。限价政策除对供给端产生影响外，对需求端同样影响巨大。南京2017年11月15日由于限价就曾发生轰动一时的河西万人通宵排队抢房事件。当时，河西南的新房开盘单价不超过3.5万元/m^2，河西中的新房不超过4.5万元/m^2，但河西区域二手房的单价普遍在5万~6万元/m^2之间，一、二手房价格严重倒挂，换句话说购房者只要“抢到”了新房，便存在极大的套利空间。

不同的市场调控政策应采取不同的投资策略。越是市场情绪高涨的时候越要保持清醒，越是市场低谷的时候越要关注市场机会。因此，每在一个城市进行投资布局时应做好充分的政策调研。

除此之外，还应关注目标市场预售证办理条件，报批报建难度，是否有领导换届，当地政府对外来投资的态度，当地政府职能部门的办事作风，当地政府对项目的关注程度，地块周边已有开发项目成败的政府因素。同时还需评估政策变更对项目开发的影响，因城市规划限制或更改、突发性政策等政府因素导致项目中断开发、报批报建流程无法完成、项目开发期间土地性质变更受挫，从而造成前期投入全部或部分损失。

5.2 城市维度

城市的发展速度和发展机遇不同，房地产投资价值也是不同的。买房者在一个城市买房，买的就是这个城市提供给自己的良好就业机会与商业机会，便利地获得这个城市及房子周边教育、医疗、生活、娱乐与交通等公共服务的机会。买房就相当于买城市“股票”一样，城市面相当于是大盘，楼盘相当于个股，大盘涨，个股一般都能顺势而涨；反之，大盘跌，个股也顺势而跌。这才是买房真正的目的，而这些城市提供的公共服务的不断增加就是房子的投资价值。作为房地产行业投资最前端的土地投资，本质上与买房的关注点一致，选对了城市也就跟对了趋势。

判断一个城市是否还有房地产投资机会，有很多城市经济指标可以参考，例如：城市格局、城区常住人口、人口净流入 / 净流出情况、GDP、人均可支配收入、产业结构、在校小学生人数等。

（1）城市格局

首先看城市格局，十九大提出的“以城市群为主体构建大中小城市和小城镇协调发展的城镇格局，加快农业转移人口市民化”。我国五大城市群“京津冀城市群”“长三角城市群”“珠三角城市群”“长江中上游城市群”“成渝城市群”，它们的很多指标已经达到了世界先进水平，是我国经济发展的主力发动机，也是参与世界经济竞争的主要地区；而这些城市群的核心城市以及其周边的卫星城，在接下来的城市发展中都会有很强的后劲，所以这些城市的房价不仅有很强的抗跌性，还有很好的未来上升预期。

（2）GDP、人均 GDP、单位面积 GDP

经济指标是根本，是支撑一地楼市发展的基座，经济发展水平和走势决定了当地房地产市场的变化和政策导向。以前的城市经济发展水平往往依据 GDP 总量进行判断，但是随着政府从重经济发展速度转变为重经济发展质量，从注重效率到更加注重公平，人均 GDP 及单位面积 GDP 成为衡量经济发展更重要的标尺。

在谈及地区发展差距时，需要区分两个概念，一个是总量的差距，另一个是人均的差距。对于经济增长而言，人均意义上的增长及差距缩小，比总量意义上的差距缩小，更能准确衡量经济发展的质量及公平性。

单位面积 GDP 即单位土地面积所产生的 GDP 价值，是衡量区域发展差距的另一大指标，具体是指一个城市在其建成区上平均每平方公里每年产出多少 GDP，反映了一个城市的土地利用效率，进而反映经济发展水平。

以珠三角城市群为例，广州作为广东省的省会城市，其历史、文化、教育、医疗等诸多资源都要优于深圳，但为什么广州的房价却不及深圳？如果从 GDP 总量来看，2018 年广州的 GDP 总量达 23000 亿元，与深圳的 24691 亿元基本持平，这无法解释广深两地房价倒挂的现象。但如果从人均 GDP 来看，深圳则领先于广州，尤其是从单位面积 GDP 指标来看，深圳更是将珠三角其他城市远远甩在了后面。

（3）人口

人口是一切经济社会活动的基础，人口是支撑一个城市经济发展的根本动力，人口带来的居住需求更是房地产发展的根基。在人口指标上应重点关注一个城市的人口总量及人口增长。传统城市评判往往只依据人口总量来进行判断，但是研究发现，人口净流入即一个城市的常住人口数量与户籍人口数量之差，更是判断城市吸引力的准确指标。根据经验来看，人口增长情况往往比人口总量数据更具有代表性，有人口流入才会有住房需求，人口流入越多，意味着住房需求越大，房价上涨动力才越足。因此可根据城市人口净流入情况来判断投资预期，一个城市如果人口一直外流，需求自然减少，如果一个城市的人口净流入一直是正增长，而且排名靠前，说明这个城市市场还是很有潜力的。

根据我国一二线城市的人口统计公报数据显示，2018 年我国人口流入最多的 10 个城市分别是深圳、广州、西安、杭州、成都、重庆、郑州、佛山、长沙和宁波。其中深圳和广州人口流入超过 40 万；西安和杭州人口流入超过 30 万；成都、重庆、郑州、佛山和长沙人口流入超过 20 万；宁波人口流入超过 19 万人。其中，深圳市 2018 年流入人口数量最多，达到 49.83 万人，位居所有城市第一位。各城市人口的流入情况与房地产市场发展状况呈现高度的相关性。

（4）产业

产业是城市竞争力的根本，有产业才有就业，才会有人口流入，同时产业结构也非常重要。由于近年来成本上涨和国内外市场约束，制造业开始不景气，而服务业的景气指数及其增加值占比不断提高，同时，服务业也能创造更多的就业岗位，并且相比制造业单调枯燥的生产流水线，服务业的劳动环境普遍较好，能吸引更多的 80、90 后新一代劳动者。基于此，可以用“三产占比”即第三产业在 GDP 中所占比重来衡量区域产业结构的合理性与成熟度。从数据来看，北上深杭四地的三产占比超过 6 成，意味着城市产业发展更加成熟合理，对劳动者的吸引力相对更强。

除三产占比外，产业互补也是衡量区域产业结构合理性的重要指标。从城市群间横向比较可以发现，长三角内部各城市的三产占比更为均衡，而珠三角、京津冀则更多地呈现出区域间的产业互补特性。以珠三角为例，包括香港在内，广州、深圳与香港的产业结构呈现错位发展态势，广州优势在于贸易与制造业，且区域交通枢纽地位突出；深圳的金融与高新技术产业贡献突出，吸引大量高质人才聚集；香港作为国际金融中心之一，是国际资本连通的重要通道。三地在产业上分工不同、互为补充，因而不存在直接竞争。

（5）小学生新生入学人数

人口流动中，小学生数量变化是一个很好的指标，但在大家的实际调研中却又是一个极其容易被忽略的指标。小学生流向哪里，他们年轻的父母大概就会在同一时期流向哪里，而这部分父母往往是我国购房的主力人群。而且小学生数量是“数人头”数出来的，不是抽样调查出来的，更不是估计出来的，质量可靠，因此小学生在校生人数可作为描述城市化的代理指标，与城市房地产市场的需求联系紧密。

除以上指标外，城市维度还可以关注超过某个银行存款余额的人数（如存款 100 万以上人数）、私家车保有量等指标，在此不再赘述。

5.3 区位维度

李嘉诚曾经说过判断一座城市的房地产投资机会主要还是看地段；区位对于一个房地产项目的成败是至关重要的。区位的好坏主要还是看当地人们对于它的认可程度，一般情况下区位优先级如下：老城区核心区＞老城区非核心区＞新城区核心区＞新城区非核心区。当然也有例外，例如若城市新城区处于城市发展方向且与老城区不存在空白带，则新城区会由于城市面貌好、规划科学反而更受到当地市民的青睐。那么，来到一个陌生的城市应如何直观得感受城市的发展方向呢？

首要需要对这个城市的发展格局有一个清晰的感知。常用做法是开车在整个城区里逛，首先看市政府在哪里，区政府在哪里，行政服务中心在哪里，这几个行政单位的办公地点可以很好地说明整个城市的核心区或者未来的发展方向在哪里，毕竟城市规划都是政府统筹，政府通常都会把自己的办公区设置在要发展的重点区域，所以我们在一些城市会看到市政府或者区政府由老城区搬迁到新城区，目的就是为了带动片区的发展，就是告诉百姓政府办公区都搬到这里了，政府是下决心要重点发展这个片区了。政府往往还会在新区修建几条主干道，道路通达了人们才会逐渐接受到这里来买房，只要人来了，一切都好办了，慢慢地，医院也搬过来了，学校也搬过来了，路也越修越多，就这样循环往复，新城区也就慢慢发展起来了。无论是土地投资还是房产投资，实在不知道投哪里的时候，一个简单的方法就是去看当地的政府办公区在哪个板块，就到哪个板块去投资，一般风险可控。

判断城市发展方向除看政府办公区位置，还可以通过城市卫星地图，看看这个城市的地理情况，例如周边的山脉情况。很多城市为什么一定要搞新区？原因一是当届政府想要出成绩，而更大的原因往往在于很多城市由于老城区三面环山，因此城市发展只能往剩下的一个方向发展，朝这个方向进行投资布局，一般问题也不大。

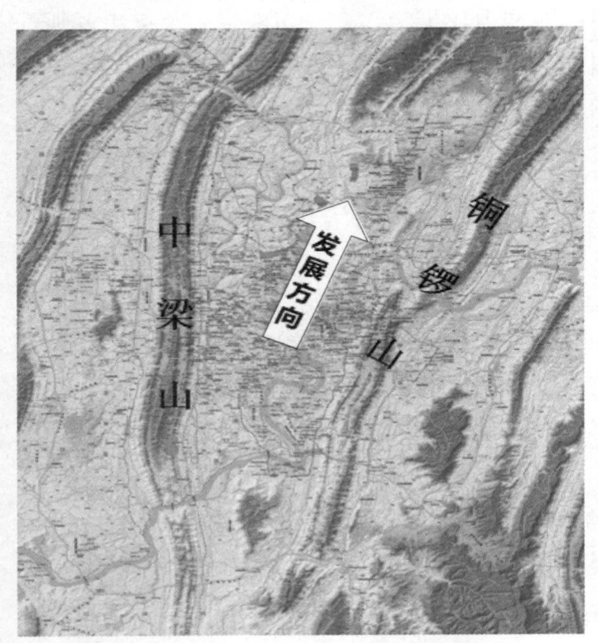

图 5-3　重庆市发展方向脉络图

例如，重庆西部有一道“中梁山”，这条山脉把主城与西部分割开来。东部和南部有一道东南走向的“铜锣山”，这条山脉把主城与东部、南部分割开来（图 5-3）。所以，重庆要想往西、东、南方向发展，都被山脉限制了。为了打通交通，只能修隧道。但这不仅耗用大量的资金，而且造成严重的堵车，因此北面成为重庆最为重要的发展方向。

5.4 配套维度

配套完善程度与区位息息相关，优质的配套意味着更好的居住便利性。从居住生活的角度出发，重点关注以下配套：轨道站点、高铁站点、优质小学及中学、重点医院、商圈中心、大型市政公园等。若配套处于建成或在建状态，可初步认可配套带给项目的附加价值。若目标地块周边尚处于净地状态，应该如何判断板块的区位及配套价值呢？

此种情况则可通过控制性详细规划来判断板块未来的配套规划情况。控制性详细规划也就是平时大家所说的“控规”。其主要任务是：确定建设地区的土地使用性质和使用强度的控制指标、道路和工程管线控制性位置以及空间环境控制的详细规划要求。控制性详细规划是城乡规划主管部门作出规划行政许可、实施规划管理的依据，并指导修建性详细规划的编制（图 5-4）。不同的颜色代表着土地不同的用途，作为地产投资从业人员我们需要重点关注居住用地和办公 / 商业用地。居住用地大多是黄

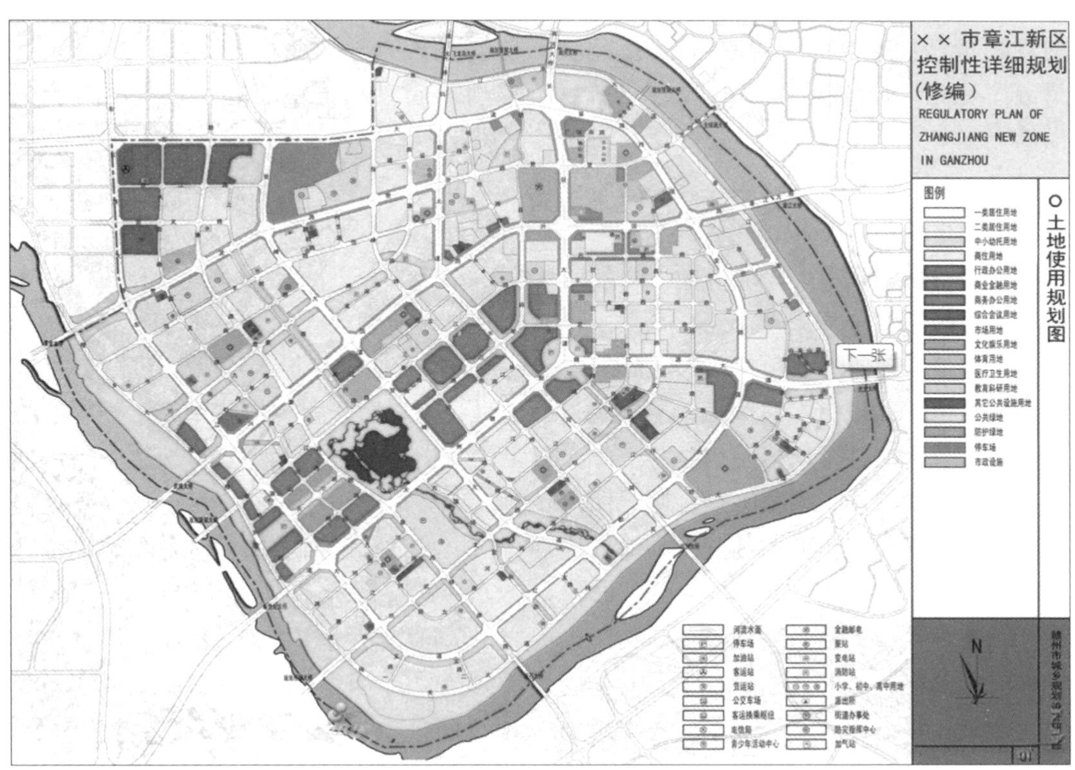

图 5-4 某市控规（修编）
（来源：大江社区）

色的，办公 / 商业用地一般是红色 / 粉色（稍有差异，看图例能找到这几种土地即可）。找到了居住用地、办公、商业用地的颜色，我们再来看这些土地的比例，居住用地与商办用地的比例，决定了未来这个地块的发展。如果这个地块都是黄色的居住用地，证明这里只是一个居住型的卫星城，并没有不可替代的优势；而如果这个地块大面积比例是商办地块，则商业的繁荣，必然在此提供了工作岗位，这部分人群倾向于就近购房或者租房居住，未来这里的房价和租金会有一定的保障。即使房价下行，由于旁边有足够的商业和工作人群，这里的房价也有一定的保障。

这里需要提醒和注意：商业公办土地也要区分用途，是盖写字楼还是做商办居住型公寓。这两者有很大的区别，只有写字楼才能提供产业发展。如果是做商住公寓效果相反，可能会分流居住需求。

5.5 市场维度

市场调研应做到能查明和预估市场的供给和需求量、价格、竞争状态等，以便能合理地确定项目定位。这里的市场主要指土地市场及房地产市场。土地市场指目标项目周边的土地供应、成交、价格情况等，房地产市场则指目标项目周边的商品房（主要指住宅及商业）供应、成交、存量、价格情况。通过对土地市场的调研分析可以辅助我们判断目标地块的价格是否合理，板块的土地供应是否过量等；通过对商品房市场的深入调研后可辅助我们对新项目的定位及产品定价提供依据。

（1）土地市场

土地市场是跟随型市场，其表现对房屋市场并不具有昭示意义。一般来说，房屋交易市场活跃的城市，土地市场跟随升温，容易出现“地王”，房屋市场变化往往在土地市场之前。

土地市场调研主要包括两大部分：一是对城市及板块近三年（及以上）土地供应、成交、价格情况进行汇总分析，从宏观层面辅助我们对市场进行风险判断；一年的数据可能带有偶然性，所以建议采集三年及以上的数据进行分析。如果土地供应远大于成交，流拍率增加，价格下跌，则说明房企对该地房地产市场信心不足；反之则说明对房地产市场充满信心。此外，在统计宏观土地市场数据的时候，注意剔除保障房等用地。

二是对项目周边主要竞争项目的土地成交情况进行统计分析，从微观层面辅助我们对项目价格的合理性进行评估。对比同板块竞品的成交楼面价及容积率，可辅助我们判断该板块的土地成交价格水平，例如楼面价同是 4000 元 /m^2 的项目，容积率 2.0 的项目就比容积率 2.5 的项目在土地价格上更有优势。

（2）房地产市场

房地产市场在行业里常规意义上应该涵盖住宅、商铺、公寓、写字楼等业态，即住宅及商业（含商铺、公寓、写字楼），我们统称为商品房市场。

房地产市场调研可对城市及板块近三年（及以上）商品房供应、成交、存量、价格情况进行汇总分析，从宏观层面辅助我们对商品房市场进行风险判断。若供大于求，存量大，价格逐年下跌的市场风险较大；这种市场环境下就要更为精准的市场板块分析去寻找项目投资的机会点，例如市场虽然存量大但是否结构化缺货？这个时候我们就要进一步对板块主要竞争项目的供应、成交、价格及产品情况进行统计分析。市场积存主要为大面积段高总价产品，那么中小面积段低总价的刚需走量产品则可能存在机会；市场积存主要为毛坯，那么精装产品是否能够打破僵局？这一切的投资机会均暗藏在我们精准的市场调研过程中。

（3）市场数据获取途径

既然要做市场调研，那么应该从哪些途径去获取这些数据呢？业内获取市场数据主要有以下几种方式：

1）第三方数据机构

这里的第三方数据机构主要指专门为地产公司提供数据服务的咨询机构，例如克而瑞、中指等。很多地产企业都会购买第三方数据机构的服务，包括提供目标市场的进入性研究报告，每月的市场月报等。

各个数据机构提供的数据准确性参差不齐，经验上来讲，选择本土第三方数据机构得到的数据会更为准确一些，例如重庆市场的研究可以选择锐理，成都市场的研究可以选择中房等；因为这些本土数据机构深耕本地，对当地的市场行情动态关注频率更高也更为了解。

关于如何阅读第三方数据机构的市场研究报告将在本教材 5.5.1 节详细阐述。

2）政府统计机构

当某些城市我们无法通过第三方数据机构提供数据的话，可以去每个城市的官方统计局网站查询，例如经济、人口、房地产年成交面积及金额可去各地统计公报、统计年鉴查询，土地供应成交数据可在中国土地市场网或当地的公共资源交易中心进行查询。

3）公司年报 / 半年报

当要了解竞争企业的相关情况时，可以去该公司官网下载年报或者半年报信息，从中可以对竞争企业的投资布局、项目分布、土地储备等方面有一个大致地了解。

4）地方微信公众号或网站

一些地方微信公众号或网站对当地的房地产市场数据也有统计，其时效性往往较好，但数据质量需要甄别使用。在这里简单列举一些（表 5–1）：

各地区房地产市场微信公众号 / 网站汇总　　表 5-1

城市	微信公众号或网站	类别
福州	福州地产资讯	地产资讯
杭州	透明售房网	房地产信息
贵阳	筑房网	房地产信息
成都	透明房产网	房地产信息
肇庆	臻联地产	市场报告类
唐山	唐山地产研究院	市场报告类
南宁	南宁微楼市	市场报告类
长沙	0731 楼市通	市场分析
粤港澳大湾区	CRIC 房产测评	土拍每日地产咨询
全国各地	土地情报	土拍情况
沈阳	RDAS 沈阳数据中心	月报 / 周报
杭州	合富辉煌浙江公司	月报 / 周报
北京及周边	环京时讯	月报 / 周报
青岛	青岛瑞理 / 克而瑞	月报 / 周报 / 土拍
全国各地	迈点研究院	长租公寓
江门	江门乐居 江门房天下 江门房姐 凤凰网地产江门站	综合

来源：牧诗地产圈

5）目标市场实地踩盘

本部分内容在本教材 5.5.2 节详细阐述。

5.5.1　查看市场研究报告

市场维度调研还有一个重要途径就是查阅各类市场研究报告，市场研究报告内容详尽，对政策、城市、土地及房地产市场都会有比较深入的分析，但越是详尽的内容反倒让很多读者难以抓住重点。相信很多刚入行的朋友在阅读市场研究报告时都会面对这样的困惑：①单纯地依赖报告提供的数据而对数据的来源及内在逻辑关系不清晰；②看完报告即过眼云烟，即使阅读完一份详尽的报告也仍然没有在脑海中建立起对目标市场的一个基本认知。究其原因主要有两个方面：①对报告中的数据缺乏认知概念；②对数据背后的深层次原因挖掘不充分。

本节我们就一起来探讨一下应该如何阅读一份完整的房地产市场研究报告。主要内容包括三个部分：一是了解市场评价指标有哪些，应该如何理解这些指标；二是建立对报告数据的认知，让数据能够留在自己的脑海中，让数据“立体”起来；三是挖掘数据背后，了解数据背后都有哪些潜在逻辑关系。

（1）市场评价指标

市场评价指标常用供求比、租售比、存销比、存量去化周期 4 个指标。

1）供求比

供求比为供应与需求之比，这个指标主要反映市场供求关系。根据供需理论，供求比 >1，供大于求，价格下跌；供求比 <1，供小于求，价格上涨。供应和需求是影响房价变动的直接因素，其他所有外在因素都是间接因素。外在因素必须通过影响供应端、需求端，才能对房价产生影响。如果这些外在因素对供求不能造成影响，那么它就不能对房价造成影响。例如银行加息，增加了房地产企业的资金成本，也抑制了商业银行对房地产项目的贷款投放，从而迫使供应端降低供给；从需求端来看，银行加息也增加了购房者的购房成本，增加了投资者投资房产的融资成本，降低了其预期的收益，从而降低市场的购房需求；供给端需求端双重影响从而抑制了房地产市场，导致房价降低。

影响供应的因素有土地价格、开发成本、开发企业对未来的预期、税费等；影响需求的因素有购房成本、收入水平、房产税、消费者对未来的预期、限购、限贷等；而利率调整、准备金调整、城镇化进程、营改增等对供应和需求都有影响。

这里需要格外说明，空置率高并不等同于供大于求。有数据显示我国住房空置率大致在 3%~5%，高于成熟的发达国家。于是市场上便流传一种声音：房子都空置起来了，明显市场供大于求，于是恐慌房地产不行，房价即将下行！再加上 2018 年下半年受“万科活下去”“各地楼盘纷纷降价”消息的影响，更是加重了市场的恐慌情绪，已经购房的朋友坐不住了，纷纷维权。我们且不论市场是否真的如大家所说的那么悲观。但光看空置率就推导住房市场供大于求是不科学的，实际上供求关系并不是单个数据就能说清楚的。

为了方便理解，我们可以举一个简单的例子：假如 A 市有 100 套空置的房子，有 50 个想买房的买家。100 对 50，市场看起来是供大于求的。

然而这 100 套空置房里，只有 50 套房子的房东愿意把房子拿出来卖。放到市场上出售的房子才是供给。现在 50 对 50，看起来供求平衡。

而这 50 个买房者一查资料，发现有 20 个人买房资格不达标。消费者愿意买而且能买的数量才是需求，现在 50 对 30，供过于求。

这 50 套出售的房子，只有 10 套处于市中心，其他 40 套处于郊区。而这 30 个购房者，只想买市中心的房子。10 对 30，再次变成供不应求。

当前国内的住房市场基本情况是：在房价上涨的大趋势中，房东普遍惜售，供给不能充分释放。而且城市供给分布不均，核心区域供给稀缺。因此，仅凭空置率去推断供求状态是不准确的！

业内通常用商品房供销比来反映供求关系，即商品房当期新增供应面积与当期成交面积之比。一般认为供销比在 0.8~1.2 之间供求较为平衡；供销比 >1.2，市场呈现供大于求；供销比 <0.8，市场呈现供不应求。

图 5-5 为某城市商品住宅月度供销价走势，从月度供应成交数据我们可以计算出各季度供销比：第 1 季度 0.97，第 2 季度 1.0，第 3 季度 0.91，第 4 季度大幅提升至 1.53，可见第 4 季度该城市商品住宅供求关系开始发生变化，市场由供不应求转为供过于求，市场风险逐步显现。这个时候作为一名投资人就应开始警觉，理性对待市场，即使在前三季度整个市场都显得非常狂热，但第四季度数据告诉我们市场风险已经悄然来临。事实上，随着该城市 2018 年上半年新获取土地的陆续面世，2019 年市场供应量及存量都显著增加。

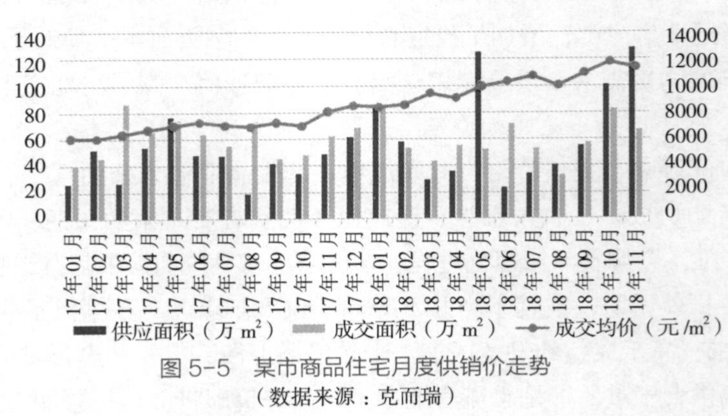

图 5-5 某市商品住宅月度供销价走势

（数据来源：克而瑞）

2）租售比

在房地产行业，租售比这个概念想必大家都非常熟悉。租售比即指每平方米使用面积的年租金与每平方米建筑面积的房价之间的比值。租售比很好地解决了供求关系的干扰，成为判断炒作程度的试金石，因为很少有开发商会去炒作租金水平（在现行市场条件下，租金收益相比房产投资收益几乎忽略不计，因此开发商对于租金的炒作有限）。它是用来衡量一个区域房地产运行状况的一个参考指标。

我们在判断一个城市的可进入性时常常会提到该城市的租售比较低，有一定的泡沫，当前节点进入会有一定的风险；例如，散客在投资一套房产时，也会提到这套房子的租售比较低，投资回收的周期较长，不划算。从我们日常的经验看来，租售比越高，说明租金回报率高，相应的投资回收期也较低，理应越高越好。那么如何评估一个城市或一套房产的租售比是否合理？租售比处于什么区间是比较健康的，处于什么区间又是比较危险的？

国际上用来衡量一个区域房产运行状况良好的租售比一般界定为 1 ∶ 16~1 ∶ 25。

如果租售比低于 1 ： 25（如 1 ： 40，需要 40 年才能收回购房成本），这意味着房产投资价值相对变小，房产泡沫已经显现；而如果高于 1 ： 16，表明这一区域房产投资潜力相对较大，租金回报率较高，后市看好。

3）存销比

存销比是指在一个周期内（通常为一年），商品房存量面积与年成交面积的比值，是用来反映商品房存量状况的相对数。

图 5-6 为某市商品住宅近五年供销存价走势图，阴影部分为存量面积，从该走势图可看出，该城市自 2015 年上半年开始商品住宅存量面积持续递减，市场去库存状态一直持续到 2018 年上半年，但从 2018 年下半年开始市场存量面积开始抬头提升，同样预示着市场风险开始显现。

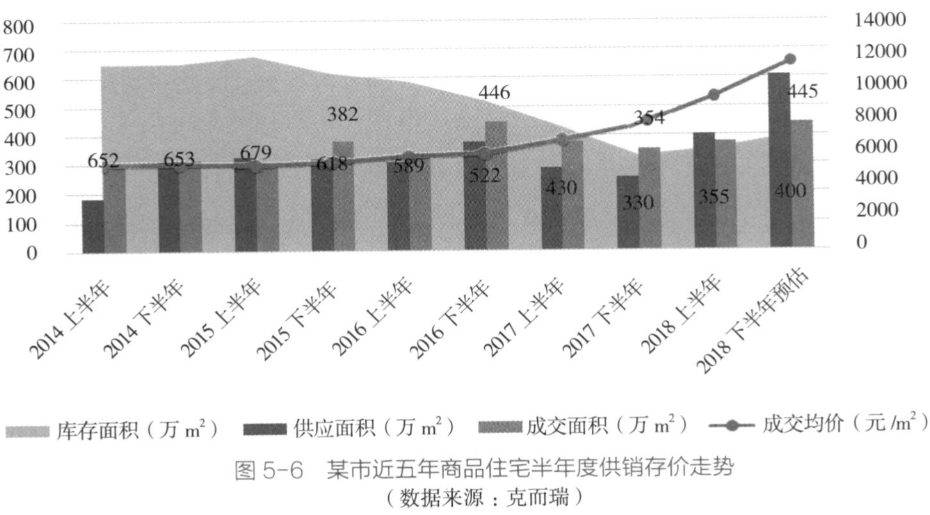

图 5-6　某市近五年商品住宅半年度供销存价走势
（数据来源：克而瑞）

2017 年底市场存量面积 330 万 m^2，按 2017 年全年销售 354 万 m^2 计算，此时存销比 0.93；

2018 年底市场存量面积 400 万 m^2，按 2018 年全年销售 445 万 m^2 计算，此时存销比 0.89。

由于 2018 年市场成交面积大幅提升（由 2017 年 330 万 m^2 提升至 2018 年 445m^2），因此虽然市场存量增加，但是由于存量面积增加速度不如成交面积增加速度快，导致存销比下降，可见此时采用存销比数据进行市场观测存在“失真”。

为了减少这种情况导致的误差，建议成交面积取连续三年（及以上）数据的平均值。此时：

2017 年市场销售面积建议为（382+446+354）/3=394 万 m^2，则存销比为 0.84；

2018 年市场销售面积建议为（446+354+445）/3=415 万 m^2，则存销比为 0.96。

可见 2018 年存销比相比 2017 年有所提升，而这才与市场实际情况更相符合。

4）存量去化周期

存量去化周期为商品房存量按年成交面积的去化速度全部售罄所需要的时间，该时间长度通常用“月”来表示。存量去化周期相比存销比更直观形象地反应市场存量情况。这里需要注意存量的口径，一般市场研究报告中的存量均为“取证未售”存量。

接上节存销比中的案例，该城市 2017 年的取证未售存量去化周期为 0.84 × 12= 10.08 月，2018 年的存量去化周期为 0.96 × 12=11.52 月。

2019 年 1 月，一线、二线和三四线城市取证未售商品住宅去化周期分别为 15.0、11.8 和 11.0 个月。其中，一线城市处于 2013 年以来最高 5% 分位，相当于 2014 年 10 月的水平，由于一线城市高库存主要源自强调控下销售面积低，但产业、基础设施支持下潜在需求较强，风险较可控；二线、三四线城市相比 2014 年峰值下行 19.5%、69.8%，处于较健康水平。

（2）建立数据认知

很多同行朋友对市场数据的认识是冰冷的，没有数据概念，什么叫没有数据概念呢？就是没办法把客观的数据反映成主观的认识，这个市场有多大的存量才叫做“存量大”？这个市场每年大概供应和成交的体量是多少？土地的供应和成交又大概是个什么样的水平？不同城市，同一城市不同板块的房价正常应该是处于什么样的水平？这些问题看似简单，但各位同行朋友对这些问题有大概的认识吗？

我们平时都过于依赖各类咨询报告，而对咨询报告中的数据口径缺乏深度了解，由此导致我们对自己所管辖城市的市场数据认知往往是模糊的。因此在看一份咨询报告前，首先必须要明确数据口径。例如：

1）数据范围：这份报告统计的数据范围是哪些地区，是主城区的数据还是全市的数据？主城区的数据又涵盖哪些行政区？因此每次在阅读一份咨询报告时，笔者都尤其关注以下数据范围界定，例如（图 5–7）：

图 5–7 是成都市的数据统计，范围包括主城区、中心城区、近郊、远郊等，同时

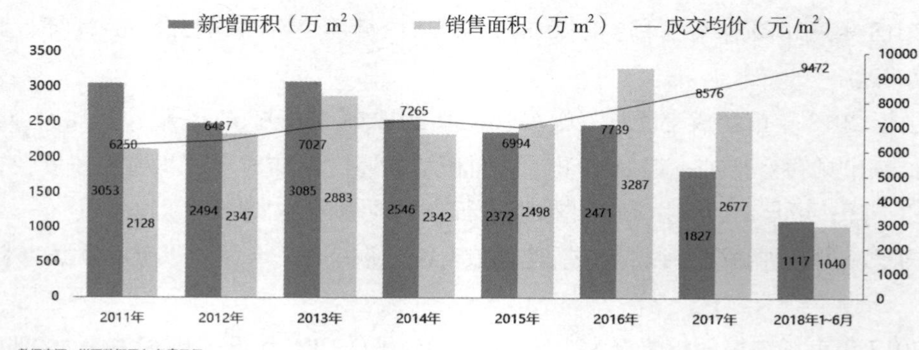

图 5–7　2011—2018.6 月大成都商品住宅供销价走势图

（数据来源：锐理数据）

还要关注一些特殊的区域，例如天府新区是纳入主城区范围？还是近郊范围？抑或是单独统计？不同的数据统计范围口径带来的数据理解天壤之别。

2）供应：一般咨询报告中提及的供应面积均为“已获取预售许可证”的面积，业内称之为“显性供应”。但很多同行朋友会误以为报告中的供应面积包括“未获取预售许可证”部分以及存地，在这里要尤其注意。

3）成交：只有获取预售许可证的面积才会形成成交，由于存量面积的存在，成交面积与供应面积无绝对的大小关系，供应>成交，供应 = 成交，供应<成交的情况均客观存在。

4）存量：同供应面积一样，咨询报告中的存量面积只包括“已获取预售许可证未销售”部分，业内称之为“显性库存”。因此，我们千万别把报告中列明的存量面积当作整个城市的库存，还应该清醒地认识到在“显性库存”下还隐藏着巨大的“隐性库存”，包括已动工未取预售证面积，存地面积等，且隐性库存面积往往远大于显性库存（图 5-8）。

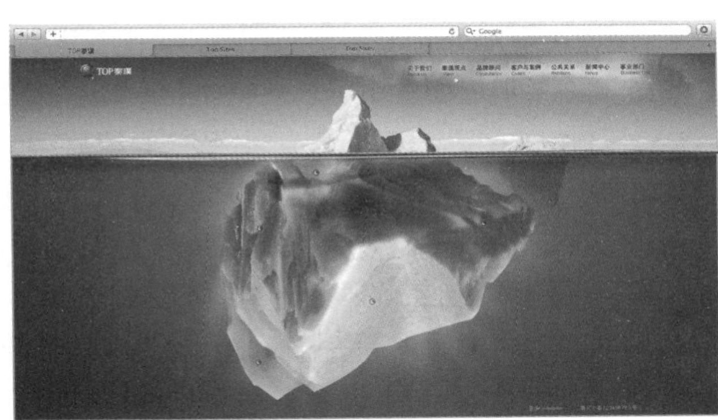

图 5-8 显性 / 隐性库存形象示意图

上述供应面积、成交面积、存量面积三者之间的关系，可参见图 5-9：

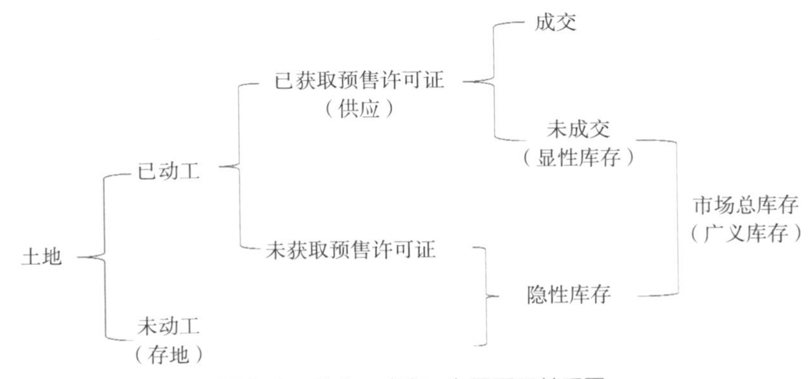

图 5-9 供应、成交、存量面积关系图

（3）挖掘数据背后

我们还经常忽视一个问题，那就是对数据背后的深层次原因挖掘不够，每次看报告只是看数据，看数据逐年逐月的变化，很多报告对数据的描述也只是停留在现象上的陈述，例如，在某报告上看到这样一组市场数据（图 5-10）：

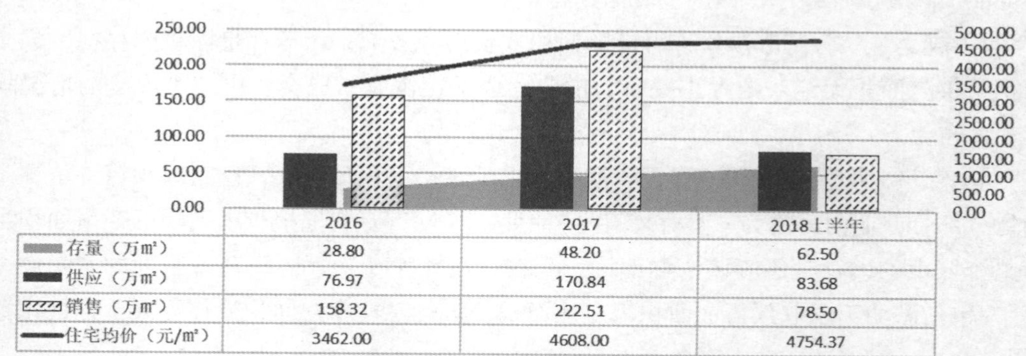

	2016	2017	2018上半年
存量（万m²）	28.80	48.20	62.50
供应（万m²）	76.97	170.84	83.68
销售（万m²）	158.32	222.51	78.50
住宅均价（元/m²）	3462.00	4608.00	4754.37

图 5-10　某市 2016—2018.6 商品住宅供销量价
（数据来源：克而瑞）

报告中是这样描述的："该市 2016、2017 年市场供小于求，2017 年供应、成交、价格均较 2016 年大幅增长 122%、41%、35%，存量 48 万 m^2，去化周期 3 个月；2018 年上半年供需平衡，预计全年供需较 2017 年小幅回落，价格小幅增长。"

乍一看，报告中的描述似乎正确，把图表的变化趋势都描述出来了。但是，读者有获得有价值的信息吗？笔者的感受是信息量很大，但除了去化周期不足 3 个月让我知道这个市场整体是供小于求的以外，我在脑海中并没有留下其他什么深刻的印象，更别谈对这个市场深刻地认识了，就依赖这样一份报告，完全不敢得出要加大在该地投资的结论。更别提既然 2016、2017 年市场供小于求，那存量应该是逐年再递减才对，怎么可能还会增加呢？显然，这份报告做得还不够严谨。

所以，有时候光是看一份报告是完全不够的，不严谨的报告甚至会让人得出完全错误的结论！因此，重要的目标市场还是要亲力亲为地实地跑一趟，去认真地"看看"市场。

等真正地实地调研后，再回过头来看这份报告，看这个走势图，理解就会更加深刻。例如，上述这个案例市场只有实地调研后才发现报告数据背后隐藏了几个重要的原因：

1）这个市场在 2016、2017 年是整体呈现供不应求的，2017 年一整年，整个城市只开盘了 10 个楼盘，导致市场房价疯涨，所以基本都是"日光盘"，但到了 2018 年开盘楼盘达到 20~30 个，整体供大于求，房价增长乏力。

2）我们再来看看土地市场，为了更好地分析该城市土地与住宅市场的关系，我从"中国土地市场网"上将该城市 2016—2018 年所成交的住宅土地做了柱状图（图 5-11），

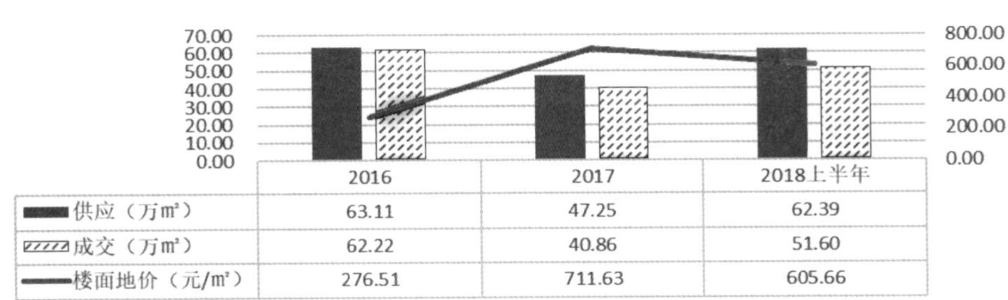

	2016	2017	2018上半年
供应（万m²）	63.11	47.25	62.39
成交（万m²）	62.22	40.86	51.60
楼面地价（元/m²）	276.51	711.63	605.66

图 5-11 某市 2016—2018.6 商品住宅供销量价
（数据来源：克而瑞）

从图中我们可以看到该地 2016 年土地成交 60 万 m²，2017 年成交 40 万 m²，价格得到大幅拉升，而到了 2018 年上半年就成交了 50 万 m²，量升价跌。再仔细看土地的成交区域，2016 年成交土地多集中于主城周边非核心区，因此土地价格整体偏低，同时导致核心区楼盘的供应短缺，所以我们看到该地 2017 年住宅市场有一个大幅的回暖；而 2017 年、2018 年多成交于主城区，价格整体偏高，2017 年成交土地 2018 年集中开盘，导致住宅供应量加大，住宅价格增长乏力。

3）这个市场 2016—2017 年重点推棚改，2017 年市场享受棚改利好，催生较多住宅需求，而 2018 年棚改政策推行放缓，市场也因此受到较大影响。

所以，每一个市场不是简单地在办公室看看报告就可以的，看报告只能看到表面数据，而数据背后的逻辑是需要通过实地考察或者长期观察积累才能做到。那么，要如何才能做到真正地理解数据，了解市场的真实情况呢？笔者有以下几点建议可以分享：

1）最重要的一点，便是要保持对市场的关注，尤其是目前很多投资朋友其实只负责一个目标市场的拓展，那么就很简单了，保持对当地政策、土地市场、楼盘开盘情况的关注，多关注几个当地楼市公众号，多参与当地楼市同行群，每天聊的、接收到的都是当地最新的市场信息，自然而然可以提升你对市场的敏感度。

2）建立政策台账、土地台账、楼市台账，在保持关注的同时还要学会积累。

①每一次重大的市场调控政策，应该把调控文件下载保留，认真研读，分析对市场的利弊影响，建立一个 PPT 或者 Word 文档，记录一下见解最好不过，每一次楼市政策都同步进行更新，对于房地产市场的观察是需要时间周期的，较长一段时间再回过头来看，会真正明白当时地方政府出台每条政策的真正用意。

②土地台账，每成交一宗土地均记录好位置、面积、成交价格、成交单位等信息，用 Excel 表格同时配合奥维地图更好。

③开盘简报，市场上每一个项目开盘，都应该到现场去看看，看看别人的营销案场、规划产品、定价策略，最重要的是看看当时这块地自己公司算不过账没拿，那么其他公司为什么敢拿？其他公司拿了以后现在是怎么做的？这种学习效果很好，长短优势一比就知道了。

5.5.2 目标市场实地踩盘

踩盘，又叫“跑盘”，对于一名房地产从业人员、甚至普通的房产投资者或者自住购房者来讲，踩盘绝对是一门必修课。客观上讲，投资人员踩盘深度上不如营销前策人员，在本节我们重点谈投资人员应该如何做好踩盘，以建立一个踩盘的基础实操框架。

（1）为什么要踩盘？

踩盘是获取房地产市场数据最直接、最有效、最真实的途径。尤其作为一名投资人员，掌握最新最全的市场数据能够很好地辅助自己从市场角度对项目进行判断。很多地产从业人员都有说到，自己公司就有购买各种数据系统，例如中指、克而瑞、搜房等，想要什么数据一搜就来，供应量、成交量、价格、户型、面积，各种方便，那么为什么还要辛辛苦苦跑去踩盘呢？以笔者个人经验来看主要有几点原因：

1）数据真实性

各个数据库的数据由于统计口径及统计方法差异，数据存在滞后和误差是大概率事件，百度随意搜索同一个项目在不同的网站上价格也存在较大差异，此时的数据真实性往往存疑。通过踩盘可以尽最大限度还原真实的数据。

2）建立直观的感知

光是看显示器上冰冷的数字是不能建立自己对市场的判断的，而且看完很快就遗忘了，下次再问到同样的数据，还是要重新去搜索。只有去踩盘才能培养和建立自己对市场的整体感知和敏感度，才能在自己的脑子中留下深刻的印象，包括市场是如何划分板块的，各个板块的价格水平是怎样的？重点楼盘有哪些，客户构成有何不同？2 万元 /m^2 和 3 万元 /m^2 的价格对于客户来讲有多大抗性？为什么会存在客户选择上的差异？城市的发展方向在哪里？在售楼部与置业顾问聊，才能聊出问题，并聊出答案，这才是一线最真实的声音。而且只需通过一次深入地踩盘便可建立深刻的印象，虽然每年房价等数据都在变化，但是对这个市场的认识和判断是一直存在的，稍加更新又可建立起最新的认知。

（2）踩盘难在哪里？

1）不知道该“明踩”还是“暗踩”

普通的房产投资和购买自住房不存在这个问题，但对于地产从业者来讲可就是逃不过的问题，明踩怕置业顾问不理会自己或者不提供真实信息；暗踩又往往问不到更多自己想要的数据，问的多了又怕暴露自己。

2）不知道问什么

大家想到最多的就是去问问价格，除了价格还应该问些什么才能挖掘出有价值信息？

3）问了记不住

尤其是独自去踩盘的时候，置业顾问详细讲解了很多，讲完以后隔了一段时间发现自己还是什么也没记住。

4）不知道问了有什么用

问到了占地面积、容积率、开盘时间、梯户比、主力面积段等数据，那又该怎么使用呢？

（3）如何踩盘？

为了避免以上问题，结合个人经验，笔者认为可按以下步骤进行踩盘：

1）踩盘前准备工作

提前查找目标板块有哪些重点楼盘，提前规划好踩盘路线，同时逐一上网（例如房天下、链家）了解一下各个楼盘的基本信息，再比照一下，看看这项信息有哪些是存疑的，有哪些信息还是空缺的，记下来在现场踩盘的时候重点问。

三个时点不适合踩盘：①上午 9 点以前不要去，此时销售人员大多在打扫卫生和开每日清晨例会；②午休和就餐的时间不要去，此时销售人员最疲惫状态全无，不利于信息采集；③下午 5：30 以后不要去，此时销售员要么填写当天的各种分析报表，要么在培训或者开每日情况分析例会。只要避开上述三个时段，且不和对方接待客户的主要时间冲突，就可以了解到更多情况。

踩盘前也可以先问各种地产社群，提前线上认识当地的朋友，再引荐该项目的策划或者营销人员等，加微信、要市场报告、咨询市场内幕，心中有个大概了解，再去实地踩盘，约当地同行吃饭，聊聊当地市场。这样一方面可以确保自己获取到关键、真实信息；另一方面也可以在当地结识人脉，为后续工作开展做好铺垫。

2）明踩 / 暗踩

明踩多适用于目标市场发达、开放的地区及品牌开发商项目（很多品牌开发商都有“同行接待日”）。此外，如果想要系统踩盘，即想要获取的信息较多也可明踩，明踩可更多地了解房地产的板块特点、市场走势；销售人员或客户对目标地块所在区位的看法等。明踩建议最好由两个人搭档，有经验的同事循序渐进地问，另一个同事则录音 + 记录（悄悄进行，很多置业顾问非常反感录音）；明踩的时候最好不要说自己是哪个开发商或者哪个项目的，这样会引起置业顾问们的警觉，可以说自己是某个代理公司的，例如世联行、中原地产等，一来咨询代理公司踩盘比较合理，二来也不会给置业顾问带来心理上的竞争压力。若目标市场不发达、对市调反感的区域则适合采用暗踩；此外，非重点楼盘、特别高端楼盘或者一进售楼部就发现置业顾问非常忙，就要选择暗踩了。暗踩可获得更加准确的价格信息（必要的时候可坐下来让置业顾问帮你算一个折后的实际价格），但对于项目的去化情况就很难了解了。

3）踩什么

笔者回忆自己入职后的前一两年每次去项目踩盘的时候，和置业聊着聊着就不知道聊什么了，十分尴尬，后来细细想想还是因为自己对于想要来了解什么没有一个系统的梳理，总是想到哪里问到哪里，出售楼部以后才发现还有很多信息没有问到。为了避免这种情况再次发生，笔者将踩盘需要重点了解的项目信息作了罗列：

①概况：区位、配套、占地面积、容积率、产品类型、分几期开发。

②规划：有哪些业态，每种业态规划了几栋楼，层数，梯户比。

③产品：在售产品面积段、主力面积段、户型亮点（是否有赠送面积、是否方正好用等）；必要时可参观项目样板房，感受项目品质、户型、空间的实用性，看样板房过程中可穿插了解客户来源、当地居民的购房偏好等。

④价格：各个业态的销售价格，注意是建面还是套内，是毛坯还是精装；价格需注意是开盘时的价格，还是主力走量的价格，或尾货的价格，不同时期的价格参考性完全不同。同时要看竞品在该售价下对应的产品是否为精装，是否有赠送面积，赠送面积如何，是否有地下室，地下室有无采光，层高多少；选择 2~3 套房源对比分析（同一产品、不同户型；同一户型，不同楼层），了解折扣后的真实价格。

⑤去化：每个业态最新的推盘时间，截至目前的去化面积 / 套数，问出这两个数据就可以算出每种业态的月均去化套数了，从而算出哪种业态去化最好，也可以横向比较哪个楼盘的去化最好。

⑥客户：客户构成有哪些，来自哪些地方等。

建议同行朋友将以上几项烂熟于心，每次就按这几项去问，可以把一个项目的基本信息掌握全不至于遗漏，在这几项的基础上再去扩展更有意外收获之喜。

4）踩盘整理

每天踩盘完，当晚必须要将自己踩盘的信息进行整理，这个时候可以再回过头去看之前在网站上查询到的信息，作一下比对，可以进一步加深对这个项目的印象。为了让自己每次踩盘的信息能够沉淀下来，笔者的做法是建立一个踩盘文档（Word 或 PPT），专用于踩盘信息的整理，按城市进行分类，每次踩盘的信息笔者都会整理到这份踩盘文档里面。每系统做一次这样的踩盘整理,对板块市场会有一个更加深刻的理解，在这个踩盘文档的基础上去不断更新其中的数据又会自觉地去关注市场上每一个楼盘的开盘、推盘情况，久而久之这个市场也就在心中了（图 5–12）。

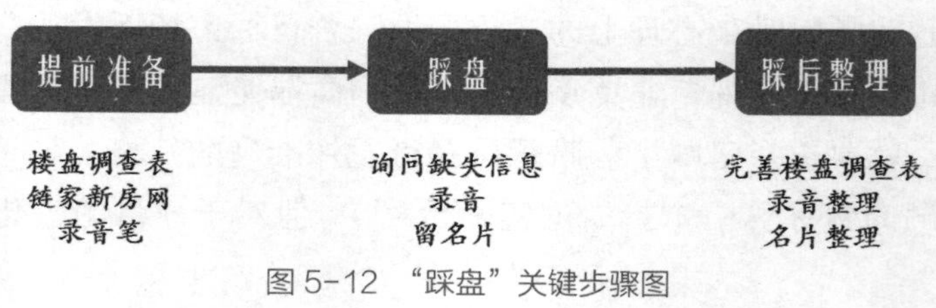

图 5–12 “踩盘”关键步骤图

附一个楼盘调查表作为参考（表 5–2）：

楼盘调查表 **表 5–2**

楼盘名称：× × × 调查时间： 年 月 日

<table>
<tr><td rowspan="4">基本信息</td><td>开发商</td><td colspan="4">房地产开发有限公司</td><td colspan="4">项目地址</td><td colspan="4">× × ×</td></tr>
<tr><td>建筑商</td><td colspan="4">× × 建设</td><td colspan="4">联系方式</td><td colspan="4"></td></tr>
<tr><td>建筑设计</td><td colspan="4">× × 设计院</td><td colspan="4">物管公司</td><td colspan="4">未定</td></tr>
<tr><td>环艺设计</td><td colspan="4">× × 设计院</td><td colspan="4">代理公司</td><td colspan="4"></td></tr>
<tr><td rowspan="13">产品信息</td><td>占地面积</td><td colspan="4">47 亩</td><td colspan="4">建筑面积</td><td colspan="4">116000m²</td></tr>
<tr><td>容积率</td><td colspan="4">3.7</td><td colspan="4">公摊率</td><td colspan="4">15%</td></tr>
<tr><td>绿化率</td><td colspan="4">52%</td><td colspan="4">规划户数</td><td colspan="4">1200</td></tr>
<tr><td rowspan="2">建筑物</td><td colspan="4">建筑风格</td><td colspan="4">建筑形态</td><td colspan="4">组团划分</td></tr>
<tr><td colspan="4">现代</td><td colspan="4">多层、高层</td><td colspan="4"></td></tr>
<tr><td rowspan="2">价格情况</td><td colspan="2">起价</td><td colspan="2">最高价</td><td colspan="2">均价</td><td colspan="6">付款方式及折扣</td></tr>
<tr><td colspan="2">未出</td><td colspan="2">未出</td><td colspan="2">未出</td><td colspan="2">待定</td><td colspan="2">待定</td><td colspan="2">待定</td></tr>
<tr><td>户型</td><td colspan="2">一室一厅</td><td colspan="2">二室一厅</td><td colspan="3">二室两厅</td><td colspan="3">三室两厅</td><td colspan="2">四室三厅</td></tr>
<tr><td>面积</td><td colspan="2">无</td><td colspan="2">无</td><td colspan="3">63、75
79.1、84.4m²</td><td colspan="3">104、119、111、109、106m²</td><td colspan="2">无</td></tr>
<tr><td rowspan="2">工程进度</td><td colspan="3">开工时间</td><td colspan="3">开工量</td><td colspan="3">竣工时间</td><td colspan="3">竣工量</td></tr>
<tr><td colspan="3"></td><td colspan="3"></td><td colspan="3"></td><td colspan="3"></td></tr>
<tr><td rowspan="2">配套</td><td colspan="3">景观环境</td><td colspan="3">小区配套</td><td colspan="3">市政配套</td><td colspan="3">交通情况</td></tr>
<tr><td colspan="3"></td><td colspan="3">网球场
游泳池
晨练区
水晶会所</td><td colspan="3">逸夫小学、× × 县中学、协和医院、南外中心医院、银行</td><td colspan="3">2 路、5 路、8 路、19 路</td></tr>
<tr><td rowspan="5">销售情况</td><td></td><td colspan="4">开盘时间</td><td colspan="4">销售量</td><td colspan="4">销售率</td></tr>
<tr><td>一期</td><td colspan="4">未开盘</td><td colspan="4"></td><td colspan="4"></td></tr>
<tr><td>二期</td><td colspan="4"></td><td colspan="4"></td><td colspan="4"></td></tr>
<tr><td>三期</td><td colspan="4"></td><td colspan="4"></td><td colspan="4"></td></tr>
<tr><td colspan="5">合计</td><td colspan="4"></td><td colspan="4"></td></tr>
<tr><td rowspan="2">广告推广</td><td colspan="4">主广告语</td><td colspan="3">卖点</td><td colspan="3">广告媒体</td><td colspan="3">促销策略</td></tr>
<tr><td colspan="4">美山、美景、美宅
溯建一个城市的山居梦想
雄踞楠山，坐拥天下</td><td colspan="3">低公摊
配套齐全
建筑特色鲜明
高绿化</td><td colspan="3">户外
报纸</td><td colspan="3">未出</td></tr>
<tr><td rowspan="2">项目分析</td><td>优势</td><td colspan="12">小区配套及区外配套齐全互补，小区内高绿化，低公摊，面积实利用率较高，小区内风景独特，通风采光好</td></tr>
<tr><td>劣势</td><td colspan="12">地段相对较偏，在与 × × 竞品对比之下相形见绌，人流量较小，商业配套有待完善</td></tr>
</table>

踩盘完后可初步做数据汇总（表 5–3）：

××市××区竞品楼盘调查表　　表 5-3

区域/版块	项目名称	占地面积（亩）	容积率	产品业态	户型面积（m^2）	热销面积段（m^2）	客户户型偏好	首开时间	现时均价（元/m^2）	规划体量（万m^2）	推出体量（万m^2）	成交体量（万m^2）	年均去化体量（万m^2）	库存体量（万m^2）	库存去化周期（年）	客户年龄段	客户来源
板块1	项目1	242	2	高层	60~90	80~90	2变3	2013.8	4200	55	35	32	7	23	1.4	28~35	市区外溢
				多层洋房	90~110												
				独栋别墅	320~420												
				联排别墅	240~300												
				双拼别墅	200~240												
				社区商业	80~100												
	项目2			高层	70~90												
				多层洋房	90~122												
小计																	
板块2	项目1			高层													
				多层洋房													
				独栋别墅													
	项目2			多层洋房													
板块3	项目1			高层													
				多层洋房													
				独栋别墅													
	项目2			高层													
				多层洋房													
				独栋别墅													
	项目3			多层洋房													
小计																	
合计																	

5.5.3 目标市场户型调研

目标市场调研中有很大一部分为竞品的户型对标，户型学习对于一名投资人员来讲是不可或缺的环节。有时候去参观竞品样板房过程中往往走马观花，不知重点在哪里。

首先要了解户型设计合理性的一般要求，若项目设计户型违背合理性原则，则存在较大的户型缺陷，市场竞争力将大打折扣。

（1）户型设计合理性

在户型研究的时候，要尊重市场需求，当前市场上对于户型的一般关注点为：

1）户型方正

异形户型空间利用率低，不方便家具摆放，影响住户观感。

2）通风采光

户型进深过长，严重影响采光。阳台一般进深 1.5~1.8m，超过 2m，影响采光。

3）动静分区

指活动区和休息区分开。动区指客厅、餐厅和厨房，这部分应靠近入户门设置；静区主要指卧室，这部分位置应比较深入，以免受动区活动影响休息。而卫生间则往往设置于动区与静区之间，方便使用，以使得室内交通线尽可能便捷。

4）干湿分离

客厅 / 卧室与厨房 / 卫生间分离，洗手台与浴室分离。客厅 / 卧室与厨房 / 卫生间分离可以有效避免厨房卫生间等暗潮空间对居住生活空间的影响。此外，使用传统的浴室设备，洗澡之后总会使室内充满水汽，潮湿的空气长期在浴室中滞留，造成了空气的污浊。干湿分离包括洗手台、浴室分离；或者淋浴区与坐便、面盆区的分离。而将浴室一分为二，干湿分开，就可保持沐浴之外的场地干燥卫生，维持浴室整体环境的整洁美观（图 5–13）。

5）坐北朝南

客厅和卧室朝向最理想是南边，其次是东边。朝南的房间数量要多，在北方买房

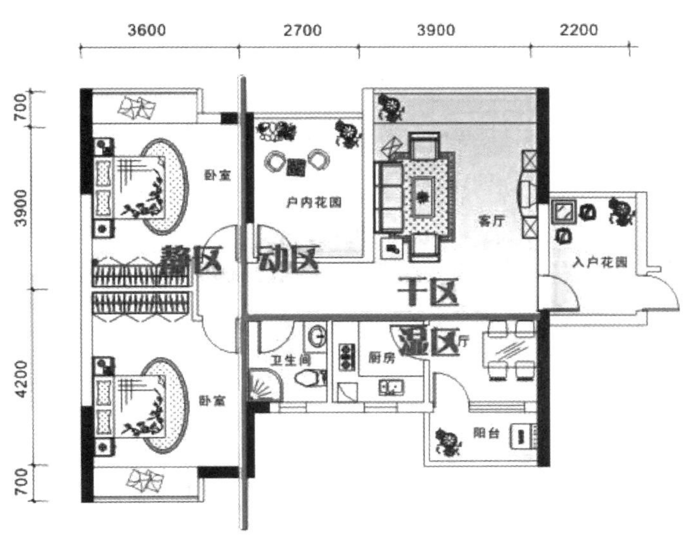

图 5–13　动静分区、干湿分离户型示意
（来源：公开网络）

者尤其关注房屋的朝向。因此在点式方案布局时，为了实现项目效益最大化，往往会将大户型产品朝南。

6）面积赠送

买房者最为关注的一个指标即赠送率，毕竟花同样的成本购得更多的面积是每一位买房者都期望的。一些三四线城市在早些年出现大量的露台赠送，一送就是1~2个房间，近一两年随着各地管控加强，大面积的赠送逐渐受到了控制，例如，成都市2017年10月颁布新建筑规范进一步限制赠送面积，跃层起居室挑高被禁止赠送，住宅建筑层高一般不应高于3.6m。局部层高高于3.6m的跃层式住宅，其高出部分应按其自然层高度折算层数计算建筑面积；此外，规范还要求每套住宅飘窗、阳台以及非公共活动空间的水平投影面积不大于该套住宅套型总建筑面积的15%。

目前行业内新建商品房常规的赠送仅包括阳台赠送、飘窗赠送等，大面积赠送时代一去不复返。

7）空间尺度

客厅：空间独立，开口不宜过多，要有两面完整的墙；方正开阔，要留出摆放家具的完整空间，实用的布局；进深与面宽之比不应大于2∶1；入口宜设置玄关，玄关作为住宅内外的过渡空间，避免厅内被外人一目了然，以保障私密性。

餐厅：相对独立，至少有两面墙夹一角，与客厅既有关系又有分隔，与厨房应有关联又独立成区；切忌餐厅成为过道而无法使用。

厨房：靠近餐厅设置，距离大门不能太远，直接对外采光通风，有一定长度的台面摆放电器、煤气灶、水槽等设备，厨房厕所不宜紧邻，最好带一工作阳台，西厨可与餐厅结合。

卧室：主卧应明显大于次卧，进深面宽可适当增加，南向朝向最好，大户型的主卧最好带独立卫生间和步入式衣帽间。次卧面积宜大于10m^2，面宽尽量保证在3m以上。

卫生间：应有明窗通风和采光，公共卫生间做到干湿分离；只有一个卧室的时候尽量离卧室近些，以免“穿堂越室”。

阳台：保证客厅有良好的视野和采光，在面积允许的可能下，将阳台设在客厅，不要设在主卧，以免因为生活中的晾衣休闲等经过主人的卧室，影响主人休息。工作阳台应与厨房结合。

以往的户型学习中大家更多接触的是去查看户型格局，户型面积段，房间数量。除此之外，笔者在这里再提供一个新的观察角度，那就是户型的空间尺度。包括户型的整体尺度、户型内各个功能分区的尺度及公共空间尺度，建立户型空间尺度的认知可以帮助我们更好地判断户型设计的合理性。

（2）户型尺度

以成都市为例，可把户型分为功能型、经济型、舒适型、品质型和尊贵型。我们可以看到不同等级的户型在客厅、主卧、次卧上的尺寸会略有不同，户型面积段越大，体现在各房间的开间尺寸也越舒适（表5–4）。

户型尺度（以成都市为例） 表 5–4

分类	类别		市场表现	
功能型	主力面积	两房	$70m^2$	
		三房	$75\sim95m^2$	
	主要功能空间尺寸	客厅	开间 3.3~3.6m，面积 $20\sim25m^2$	
		主卧	开间 3.3~3.6m，面积 $10\sim12m^2$	
		次卧	开间 3~3.3m，面积 $9\sim10m^2$	
		功能房	开间 2.7m，面积 $7\sim8m^2$	
经济型	主力面积	三房单卫	$81m^2$	
		三房双卫	$91\sim104m^2$	
		四房双卫	$98m^2$	
	主要功能尺寸	客厅（不含餐厅）	三房单卫	开间 3.2m，面积 $10m^2$
			三房双卫	开间 3.7m，面积 $12m^2$
			四房双卫	开间 3.2m，面积 $14m^2$
		主卧	三房单卫	开间 3.2m，面积 $11m^2$
			三房双卫	开间 3.2m，面积 $16m^2$
			四房双卫	开间 3.2m，面积 $16m^2$
		次卧	三房单卫	开间 2.8m，面积 $9m^2$
			三房双卫	开间 2.7m，面积 $9m^2$
			四房双卫	开间 3m，面积 $9m^2$
舒适型	主力面积	三房单卫	$97m^2$	
		三房双卫	$110\sim115m^2$	
		四房双卫	$135\sim145m^2$	
	主要功能尺寸	客厅（不含餐厅）	三房单卫	开间 3.6m，面积 $16m^2$
			三房双卫	开间 3.8m，面积 $16m^2$
			四房双卫	开间 7.3m，面积 $15m^2$
		主卧	三房单卫	开间 3.3m，面积 $16m^2$
			三房双卫	开间 3.5m，面积 $18m^2$
			四房双卫	开间 3.6m，面积 $18m^2$
		次卧	三房单卫	开间 3.3m，面积 $9m^2$
			三房双卫	开间 3.2m，面积 $9.3m^2$
			四房双卫	开间 3.3m，面积 $11m^2$
品质型	主力面积	三房	$120m^2$	
		四房	$140m^2$	
	主要功能空间尺寸	客厅	三房：竖厅 3.9~4.2m，面积 $30\sim35m^2$	
			四房：横厅 7.2~7.6m，面积 $35\sim45m^2$	
		主卧	三房：3.0~3.3m，$12\sim14m^2$（仅卧室）	
			四房：4.0~4.6m，$14\sim16m^2$（仅卧室）	
		次卧	三房：开间 3.5~4.2m，面积 $10\sim12m^2$	
			四房：开间 3.3~3.5m，面积 $12\sim14m^2$	

续表

分类	类别		市场表现
尊贵型	主力面积	三房	120m^2
		四房	140m^2
	主要功能空间尺寸	客厅	三房：竖厅 3.9~4.2m，面积 30~35m^2
			四房：横厅 7.2~7.6m，面积 35~45m^2
		主卧	三房：3.0~3.3m，12~14m^2（仅卧室）
			四房：4.0~4.6m，14~16m^2（仅卧室）
		次卧	三房：开间 3.5~4.2m，面积 10~12m^2
			四房：开间 3.3~3.5m，面积 12~14m^2

（3）室内空间尺度

很多时候笔者去调研或者参与户型定位讨论等会议时，发现有些同行总是对户型的各个数据了如指掌，甚至三居的沙发长度，两居的床的长度，卫生间大小，以及各个尺寸怎么组合等，非常专业。而自己却只能简单说出居室面积大小，再细点指标数据根本说不上口。其实只要掌握这些室内空间数据，也一样可以成为一名很专业的人。可很多朋友会讲，这些数据枯燥乏味真的很难建立记忆！不可否认确实存在这个问题，但是如果换个角度来记忆这些数据可能会有意想不到的效果。本小节我们就从人体的结构尺寸出发，来看看如何记忆这些室内空间数据。

人为室内空间的主要活动主体，因此室内空间的任何构筑件的尺寸设计应该严格参照人体的基本尺度，以达到最佳的居住舒适性，这为我们建立数据认知提供了一个基础。例如，亚洲人体的基本尺度为（图 5-14）：

肩宽度为 385~420mm；

上臂长度 289~310mm；

胸廓前后径 200~220mm；

臀部宽度 307~320mm。

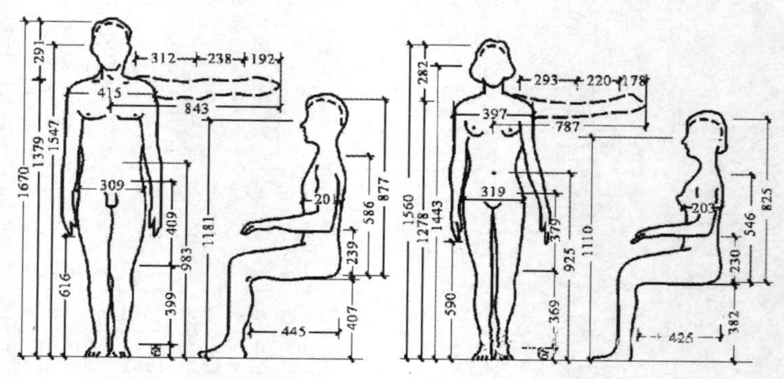

图 5-14　人体结构尺寸图

（来源：公开网络）

有了上面人在站立、工作和生活的尺寸数据，我们就可借此来对户型布局的合理性进行评价。例如，合理的过道宽度，淋浴间宽度、卧室面积等。

基于此，下面我们以经济型户型为例来探讨各居室功能间的合理尺度（均为净尺寸，即不包括墙体厚度）。

1）玄关

玄关原指佛教的入道之门，现在泛指厅堂的外门，也就是居室入口的一个区域，该区域的作用为避免房间一览无余。

玄关设计的三要素：鞋柜，衣柜，对景墙；对于小户型，玄关不需要占太大面积，一般宽度在 1200mm。放置 800~1000mm 宽，300mm 左右深鞋柜足以。

2）客厅：$10m^2$ 以上

客厅是家庭的中心枢纽，是家人或家人与亲友共享的沟通、交往、休憩、娱乐空间。客厅从使用角度上需注重方正好用，便于家具布置；同时为保证基本的居住公共活动，对客厅尺寸有一定要求。

客厅的基础摆件为沙发、茶几和电视。进深方向考虑三人沙发及一组单人沙发，按常规沙发尺寸标准，纵深至少大于 3000mm。开间方向需考虑电视观看视觉效果，目前市场电视观看视觉为屏幕对角线 3 倍，以普通 40 英寸电视为例，合理视距为 3000mm，除去沙发及电视与墙距离，净开间尺寸在 3300mm。因此经济型户型客厅面积最小在 $10m^2$ 以上（表 5–5）。

沙发尺寸参照表　　表 5–5

	长度（mm）	深度（mm）
单人沙发	800~950	850~900
双人沙发	1260~1500	800~900
三人沙发	1750~1960	800~900
四人沙发	2320~2520	800~900

3）主卧：$10m^2$ 以上

卧室基本布局为一张床、床头柜、衣柜、电视柜（可无）、办公桌（可无）、过道。经济型主卧考虑床榻和更衣区，以及影视功能。

卧室常用摆件尺寸：

双人床：长 2000~2020mm，宽 1500~1520mm；

衣橱：深 550~600mm；

门：宽 900mm；

床头柜 500~600mm；

电视柜：宽 600~2400mm，深 400~600mm。

①开间方向，考虑床长度 2000mm 及卧室门 1000mm，则开间至少要 3000mm；

②进深方向，考虑床宽度1500mm、床头柜1200mm及衣橱600m，则宽度至少要3300m。

因此经济型主卧面积至少在10m^{2}以上，如果需要设置梳妆台、电视柜，同时扩大人的活动空间，则净进深需要进一步增加，面积也相应增大。

4）双人次卧：9m^2

双人次卧，参考主卧室，卧室净开间尺寸≥3000mm；进深方向可减少一个床头柜，增加活动空间，进深净尺寸≥3000mm。则面积需控制在9m^{2}以上。

5）单人次卧：6~8m^2

单人次卧受面积控制，家具摆放无须较为复杂，单人次卧可考虑只放置床及衣橱，面积在6~8m^{2}之间。

①单人床：长2000~2020mm，宽1200~1220mm；

②床头柜：宽450~600mm；

③衣橱：深550~600mm；

④门：宽900mm。

6）儿童房：7.2m^2

经济型次卧儿童房布局，考虑到电脑及书架，衣橱等，在面积受限制下：开间最小净尺寸可≥2400mm；进深方向可≥3000mm。

具体尺寸：

①单人床：长2000~2020mm，宽1200~1220mm；

②衣橱：深550~600mm；门宽900mm；

③书架：深240~280mm；

④电脑桌：宽800~1400mm，深480~620mm；

⑤座椅：宽450~650mm，深450~600mm。

7）书房：5m^2

书房主要考虑书架、书桌和休闲沙发的摆放，无须摆放大床，设计尺寸并非较为严格。经济型可将赠送房间及较小房间设计为书房，或者与儿童房间结合。

经济实用书房主要考虑办公桌及书架设计，另外可增加休闲区域，一般5m^{2}左右房间即可布局。

从家具考虑：

①电脑桌：长800~1200mm，宽480~620mm；

②书架：宽600~2100mm，宽较为灵活，深240~280mm；

③双人沙发：宽1200~1700mm，深600~900mm。

8）餐厅：6m^2

餐厅是日常进食的主要场所，每套户型都应该设置独立的进餐空间。餐厅的设置方式主要有三种：独立餐室、客厅兼餐室、厨房兼餐室。

①经济型的餐厅使用面积 $6m^2$ 以上；

②餐厅的空间尺寸需要考虑座凳和人同行的活动空间：人通行宽 760mm，人座位占用宽 520mm；

③可靠墙布局，靠墙面最小尺寸 3000mm。

4~6 人餐桌一般长度 1000~1400mm，宽度 600~1000mm。

9）厨房

厨房的设计除考虑人体和家具的尺寸外，还应考虑家具的活动便捷、操作方便。厨房布局形式包括 I 型、L 型、U 型、II 型、岛型，经济型厨房主要考虑 I 型、L 型厨房。

① I 型厨房系列

这类两点一线式厨房最适用于狭长的房间。占用面积较小，想达到理想效果，一面墙不能短于 3000mm。I 型厨房储存中心的最小净宽要求 1500mm 以上，最小净长 3000mm 左右，经济型户型厨房操作台最小尺寸 2100mm。

其他：冰箱宽：580~630mm，双开门 900mm；

水槽宽：770~820mm；灶台宽：700~750mm；微波炉宽：480~520mm。

② L 型厨房系列

这类厨房的橱柜沿着两面相邻的墙布置，非常适用而高效，舒适型厨房中较为实用，L 型厨房的最小净宽要求 1800mm 以上，最小净长 3000mm 以上。

10）卫生间

卫生间作为家庭的洗理中心，是每个人生活中不可缺少的一部分。一个完整的卫生间，应具备入厕、洗漱、沐浴、更衣、化妆以及洗理用品的贮藏等功能。

①坐便器所占的面积为 370mm × 600mm；悬挂式洗面盆占用的面积为 500mm × 700mm，圆柱式洗面盆占用的面积 400mm × 600mm；正方形淋浴间的面积为 900mm × 900mm。

②浴缸

A. 浴缸的标准面积为 1500~1800mm × 700mm，三角形 1200~1500mm × 1200~1500mm。

B. 具体到安装上，浴缸与对面墙之间的距离最好有 1000mm，想要在周围活动的话这是个合理的距离。

C. 浴缸和其他墙面或物品之间至少要有 600mm 的距离。

D. 安装一个洗面盆并能方便使用，需要的空间至少为 900mm × 1050mm，这个尺寸适用于中等大小的洗面盆，并能容下一个人在旁边洗漱。

E. 那么两个洁具之间应该预留 200mm，这个距离包括座便器和洗面盆之间或者洁具和墙壁之间的距离。

11）阳台

景观阳台：一般在 1.5~1.8m 以上，做健身房在 1.8m 以上；

生活阳台：1.3~1.5m，方便设置洗衣区域，摆放洗衣机后 0.7~0.8m 活动空间。

（4）公共空间尺度

公共空间尺度重点关注得房率，得房率是买房比较重要的一个指标：

得房率 = 套内建筑面积 / 总建筑面积

总建筑面积 = 套内建筑面积 + 公摊面积

套内建筑面积 = 使用面积 + 套内墙体面积 + 外墙中线以内墙体面积 + 分户内墙体中线以内面积 + 阳台面积

公摊面积：所有交通和外墙中线以外的面积、一层门厅面积、顶层楼梯出屋面的面积、与住宅有关的设备用房、管井的面积等。

从得房率计算公式可看出由于计算房屋面积时，计算的是建筑面积，所以得房率太低，不实惠；那是不是越高越好呢？也不是。得房率太高，不方便；因为得房率越高，公共部分的面积就越少，住户也会感到压抑。一般，高层得房率 75%~78%，小高层 80%~85%，多层 88%~92%，而办公楼仅为 55%。以此作为简单对照，若设计户型得房率偏高或偏低则竞争力相应减弱。

CHAPTER 6

尽职调查

尽职调查（以下简称“尽调”）是二手收并购项目当中不可或缺的关键环节。尽职调查是指投资人在与目标企业达成初步合作意向后，经协商一致，投资人对目标企业一切与本次投资有关的事项进行现场调查、资料分析的一系列活动，以求准确了解目标公司的真实状况，是一种保障商业活动有效、合理进行的重要手段。其目的主要为解决两大问题，一是提示投资可行性和交易风险，解决要不要投资的问题；二是确定交易结构、收购价格、先决条件、交割后的义务等，解决怎么投资的问题。尽职调查主要内容包括财务、法律、专业三个方面。

尽职调查并不是对事实进行简单罗列，而是应当在罗列事实的基础上作出相应的分析和判断，以明确该等事实对于后续交易是否会产生负面影响或风险。若经确认确实存在负面影响或风险的，则应当进一步分析如何减少或排除该等负面影响或风险，并提供具体的解决方案。

6.1 尽调一般流程

尽职调查流程一般包括6个步骤，即组织尽调团队、尽调资料搜集、驻场尽调、外部查证、审阅资料及编写尽调报告，如图6-1所示：

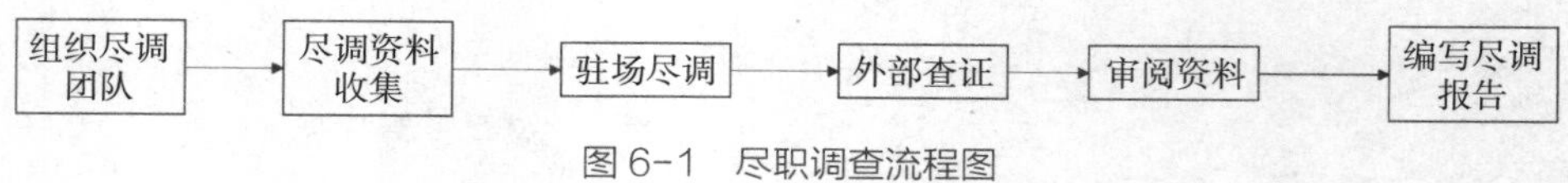

图6-1 尽职调查流程图

（1）组织尽调团队

从尽职调查的工作内容来看，尽职调查是一项内容庞大、专业要求颇高的工作，仅由投资人员是无法完成的，需协调其他专业部门予以协助。根据项目阶段的不同组织尽职调查团队。例如，目标项目为在建工程则需要组织工程、成本、营销等部门参与，如果为净地则参与部门可适当减少。大型的地产公司尽调团队一般均由各个职能口的人员抽调临时组成，完成尽调后再解散；小型房企由于缺乏成熟的人员团队，尽调团队一般选择外包的形式。

（2）尽调资料搜集

资料是后期编写调查报告的重要依据，故资料索取及获得的完整与否，很大程度影响着调查报告的编写深度。实践中往往会有直接套用尽职调查清单模板的情况，考虑到每个项目的不同情况，建议在使用该等模板时应当尤为注意：① 根据项目的实际情况，增加或删减清单内容（如资产收购、股权收购的差异）；② 文本格式，例如没有替换模板中原来的内容，项目名称不对、地址不对等低级错误。除此之外，根据项目的具体推进，必要时还应当提供补充资料清单。在交易方提供资料后，我们应当对其进行整理。

尽调资料收集主要涉及3个方面：

1）法律方面。例如，土地获取方式及出让相关文件、项目公司成立的相关文件、土地抵押文件等。

2）财务方面。例如，财务报表及审计报告、股东及关联方往来数据等。

3）专业方面。例如，开发、运营、销售及成本情况等文件。

总之一切与尽调内容相关的资料都应搜集，尽调主要内容详见本章6.2节。

（3）驻场尽调

为便于进一步收集尽调资料，核验材料原件并与目标公司人员（高管及普通员工）直接进行沟通，提升尽调效率，尽职调查一般为驻场尽调。无论是在建项目还是已建成的项目，去项目现场实地踏勘是十分必要的。实地踏勘主要关注项目规模、建设进度、项目品质以及项目周边环境，并可与项目的平面图等进行核对，以判断是否存有违法建筑等情况。

（4）外部查证

为了得到更有公信力的信息，尽调过程中还需要通过一些外部调查来了解和验证交易对方提供的书面资料的有效性和准确性。可通过走访工商部门、国土部门、规划部门、建设主管部门查档、访谈和查证相关信息。

（5）审阅资料

即审核交易方提供的资料，这时候其实也是对项目的具体情况及发展过程的梳理，以及对目标公司所陈述的内容事实考证。这个过程中，应当做好交易方陈述与资料之间的一一对应，以及资料与资料之间的衔接佐证。例如，尽调中偶尔会发现对方提供的土地证与土地出让合同中所记载的面积并不一致，经过询问才得知该项目中有好几份土地证和出让合同，如果对方没有对这类情况进行披露就很容易忽略。再例如，拟收购的项目公司并非目标项目最初的一级开发企业，其之前已经有两家公司参加过一级开发，即目标项目的一级开发被转让了两次；此外村委会是与项目公司直接签订的《开发协议》，根据之前搜集查阅到的某市人民政府办公厅发出的安置用地出让工作意见的规定，一级开发协议事宜应当经过三分之二以上村民决议通过，但事实上该协议并未附上决议文件，其效力性存疑。

（6）编写尽调报告

一般由投资部牵头主要参与横向部门完成（外包给第三方咨询公司的情况除外）。

6.2 尽调内容

尽调内容分别从法律、财务、专业三个方面进行总结阐述。法律尽职调查解决收购安全性问题；财务尽职调查确定目标公司是否有与财务报表上一样的资产；专业尽职调查确定项目开发业务层面上的风险。

6.2.1 法律方面

法律尽职调查内容主要包括：

（1）土地取得合法性

土地取得合法性主要调查土地获取的历史背景及项目公司股权结构的演变。审查土地获取合法合规性（国有建设用地使用权是否合法获取？用地手续是否完备？是否存在闲置等）、土地出让金及税费缴纳情况、土地权属及抵押情况（权属是否清晰？有无纠纷？）是否存在其他义务？大多数土地为招拍挂方式获取，但即便是招拍挂项目也可能由于操作不规范导致地块存在土地抵押、三规不符等情况。当然也有部分项目存在特殊获取背景。例如，土地方原为一级整理方，帮助政府完成一级整理后政府财政困难只能用土地作为代偿，这种情况下土地方往往没有合规的土地发票；在收并购项目中调查土地获取背景往往会挖掘出一些潜在的风险。

此外，我们还应关注项目公司股权的演变过程，以及实缴出资情况（出资是否到位？有无抽逃情况？）、股权限制情况（代持/质押/查封）、对外投资情况，项目公司设立、变更是否合法？是否存在解散、破产的可能性？是否存在代持、托管？转让目标公司股权予第三方时，项目公司原股东是否放弃优先购买权？调查股权限制情况是为了明确公司股权的可变更性。该信息的权威出处为股权登记的工商管理部门，一般以工商查询的书面资料为准，可变更股权一般不应存在质押、查封等法律限制。

（2）债权债务

目标公司是否存在其他应收款、其他应付款、关联方之间相互担保等情况？是否存在影响交易的重大债务？在调查企业的债权债务时一般通过中国人民银行出具关于目标公司的企业信用报告，查阅公司信用报告是否有担保记录。这里需要说明一点，通过人民银行出具的企业信用报告，是没有办法穷尽这个目标公司对外担保的情况的。因为人民银行出具企业信用报告显示的目标公司对外担保情况一般为针对银行的借债。如果是对于民间借债提供的担保，人民银行出具的企业信用报告是无法显示的。所以这也导致在做项目收并购时，大家普遍担心目标公司的或有债务问题。

（3）重大合同

房地产开发项目涉及的重大合同有土地出让合同、建设工程设计合同、景观设计及施工合同、勘探测绘合同、建设工程施工合同以及甲指分包合同、劳务分包合同、监理合同、相关设施采购合同、配套设施相关合同（涉及水、电、煤气、管道、通信）、物业合同、营销策划合同、房屋预售合同等。尽调除了审核合同文本外，还需要审查以上合同的履行情况，包括：合同的履行进展变更情况，已付款、未付款的情况并作好台账，以便判断合同履行中可能存在的法律风险和经济责任。

例如，在设计施工类合同中，目标公司是否严格按照招投标管理制度选定总承包商、分包商、材料供应商等单位；是否选择有资质的机构进行勘测和设计；是否存在承包商违法分包、工程质量安全事故、阴阳合同等招致法律风险的情况；是否严格按照合同约定完成工程的各类验收，并明确质保期；工程款和工人工资的结算是否完成，是否可能存在现实及潜在的纠纷。

在销售策划类合同中，是否存在虚假广告或者广告内容不当；是否存在延期交房、延期办理房地产证情况以及违约责任的承担问题；房屋价款的收取情况以及与银行流水实际收款的比对。另外需要注意的是，判断项目公司是否延期交房的依据是其是否完全履行商品房买卖的交付条件，商品房买卖的交付不仅要完成合同上的约定的条件，还要得到一系列的备案审批文件，没有这些必备文件，即使交了钥匙给户主，也不算完成交付。这些不容易被注意的细节，恰恰成了潜在的法律风险。

若收购方经过尽调认为已签订合同单价过高，工作质量不符合自己要求需要重新引进相关单位的，可在收购前要求被收购方解除已签订合同并清退相关单位。

（4）税务情况

房地产行业是资本密集型行业，投资较大且税负较重，涉税项目众多。被收购项目公司是否已按规足额缴纳契税、印花税及所得税等税费。

此外，较大的项目往往是当地政府的纳税大户及重点监管企业，许多大项目在启动时往往会与当地政府签订相关的税收优惠及财政扶持协议，很多项目中开发企业的主要盈利点就来源于此。因此，在对税务情况进行调查时，不但要对开发企业按照《税法》纳税的行为作全面梳理，而且要对与政府或其代理部门签订的税收优惠及财政扶持协议做深入研究。实践中，由于各地税收优惠及财政扶持的形式区别较大，与企业签订优惠协议的主体更是千差万别。因此，签署合约的政府代表机构的合法性、权威性及政府是否换届等应当成为审核的重点，即签约主体是否具有相当的法律地位，避免造成原先承诺的优惠政策难以执行。例如，已签订的税收返还协议为上一届政府，此时政府已换届，则原有税收返还协议是否可继续执行存在不确定性。

（5）诉讼及争议

目标公司涉诉情况、解决方案及周期。公司股东、子公司、董事、监事及高级管理人员是否存在重大诉讼、仲裁？是否被列入被执行人名单？鉴于房地产不良资产项目往往债权债务复杂，在调查中对法律诉讼及争议情况的梳理变得尤为重要。实践中，调查重点分为两部分：一是已产生诉讼及争议的调查；二是违约及违规情况的调查（即引发新诉讼及处罚的可能性）。在收集信息时，除书面材料的印证外，与重大合同的当事方、政府主管部门及司法机构的沟通也是极重要的，可以帮助我们从多个渠道对事实真相予以确认。

（6）公司治理及规范运作

了解目标公司章程及组织结构设置，劳动用工及社保缴纳情况。了解在职员工数量、薪酬、员工社保、公积金缴纳情况，存在目标公司未按劳动法规定足额为员工缴纳社会保险的情况（缴纳人数及缴纳险种不足）。如目标公司只为部分员工缴纳了基本养老保险和工伤保险，根据我国《劳动法》及《社会保险法》的有关规定，用人单位和劳动者必须依法参加社会保险，缴纳社会保险费。用人单位无故不缴纳社会保险费的，由劳动行政部门责令其限期缴纳；逾期不缴的，可以加收滞纳金。

（7）其他

目标公司的房地产开发资质是否满足项目开发要求？消防、环评手续是否齐全？安全生产情况等。

6.2.2 财务方面

财务尽职调查主要关注三大方面：

（1）会计核算

查阅近三年财务（审计）报告；查阅公司历年会计账簿、会计凭证；梳理目标公司资产情况、明确公司债权债务情况，制作调整资产负债表。

（2）经营类型

项目的开发建设进度是否匹配支出；了解公司销售情况、利润情况、现金流情况。

（3）资产情况

盘点固定资产，存地存货；调查资产抵押、担保情况。

财务方面需要收集的资料来源于内部及外部，主要有：各种财产所有权证明、银行存款类证明、外部债权债务人函证、经济合同、税收鉴定表、各类税收缴款书、年度财务报表审计报告、所得税鉴证报告等。

介绍一些重点事项的财务调查方法：

（1）货币资金的调查

1）现金的监督盘点。会同目标公司会计人员进行现金盘点，分析盘点金额与现金日记账之间存在差额的原因，是否有白条抵库、未报销凭证等情况存在。

2）银行存款余额的核对。将各账户的银行对账单、银行余额调节表与调查截止日的一行日记账余额相核对，尽调人员应独立控制向各银行账户所在银行寄发银行询证函的整个过程，核对存款的完整性、真实性及银行借款相关情况。获取已注销的银行销户文件，并抽查核对账户存续期间银行对账单流水与明细账、会计凭证，检查是否存在违规操作资金的情况。

（2）应收账款的调查

编制应收账款账龄表和债权人明细表，重点关注账龄长、金额大或已计提坏账准备的债权，尽调人员应独立向债务人寄发询证函，以确认余额是否真实、准确，对未收到回函的款项，必须实施检查替代程序。结合经济合同、与目标公司相关人员访谈、法律诉讼书、债权形成证据等信息对其可收回性做出分析，帮助收购企业了解债权真实情况，提示潜在坏账风险的存在。

结合对收入的检查，判断目标公司与关联公司之间债权、交易事项是否符合《公司法》《证券法》《上市规则》《企业所得税法》《企业会计准则》中对关联关系及交易的相关规定，以及债权是否真实发生。

（3）存货的调查

房地产企业财务报表中存货科目主要登记两部分内容：一是土地地价款、城市综合配套费、土地征用及拆迁补偿费、税费；二是房地产开发产品的开发成本支出。通常收购方多为尚未进行土地开发的企业，因此存货的查询多指第一种情况。

尽调人员获取土地出让合同、取得土地使用权所支付的地价款凭证、契税完税证明、相关会计入账资料，逐一核对其土地面积是否一致，是否已足额支付地价款，并且根据土地资源的不同来源取得了合规入账票据。

尽调人员应收集政府拆迁部门的拆迁批复及协议，检查目标公司对个人的拆迁补偿是否有拆迁合同和签收花名册，花名册应附有补偿人签名、指印及身份证复印件，将上述资料与相关账目核对相符。

（4）固定资产的调查

尽调人员应查阅固定资产购置发票，固定资产卡片、购置合同等原始资料以及对固定资产入账金额的准确性进行检查。尽调人员应检查目标公司有无与关联方之间的固定资产购售活动，购置价格是否严重偏离市场平均价格，以造成收购风险，必要时委托评估机构对固定资产价值进行重置评估。

（5）负债往来款的调查

负债往来款通常计入财务报表的“应付账款”“其他应付款”科目中，主要可能存在的高风险事项有：长期挂账隐瞒收入、关联方借款、其他无息借款等。

1）长期挂账隐瞒收入问题的检查。此情况存在于已进入产品开发阶段并取得销售收入的目标公司，隐瞒收入常见做法是对收取的房款不计入销售收入，只挂在负债类应付款中，以达到隐瞒收入，偷逃相关税费的目的。尽调人员应获取或编制债务人明细表，对金额较大、长期挂账的债务给予特别关注，询问相关人员债务的挂账原因，查阅债务形成的各项资料，包括经济合同、会计资料、产品销售台账等原始资料。尽调人员应选择重点债务，独立向债权人寄发函证进行对账，并询问是否因长期挂账已经或可能引发债务纠纷。

2）关联方借款利息税前扣除问题的检查。根据《财政部、国家税务总局关于企业关联方利息支出税前扣除标准有关税收政策问题的通知》（财税［2008］121号）的规定，尽调人员应检查负债类往来款中目标公司与关联方之间的借款合同、利息的会计处理方法、所得税计算资料并测算比例，据此确定已税前扣除的借款利息是否合理。

3）其他无息借款问题的检查。从目标公司负债类往来款明细表中选择无息借款款项，查阅相关借款合同中有关借款利息的条款是否明确注明为无息借款，如发现无借款合同或合同中未明确注明利息支付事项的，应向目标公司询问原因，并在检查报告中予以披露，以提示可能存在的或有负债风险。

（6）应交税金的检查

1）对已进入开发产品销售阶段的目标公司，尽调人员应根据目标公司所收取的房款类收入测算应缴纳的土地增值税、增值税及附加，与会计凭证、税款缴纳通知书、应交税金明细账核对是否相符。如涉及“营改增”以后增值税的检查，应参照房地产企业营改增的新老项目各自的处理方法及税率分时段测算。

2）测算并检查购置土地环节产生的契税、印花税是否准确、及时缴纳。如存在未按税法规定纳税情况，应与目标公司沟通并在检查报告中予以披露，以提示可能存在的税收风险。

（7）工资及保险、工会经费、教育经费的检查

1）核对目标公司工资手册、会计凭证、工资发放明细表，将工资本年计提数与相关的成本、费用账户核对，审查是否一致，检查工资发放明细表是否有职工本人或代理人

签字，根据工资支出检查个人所得税的代扣代缴情况，注意“应付职工薪酬”期末余额的形成原因并予以披露，以提示可能存在的拖欠职工工资的债务风险和法律风险。

2）根据工资支出，测算目标公司的职工保险、工会经费、教育经费缴纳情况，特别关注各类奖金是否并入缴纳基数，对发现的欠缴情况应与目标公司沟通并在检查报告中予以披露，以提示可能存在的税收风险。

6.2.3 专业方面

主要包括报批报建、工程、设计、销售、成本及客户关系情况等维度的调查。

（1）报批报建

国有土地使用权证、建设用地规划许可证、工程规划许可证、工程施工许可证、预售许可证是否已办理完成，办理过程是否合法合规。

（2）工程情况

工程质量是否符合相关规范及标准、收购方要求，是否需要整改，整改成本预估多少？必要时需进行总包及分包单位走访及履约能力调查。了解工程进度情况（施工节点、进度及施工计划，现场实物与施工图纸核对，开工、停工情况）。

（3）规划情况

了解项目规划指标及已开发建设指标，踏勘地块地形地貌及周边环境；已规划或已建设部分，了解规划方案及建设风格；规划图纸及报批情况；当地设计规范及准则；目标地块周边是否存在地铁轨道等规划。

特别注意，项目尽调阶段需要判断建设用地是否符合土地利用总体规划，即需要判定土地用途和土地利用总体规划规定的用途是否一致。在进行规划符合性审查时，一般需要通过对建设用地红线或位置判定，将地块位置坐标数据套合到相应的土地利用总体规划图或土地利用总体规划数据库上，对照土地利用总体规划数据库或土地利用总体规划图上标示的规划地类，与土地实际用途比较，以判定用地是否符合土地利用总体规划以及是否占用基本农田（图 6–2）。

《中华人民共和国土地管理法》明确规定：国家编制土地利用总体规划，规定土地用途，将土地分为农用地、建设用地和未利用地。严格限制农用地转为建设用地，控制建设用地总量，对耕地实行特殊保护，使用土地的单位和个人必须严格按照土地利用总体规划确定的土地用途使用土地。因此，在土地调研阶段，一定要核实土规，若地块红线内出现农用地等非建设用地，必须进行调规变性后方可使用，否则就触及法律红线了。

（4）销售情况

项目各业态定价及销售去化、回款情况，客户构成及来源如何，畅销及滞销原因分析；目标公司是自销还是外包第三方销售。对目标市场进行调研，了解当地产品、户型情况，客户消费习惯等。

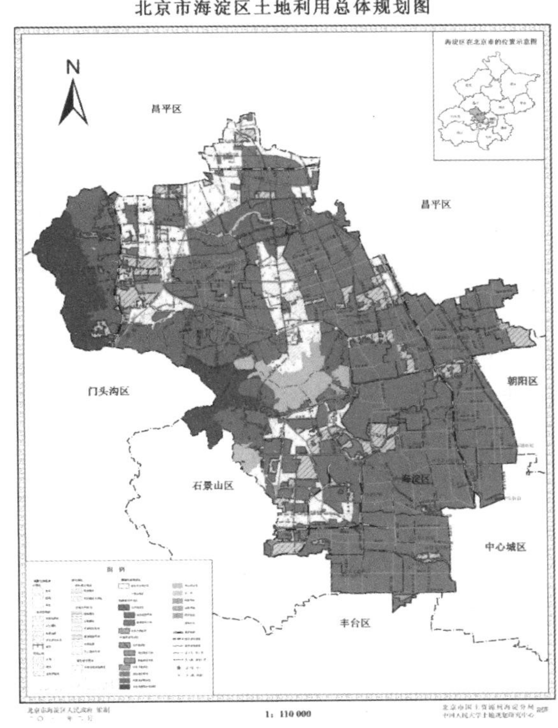

图 6-2 土地利用总体规划示例
（来源：公开网络）

（5）成本情况

审查项目建造成本（包括历史发生成本）、各项费用发生情况，列支及分摊的真实性、合理性；审查总包及分包合同、工程量清单、施工范围与合约是否一致；审查工程款项支付情况，梳理已完成的产值、工程款项支付节点、支付比例，核算已付、应付未付及后续待付工程款。核实市政配套及红线外投入情况，判断红线外成本是否可计入项目公司目标成本。

项目截至尽调时点已支付的总成本，单方成本情况；是否存在成本单价过高，现场实际工程量与合约不一致的情况？在收购前的一切不合理成本均应在尽调阶段体现出来，并在协议谈判阶段明确不合理成本的处理方式。

（6）客户关系

交楼标准输出口径与实际是否一致，是否存在夸大宣传等情形？有无存在客户投诉等情况？

6.2.4 其他方面

（1）关注地方性政策

例如，根据我国税收法律规定，股权转让过程中，如果交易价格不存在溢价的情形（当然是建立在公允价值的基础之上的定价），则交易过程中出让方为自然人的，无须缴纳个人所得税；出让方为法人的，无须缴纳企业所得税。但在苏北某地的股权交易中，当地税务部门有一个土政策，即无论交易价格是多少，均需要按照其规定的标准（计算方式比较复杂，但总体税率介于千分之一至百分之三之间）缴纳企业所得税或个人所得税，且企业若不缴纳税款，工商部门就不予登记变更。

再例如，在诸多三四线城市，由于受当地开发商开发能力的限制，在取预售许可证时往往是逐栋进行申请办理，当地政府也适应了这种办理模式。倘若品牌开发商进入这类城市，由于其开发能力较强，往往是成片区数栋楼房同步申请预售许可证，这与当地政府的办理习惯大不相同，极易遭遇政府房管部门抵制；同时由于这类大开大合的办证速度，将大幅侵蚀本土房企的市场占有率，也将受到同行的各种“非常规途径”抵制。

此外，各个地区对计容及可售面积计算规范差异也可能导致项目规划可售面积减少，从而导致项目可售货量降低。

（2）关注关联交易

在尽调过程中还应注意审核项目公司的关联交易，审查这些交易的真实性。这是因为很多开发企业为了不同的商业目的，通过与自己直接控制的公司进行关联交易从而故意增加或缩小成本，这些操作会影响到对目标公司收购对价的判断。在私人公司中，最常见的就是目标公司股东给关联公司担保以及股东在外借钱未还导致债权人穿透到目标公司来，从而导致目标公司资产被法院查封。由于此类关联交易信息不易被发现，因此在调查过程中除了查询目标公司供应商及客户的工商信息外需要做更多的工作，以便及时发现并审查类似的关联交易并判断其法律风险。

在完成以上法律、财务、专业方面的尽调内容后，需要对所有风险进行汇总，并提出风险防范建议。此时再向领导或老板汇报才会显得专业全面（表 6–1）。

风险控制表

表 6–1

风险类型	风险描述	应对方案	合同条款
法律风险			
财务风险			
专业风险			
其他风险			

6.3 常见风险及尽调要点

（1）取得目标地块的手续违反招拍挂规定

尽调要点：若在实际操作中，发现目标公司并非是通过招标、拍买、挂牌方式取得目标地块的，则应当对其中的原因予以重点注意。同时要求出让方能够提供政府相关文件支持其合法的论点，并且结合现行的法律规定，去判断其说法是否能够得到法律的支持。

（2）未付清土地出让金的风险

尽调要点：尽调过程中应当注意对出让合同进行审核，并要求目标公司提供相应的土地出让金支付凭证等资料来明确出让金的具体支付情况。

（3）土地闲置风险

尽调要点：尽调过程中应当对于出让合同中该部分期限、条件的内容进行审核，并结合诸如规划许可证、施工许可证等资料综合分析是否存在该等风险。风控过程中可采取以下措施：①要求相对方取得政府不认定为闲置土地或非因土地权利人自身原因造成闲置的确认函件，或者与政府签订土地出让合同补充协议或延期开工协议；②要求相对方对土地闲置问题作出相应的陈述与保证，将部分交易款项的支付与土地闲置问题的解决挂钩并分期支付；③就土地闲置问题针对性的约定违约责任，并确保并购方享有相应的合同解除权。

（4）目标项目地块的用途与土地使用权证不一致的风险

尽调要点：尽调过程中应注意对土地使用权证中所载用途，结合项目实际情况（如采用项目现场踏勘）确认两者之间是否存在不一致的情况。

（5）目标项目上存在抵押担保风险

尽调要点：尽调过程中，应注意对目标项目的担保情况进行了解，并结合担保合同的内容，以及与担保权人沟通后，确认拟实施的具体交易模式是否具备操作性。

（6）目标地块的土地出让合同存在无效风险

例如，工业园区项目若碰到由地方开发区管委会作为土地出让方来签署《国有土地使用权出让合同》，而根据《最高人民法院关于审理涉及国有土地使用权合同纠纷案件适用法律问题的解释》第二条的规定："开发区管理委员会作为出让方与受让方订立的土地使用权出让合同,应当认定无效。"在此情况下,出让合同存在被认定无效的风险。

尽调要点：审查《国有土地使用权出让合同》时应当尤为注意签署主体是否合法合规。

（7）目标项目的贷款实际用途与约定不一致

根据《贷款通则》第十九条、第七十一条的规定，借款应当按照借款合同的约定使用贷款。在实践中，目标公司在获得借款后可能并未将按约用作目标项目的建设，在此情况下，贷款人则有权对部分或全部贷款加收利息，严重的贷款人可以停止支付尚未使用的贷款并提前收回部分或全部贷款。

尽调要点：尽调应当注意仔细审核借款合同的各项条款，并对借款具体流向（必要时要求提供相应的合同及票据）复核是否对应，避免上述风险的发生。

（8）土地证与房产证权利人不一致的风险

根据《物权法》第一百四十二条、第一百四十六条、第一百四十七条的规定，土地使用权人和其上的建筑物、构筑物及其附属设施的权属应一致。若在资产转让项目中碰到不一致的情况，由于历史遗留原因，包括土地出让合同、土地证均与房产证所载权利人不一致，目标公司仅为产权证上记载的权利人。

尽调要点：目标公司在转让目标项目物业时，需要另外取得土地权利人的同意，否则无法办理相关的转让手续。

（9）目标公司已将目标项目物业出租的风险

尽调要点：此时应注意审查与目标项目物业有关的租赁合同，尤其应当注意的是，逐一审核租赁合同中是否存在特殊情况的约定，如出租方承诺“不得解除合同”“未就目标项目物业设立抵押”等，对具体租赁情况进行梳理。

（10）股权上设定了质押

尽调要点：目标公司的股权存在质押情况时，若发生股权转让的，根据《物权法》第二百二十六条的规定，该等股权转让必须征得质押权人的同意，否则可能会发生无法办理工商变更登记手续的情况。

（11）转让目标公司股权予第三方时，项目公司原股东未放弃优先购买权

尽调要点：目标公司原股东在向第三方转让其持有的目标公司股权时，除目标公司章程对股权转让另有约定外，应当征得其他股东的同意并放弃优先购买权。

（12）或有债务风险

尽调要点：对目标公司财务账册、重大合同进行详细的审阅；对存在疑问的文件或者事实，要求被并购方出具书面说明。同时在风控措施中建议在交易文件中明确约定：①被并购方已披露全部对外债务。②对于被并购方有意或因疏忽大意未披露的对外债务，无条件由被并购方负责清偿并承担相应的违约责任。③分期支付股权转让款，将恰当数额的尾款支付时间约定为交易完成后 3 年。

（13）目标公司的房地产开发资质不能满足目标项目开发要求的风险

尽调要点：应注意结合目标项目的实际情况，确认实际开发是否会超过目标公司的资质允许范围。

6.4 尽调常用工具

（1）目标项目信息查询工具

1）克而瑞；

2）中指数据库；

3）中国土地市场网；

4）国土资源局官网。

（2）目标公司的工商信息查询工具

1）企查查；

2）天眼查；

3）启信宝；

4）全国企业信用信息公示系统；

5）各省市级信用网；

6）全国组织机构代码管理中心；

7）建筑业资质查询。

（3）目标公司信用查询工具

中国人民银行征信中心。

（4）企业涉诉查询工具

1）全国法院被执行人信息查询系统；

2）全国法院失信被执行人名单信息查询系统；

3）中国法院网“公告查询”；

4）人民法院诉讼资产网；

5）享法实用工具；

6）裁判文书网；

7）中国裁判文书网。

CHAPTER 7

房地产主要税费

房地产开发过程中，在取得土地使用权前后，主要涉及契税、印花税、耕地占用税、土地使用税、增值税及附加、土地增值税、所得税等。而税费与项目交易架构设计、项目经济测算息息相关，理解税费基本原理可以辅助拓展人员更合理地设计交易架构、完成复杂项目投资测算。本章仅对税费的基本概念及计算过程进行阐述，了解这些内容对于投资拓展基本工作足矣，不宜耗费过多精力于冷门税务知识。

7.1 主要涉税介绍

7.1.1 契税

契税，是地产从业人员都比较了解的一个税种。但需要注意的是，应当将房地产开发企业在土地取得阶段缴纳的契税与销售商品房时由购买方缴纳的契税相区分。因为这是不同的两种阶段，且税率是不同的。

房地产开发企业取得土地使用权，根据《中华人民共和国契税暂行条例》（1997 年 7 月 7 日国务院令第 224 号）及其相关规定，需要依据国有土地使用权出让、土地使用权出售成交价格按照 3%~5% 适用税率缴纳契税。

$$应纳税额 = 计税依据 \times 税率$$

计税依据确定：

（1）以出让方式取得土地使用权的，其契税计税价格一般应确定为竞价的成交价格，土地出让金、市政建设配套费以及各种补偿费用应包括在内。

例如：A 地的契税税率为 4%，国有土地使用权出让的成交价格为 5000 万元，那么契税为 5000 万 ×4%=200 万元。

（2）以划拨方式取得土地使用权的，后经批准改为以出让方式取得该土地使用权的，应依法缴纳契税，其计税依据为应补缴的土地出让金和其他出让费用。

（3）作价出资，以土地作价投资、入股方式转移土地的，视同土地使用权转让征税，由土地使用权的承受方按规定缴纳契税。

（4）因改变土地用途而签订土地使用权出让合同变更协议或者重新签订土地使用权出让合同的，应征收契税。计税依据为因改变土地用途应补缴的土地收益金及应补缴政府的其他费用。

此外，公司合并、分立，资产划转，债权转股权等方式可按免征契税处理。

7.1.2 印花税

根据《财政部 国家税务总局关于印花税若干政策的通知》（财税［2006］162 号）的规定，对土地使用权出让合同、土地使用权转让合同按产权转移书据征收印花税，按合同记载金额的 0.05% 贴花。取得房产证及土地使用权证等权利许可证照按件贴花，每件 5 元。

例如，A 房地产开发企业以 100 万元的价格取得某地块，那么印花税为 100 万 ×0.05%=0.05 万元。

7.1.3 耕地占用税

《中华人民共和国耕地占用税暂行条例》第三条规定，占用耕地建房或者从事非农业建设的单位或者个人，为耕地占用税的纳税人，且《中华人民共和国耕地占用税暂行条例实施细则》第四条第二款规定，未经批准占用耕地的，纳税人为实际用地人。因此，未经批准占用耕地的房地产开发企业也应当缴纳耕地占用税。耕地占用税中的“耕地”是指用于种植农作物的土地，占用前3年内曾用于种植农作物的土地，也视为耕地。

耕地占用税以纳税人实际占用的耕地面积为计税依据，按照规定的适用税额一次性征收，实际占用的耕地面积，包括经批准占用的耕地面积和未经批准占用的耕地面积。

应纳税额 = 计税依据 × 单位税额 = 实际占用的耕地面积 × 单位税额

单位税额各地执行标准不同，例如，上海平均税额为45元/m^2；江苏、浙江、福建、广东为30元/m^2；山西、吉林、黑龙江为17.5元/m^2。例如，A地区的耕地占用税税额为30元/m^2，房地产开发企业占用耕地面积为1000m^2，那么耕地占用税为30×1000=30000元，为一次性征收。

7.1.4 土地使用税

根据《中华人民共和国城镇土地使用税暂行条例》的规定，房地产开发企业取得土地使用权后需要以实际占用的土地面积为计税依据，按照税法规定的差别幅度税额计算缴纳城镇土地使用税。

全年应纳税额 = 实际占用土地面积 × 适用税额

适用税额采用有幅度的差别税额，具体标准如下（表7–1）：

土地使用税税额表　　表7–1

级别	人口	每平方米税额（元）
大城市	50万以上	1.5~30
中等城市	20万~50万	1.2~24
小城市	20万以下	0.9~18
县城、建制镇、工矿区	—	0.6~12

7.1.5 增值税

增值税是以商品和劳务在流转过程中产生的增值额作为征税对象而征收的一种流转税。

房地产企业基本作为一般纳税人，计算增值税首先应判断该房地产项目为“老项目”或“新项目”，二者所适应的计税方式有区别（表7–2）：

新老项目计税方式对比　　表 7–2

项目类型	判断标准	计税方式
老项目	（1）《建筑工程施工许可证》注明的合同开工日期在 2016 年 4 月 30 日前的房地产项目 （2）《建筑工程施工许可证》未注明合同开工日期或者未取得《建筑工程施工许可证》但建筑工程承包合同注明的开工日期在 2016 年 4 月 30 日前的建筑工程项目	简易计税方法或一般计税方法
新项目	除老项目外的其他项目	一般计税法

简易计税方法：

$$增值税 = 当期不含税销售额 \times 征收率（5\%）$$

一般计税方法：

$$增值税 = 销项税额 - 进项税额$$

$$销项税额 = 销售额 \times 适用税率$$

$$销售额 =（全部价款和价外费用 - 当期允许扣除的土地价款）\div（1+ 适用税率）$$

一般计税方法需注意以下几点：

（1）销售额

《国家税务总局关于发布〈房地产开发企业销售自行开发的房地产项目增值税征收管理暂行办法〉的公告》（国家税务总局公告［2016］18 号）第四条规定：“房地产开发企业中的一般纳税人销售自行开发的房地产项目，适用一般计税方法计税，按照取得的全部价款和价外费用，扣除当期销售房地产项目对应的土地价款后的余额计算销售额。销售额的计算公式如下：销售额 =（全部价款和价外费用 – 当期允许扣除的土地价款）÷（1+ 适用税率）。”

（2）适用税率

《关于调整增值税税率的通知》（财税［2018］32 号）规定，2018 年 5 月 1 日起，税率调整为 10%；《关于深化增值税改革有关政策的公告》明确，2019 年 4 月 1 日起，增值税一般纳税人发生增值税应税销售行为或者进口货物，原适用 10% 税率的，税率调整为 9%。

（3）全部价款和价外费用

商品本身的价款和价外费用，价外费用有补贴、返还利润、奖励费等，房地产项目我们就简单理解为销售收入即可。

（4）当期允许扣除的土地价款

土地价款只有给政府交纳的土地款可以抵扣，以省级以上（含省级）财政部门监（印）制的财政票据为合法有效凭证，换言之，有票土地成本方可扣除。此外，拆迁补偿款也可以抵扣，但契税，印花税不能扣除。

当期允许扣除的土地价款＝（当期销售房地产项目建筑面积 ÷ 房地产项目可供销售建筑面积）× 支付的土地价款（即土地价款按照可售面积分摊到当期）

【例 7–1】某房地产开发企业某项目 2018 年 8 月销售额 5 亿元（含税价格），可计入当期土地成本为 1 亿元，可抵扣的进项税为 0.25 亿元，请计算该项目所需缴纳的增值税？

解：计算步骤如下：

①不含税销售额＝（全部价款和价外费用 – 当期允许扣除的土地价款）÷（1+9%）

＝（5–0.5）÷（1+9%）=4.13 亿元

②销项税＝销售额 ×9%=4.13×9%=0.37 亿元

③增值税＝销售税 – 进项税 =0.37–0.25=0.12 亿元

接下来谈谈增值税预缴。

一般纳税人采取预收款方式销售自行开发的房地产项目，应在收到预收款时按照一定的预征率预缴增值税。

应预缴税款按照以下公式计算：

应预缴税款＝预收款 ÷（1+ 适用税率或征收率）× 预征率

预征率一般为 3%。适用一般计税方法计税的，按照 9% 的适用税率计算；适用简易计税方法计税的，按照 5% 的征收率计算。一般纳税人应在取得预收款的次月纳税申报期向主管国税机关预缴税款。

7.1.6　增值税附加

（1）城市维护建设税

《中华人民共和国城市维护建设税暂行条例（2011 修订）》第二条规定，凡缴纳消费税、增值税、营业税（营业税已被废止）的单位和个人，都是城市维护建设税的纳税义务人，都应当依照规定缴纳城市维护建设税。

城市维护建设税税率如下：

纳税人所在地在市区的，税率为 7%；

纳税人所在地在县城、镇的，税率为 5%；

纳税人所在地不在市区、县城或镇的，税率为 1%。

（2）教育费附加

《征收教育费附加的暂行规定（2011 修订）》提到教育费附加，以各单位和个人实际缴纳的增值税、营业税（已被废止）、消费税的税额为计征依据，教育费附加率为 3%，分别与增值税、营业税（已被废止）、消费税同时缴纳。

（3）地方教育附加

《关于统一地方教育附加政策有关问题的通知》（财综［2010］98 号）规定地方教

育附加征收标准统一为单位和个人（包括外商投资企业、外国企业及外籍个人）实际缴纳的增值税和消费税税额的2%。在这一规定中，将地方教育附加的征收标准统一调整为2%。

以上增值税附加均是与增值税同时缴纳。在上一个案例中，缴纳的增值税为50万元，A房地产开发公司位于市区，城市维护建设税按照税率7%进行计算，那么增值税附加的数额为：

50万 ×7%+50万 ×3%+50万 ×2%=6万元

以上内容即为房地产开发企业增值税及附加的测算以及缴纳税款的方式，除了增值税，房地产开发企业还有一个非常重要的税种即土地增值税。

7.1.7 土地增值税

在房地产行业，凡是转让国有土地使用权、地上建筑及其附着物（以下简称“转让房地产”）并取得收入的单位和个人都要征收土地增值税（以下简称“土增税”）。土地增值税的计算遵循以下步骤：

（1）计算应税收入

根据《土地增值税暂行条例》及其《实施细则》的规定，纳税人转让房地产取得的应税收入，应包括转让房地产的全部价款及其有关的经济收益。通俗理解，即为转让土地或房地产所取得的收入。

这里需要注意土地增值税与增值税应税收入的差别，根据《国家税务总局关于营改增后土地增值税若干征管规定的公告》（国家税务总局公告［2016］70号），适用一般计税方法的纳税人，其转让房地产的土地增值税应税收入不含增值税销项税额；对于适用简易计税方法的纳税人，其转让房地产的土地增值税应税收入不含增值税应纳税额（表7–3）。

增值税销售额与土地增值税清算收入额差异 表7–3

计税方法	税种	计算公式	计税依据差异
一般纳税人采取一般计税方式下	增值税	销售额 =（全部价款和价外费用 – 当期允许扣除的土地价款）÷（1+9%）	全部价款和价外费用中可以抵减土地价款
	土地增值税	销售额 = 全部价款和价外费用 – 销项税额； 销项税额 =（全部价款和价外费用 – 当期允许扣除的土地价款）÷（1+9%）× 9%	不含增值税销项税额，全部价款和价外费用中不可抵减土地价款

【例7–2】甲房地产开发企业为一般纳税人按照增值税一般计税方法计税。甲企业预售一套房产，取得含税销售收入1110万，假设对应允许扣除的土地价款为400万（假定已达到清算条件，进行土地增值税清算）。

1）计算甲企业增值税销售额。

2）计算甲企业土地增值税销售额。

解：

1）甲增值税销售额

①依据国家税务总局公告 2016 年第 18 号和 2016 年第 140 号公告：

销售额 =（全部价款和价外费用 – 当期允许扣除的土地价款）÷（1+9%）

=（1110–400）/1.09=651.38 万

②甲房地产企业一般计税办法下的销售开发产品的销项税额

=（全部价款和价外费用 – 当期允许扣除的土地价款）÷（1+9%）× 9%。

=（1110–400）/1.09 × 9%=58.62 万

2）甲企业土地增值税清算收入额

依据国家税务总局公告 2016 年第 70 号公告：营改增后，纳税人转让房地产的土地增值税应税收入不含增值税。适用增值税一般计税方法的纳税人，其转让房地产的土地增值税应税收入不含增值税销项税额。

甲企业土地增值税清算收入额 =1110–58.62=1051.38 万

因此，甲增值税销售额 =651.38 万

土地增值税清算收入额 =1051.38 万

二者相差：400 万元（土地价款）

所以，在一般计税办法下，增值税的销售额与土地增值税清算时的销售收入在数额上并不相同。

（2）计算扣除项目

扣除项目包括：

1）取得土地使用权所支付的金额，即土地成本。是指纳税人为取得土地使用权所支付的地价款和按国家统一规定交纳的有关费用。国税函［2010］220 号文规定，房地产开发企业为取得土地使用权所支付的契税，应视同“按国家统一规定交纳的有关费用”，计入“取得土地使用权所支付的金额”中扣除。

2）房地产开发成本，指房地产项目开发过程中实际发生的成本，包括土地征用及拆迁补偿费、前期工程费、建筑安装工程费、基础设施费、公共配套设施费、开发间接费等。

①土地征用及拆迁补偿费。包括土地征用费、耕地占用税、劳动力安置费及有关地上、地下附着物拆迁补偿的净支出、安置动迁用房支出等。拆迁补偿费根据《国家税务总局关于土地增值税清算有关问题的通知》（国税函［2010］220 号）的规定，不同的安置方式处理方式不同，具体如下：

房地产企业用建造的本项目房地产安置回迁户的，安置用房视同销售处理，按《国

家税务总局关于房地产开发企业土地增值税清算管理有关问题的通知》(国税发[2006]187号)第三条第(一)款规定确认收入，同时将此确认为房地产开发项目的拆迁补偿费。房地产开发企业支付给回迁户的补差价款，计入拆迁补偿费；回迁户支付给房地产开发企业的补差价款，应抵减本项目拆迁补偿费。

开发企业采取异地安置，异地安置的房屋属于自行开发建造的，房屋价值按国税发[2006]187号第三条第(一)款的规定计算款的规定计算，计入本项目的拆迁补偿费；异地安置的房屋属于购入的，以实际支付的购房支出计入拆迁补偿费。

货币安置拆迁的，房地产开发企业凭合法有效凭据计入拆迁补偿费。

②前期工程费、建安费、基础设施费、开发间接费用的扣除。国家税务总局《关于房地产开发企业土地增值税清算管理有关问题的通知》(国税发[2006]187号)第四条第一款规定，房地产开发成本的扣除须提供合法有效凭证；不能提供合法有效凭证的，不予扣除。但考虑到房地产行业的实际情况，又可对上述费用进行核定扣除。因此，该通知第四条第二款规定，房地产开发企业办理土地增值税清算所附送的前期工程费、建筑安装工程费、基础设施费、开发间接费用的凭证或资料不符合清算要求或不实的，地方税务机关可参照当地建设工程造价管理部门公布的建安造价定额资料，结合房屋结构、用途、区位等因素，核定上述四项开发成本的单位面积金额标准，并据以计算扣除。

营改增后，对建安费用扣除部分进行了新规定，要求纳税人接受建筑安装服务取得的增值税发票，在发票的备注栏注明建筑服务发生地县(市、区)名称及项目名称，否则不得计入土地增值税扣除项目金额。该具体规定可见《国家税务总局关于营改增后土地增值税若干征管规定的公告国家税务总局公告2016年第70号》关于营改增后建筑安装工程费支出的发票确认问题部分。

③公共配套设施费。国税发[2006]187号文规定，房地产开发企业开发建造的与清算项目配套的居委会和派出所用房、会所、停车场(库)、物业管理场所、变电站、热力站、水厂、文体场馆、学校、幼儿园、托儿所、医院、邮电通信等公共设施，按以下原则处理：

A. 建成后产权属于全体业主所有的，其成本、费用可以扣除；

B. 建成后无偿移交给政府、公用事业单位用于非营利性社会公共事业的，其成本、费用可以扣除；

C. 建成后有偿转让的，应计算收入，并准予扣除成本、费用。

④装修费用。对于很多的房地产开发企业来说，销售精装房既可以提高企业的品牌，又可以进行税务规划。实务操作中，有的地方税务机关对毛坯房有成本的最高限制标准，但是对精装修商品房无限制，并且根据国税发[2006]187号文的规定，房地产开发企业销售已装修的房屋，其装修费用可以计入房地产开发成本。在利用精装修手段时，一定注意把握相应的尺度，因为有些成本是不可计入的(如可移动的床等)。此外，因

目前房地产开发形势，很多地方都有限价的规定，导致很多房地产开发企业通过签订《销售合同》和《精装修合同》来分解销售收入，此种情况下税务规划便与限价之间发生一定的冲突，如何解决该问题需要进一步的研究和探讨。

3）房地产开发费用，纳税人能够按转让房地产项目计算分摊利息支出，并能提供金融机构贷款证明的，其允许扣除的房地产开发费用为：利息 +（土地成本 + 开发成本）× 5% 以内（注：利息最高不能超过按商业银行同类同期贷款利率计算的金额）。纳税人不能按转让房地产项目计算分摊利息支出或不能提供金融机构贷款证明的，其允许扣除的房地产开发费用为：利息 +（土地成本 + 开发成本）× 10% 以内（表 7–4）。

房地产开发费用表 表 7–4

利息情况	利息支出	其他开发费用	开发总费用
利息支付能提供金融机构证明	据实扣除	（1+2）×5%	利息支出 +（1+2）×5%
不能提供证明	不单独核算	（1+2）×10%	（1+2）×10%
全部自有资金	/	/	（1+2）×10%

注：取得土地使用权所支付的金额为 1，房地产开发成本为 2。

实务操作中又有些不同，上文提到的“5% 以内计算扣除”“10% 以内计算扣除”的“以内”，各省基本按 10% 执行。因此，一般在项目投资测算中，不用考虑 10% 以内到底是 9% 还是 8% 的问题，也可不用考虑利息有没有金融机构证明，直接按照公式③ =（① + ②）× 10% 计算即可。

4）与转让房地产有关的税金。《土地增值税暂行条例实施细则》规定与转让房地产有关的税金，是指在转让房地产时缴纳的营业税、城市维护建设税、印花税。因转让房地产交纳的教育费附加，也可视同税金予以扣除。

上述的税金中营业税已被增值税取代，又因《国家税务总局关于营改增后土地增值税若干征管规定的公告》（国家税务总局公告［2016］70 号）规定，营改增后，计算土地增值税增值额的扣除项目中“与转让房地产有关的税金”不包括增值税，且印花税根据《财政部、国家税务总局关于土地增值税一些具体问题规定的通知》（财税字［1995］48 号）规定列入管理费用，故根据《土地增值税暂行条例实施细则》规定允许扣除的税金只剩下城市维护建设税；又因国家税务总局公告［2016］70 号文规定，营改增后，房地产开发企业实际缴纳的城市维护建设税、教育费附加，凡能够按清算项目准确计算的，允许据实扣除。凡不能按清算项目准确计算的，则按该清算项目预缴增值税时实际缴纳的城建税、教育费附加扣除。根据财会［2016］22 号文规定，全面试行营业税改征增值税后，“营业税金及附加”科目名称调整为“税金及附加”科目，该科目核算企业经营活动发生的消费税、城市维护建设税、资源税、教育费附加及房产税、土地使用税、车船使用税、印花税等相关税费；利润表中的“营业税金及附加”项目调整为“税金及附加”项目，故不能依据老规定一概而定。

所以，此部分允许扣除的税金为城市维护建设税及教育费附加。

5）其他扣除项目，主要指加计扣除，按⑤ =（① + ②）× 20% 计算，抵扣的成本增多了，应缴纳的税费自然少了。为什么要对房地产开发纳税人提供 20% 的加计扣除优惠呢？原因在于利用此项优惠可有效调节房地产市场开发行为。《国家税务总局关于印发〈土地增值税宣传提纲〉的通知》（国税函发［1995］110 号）中规定，在具体计算增值额时，要区分以下几种情况进行处理：

1）对取得土地或房地产使用权后，未进行开发即转让的，计算其增值额时，只允许扣除取得土地使用权时支付的地价款，交纳的有关费用，以及在转让环节缴纳的税金。这样规定，其目的主要是抑制"炒"买"炒"卖地皮的行为。

2）对取得土地使用权后投入资金，将生地变为熟地转让的，计算其增值额时，允许扣除取得土地使用权时支付的地价款、交纳的有关费用，和开发土地所需成本再加计开发成本的 20% 以及在转让环节缴纳的税金。这样规定，是鼓励投资者将更多的资金投向房地产开发。

3）对取得土地使用权后进行房地产开发建造的，在计算其增值额时，允许扣除取得土地使用权时支付的地价款和有关费用、开发土地和新建房及配套设施的成本和规定的费用、转让房地产有关的税金，并允许加计 20% 的扣除。这可以使从事房地产开发的纳税人有一个基本的投资回报，以调动其从事正常房地产开发的积极性。

（3）计算增值额

增值额 = 应税收入 – 扣除项目 =（1）–（2）

（4）计算增值率 = 增值额 / 扣除项目 =（3）/（2），不同比率对应不同的税率及速算扣除系数

不同比率对应的税率及速算扣除数　　表 7–5

级数	增值率（%）	适用税率（%）	速算扣除系数（%）
1	不超过 50%	30	0
2	超过 50% 至 100%	40	5
3	超过 100% 至 200%	50	15
4	超过 200%	60	35

注：普通住宅增值额 / 扣除项目＜ 20%，可免征土地增值税。

根据表 7–5 可以看出，增值额与扣除项目金额的比率不同导致税率适用的不同，也就是溢价越高，土地增值税缴纳的数额越大，因此，若房地产开发企业欲降低土地增值税的金额，在收入确定的情况下，采用合理手段提高成本，降低比率。

对于土地增值税税率，建造普通住宅有税收优惠，《土地增值税暂行条例》第八条规定："纳税人建造普通标准住宅出售，增值额未超过扣除项目金额 20% 的，免征土地

增值税。”也就是说当超过 20% 时要征收土地增值税，根据《土地增值税暂行条例实施细则》规定，增值额超过扣除项目金额之和 20% 的，应就其全部增值额按规定计税。

但是，若纳税人既建设普通住宅又建设其他房地产开发的（如高级公寓、别墅等）应分别核算增值额，否则不能享受上述的税收优惠。

（5）计算土增税

$$土地增值税 = 增值额 \times 适用税率 - 扣除项目金额 \times 速算扣除系数$$

为加深理解，下面我们看一个计算案例：

【例 7-3】某房地产企业开发的一个项目已经竣工结算，此项目已缴纳土地出让金 300 万元，获得土地使用权后，立即开始开发项目，建成 10000 平方米的普通标准住宅，以每平方米 4000 元价格全部出售，开发成本及配套设施的成本合计为每平方米 1500 元，不能按转让房地产项目计算分摊利息支出，账面房地产开发费用为 200 万元。已经缴纳城建税、教育费附加、地方教育费附加 170 万元，请问应缴纳土地增值税金额？（注：为简化计算，以上售价为不含销项税售价，开发成本及配套设施成本已剔除进项税。）

解：1）计算商品房销售收入：4000 × 10000=4000 万

2）计算扣除项目金额

①购买土地使用权费用：300 万元

②开发成本及配套设施的成本：1500 × 10000=1500 万元

③房地产开发费用：因为不能按转让房地产项目计算分摊利息支出，房地产开发费用扣除限额为：（300+1500）× 10% =180 万元，应按照 180 万元作为房地产开发费用扣除。

④计算加计扣除：（300+1500）× 20% =1800 × 20% =360 万元

⑤税金：170 万元

$$扣除项目金额 =300+1500+180+360+170=2510 万元$$

3）计算增值额

$$\begin{aligned}增值额 &= 商品房销售收入 - 扣除项目金额合计\\ &= 4000 - 2510=1490 万元\end{aligned}$$

4）确定增值率

$$增值率 =1490 / 2510 \times 100\% =59.36\%$$

增值率超过扣除项目金额 50%，未超过 100%。

5）计算土地增值税税额

$$\begin{aligned}土地增值税税额 &= 增值额 \times 40\% - 扣除项目金额 \times 5\%\\ &= 1490 \times 40\% -2510 \times 5\%\\ &= 596-125.50\\ &= 470.50 万元\end{aligned}$$

（6）预征与清算

《土地增值税暂行条例实施细则》第十六条规定，纳税人在项目全部竣工结算前转让房地产取得的收入，由于涉及成本确定或其他原因，而无法据以计算土地增值税的，可以预征土地增值税，待该项目全部竣工、办理结算后再进行清算，多退少补。具体办法由各省、自治区、直辖市地方税务局根据当地情况制定。

根据上文介绍的相关内容，可知土地增值税应税收入不含增值税。那么土地增值税预征时的计税依据是否也应当用预收款减去预缴的增值税呢？

根据《国家税务总局关于营改增后土地增值税若干征管规定的公告》（国家税务总局公告［2016］70号）的规定，为方便纳税人，简化土地增值税预征税款计算，房地产开发企业采取预收款方式销售自行开发的房地产项目的，可按照以下方法计算土地增值税预征的计征依据：土地增值税预征的计征依据 = 预收款 – 应预缴增值税税款。

预征土地增值税 =（预收款 – 应预缴增值税税款）× 预征率

收到回款的次月就要申报，土地增值税的预征率由各省、自治区、直辖市地方税务局根据当地情况核定。《国家税务总局关于加强土地增值税征管工作的通知》（国税发［2010］53号）规定，除保障性住房外，东部地区省份预征率不得低于2%，中部和东北地区省份不得低于1.5%，西部地区省份不得低于1%。各地要根据不同类型房地产确定适当的预征率，例如湖南省预征率为：

1）普通标准住宅1.5%；

2）非普通标准住宅（含车库等）2%；

3）别墅、写字楼、营业用房等3%；

4）单纯转让土地使用权5%；

5）对既开发建造普通标准住宅，又开发建造其他类型商品房的房地产开发公司，其销售收入应分别核算，否则一律从高计税；同时不能享受普通标准住宅的优惠政策。

【例7–4】假定A房地产开发企业计划开发住宅楼5栋，2018年年底竣工交付使用，预计收入总额50000万元，2017年一季度取得销售收入10000万元，应预缴的增值税税款为800万元，当地核定的土地增值税税率为1.5%，则应预缴的土地增值税为（10000–800）×1.5%=138万元。

土地增值税的清算以国家有关部门审批的房地产开发项目为单位进行清算，对于分期开发的项目，以分期项目工规证为单位清算。开发项目中同时包含普通住宅和非普通住宅的，应分别计算增值额，这里便涉及按一分法、二分法或三分法合并进行清算的问题。

一分法指所有业态一起算，二分法分“普通住宅”“其他”进行计算，三分法分为“普通住宅”“非普通住宅”“其他”进行计算，实操过程中具体采用哪一种分法没有统一规定，例如，杭州默认的是二分法，江苏则实行的是三分法，部分地方则没有明确规定，需要咨询当地税局或根据实际情况进行选择和筹划。需要注意的是，车位分为有产权车位及无产权车位；有产权车位需要缴纳土地增值税，归为“其他”，无产权车位本质上属于长租性质，不需要缴纳土地增值税，而应缴纳房产税（表 7–6）。

增值税额计算方法　　表 7–6

分法	依据	优点	缺点
一分法	财税字［1995］48 号文第十三条规定，既建普通住宅又搞其他房地产开发的可以按一分法进行计算，只是不享受普通住宅增值额未超过 20% 免税的优惠政策	清算时为负的开发类型的增值额可以抵扣清算时为正的类型的增值额，从而使得清算时最大限度节税	清算未售成本较高类型的商品房（别墅商业）清算后再销售可能会增大增值额，从而多缴土地增值税
二分法	国税发［2006］187 号文第一条规定，开发项目中同时包含普通住宅和非普通住宅的，应分别计算增值额	清算时未售的成本较高类型的商品房清算后再销售时节约土地增值税	不利于同一项目不同类型增值额正负相抵，整体上在清算时点会多缴土地增值税税款
三分法	税总发［2015］114 号文第三条第二项“1.《土地增值税纳税申报表（一）》增加房产类型子目，将子目归到 3 个类型中，每一个子目对应一个房产类型。子目由各省自行设定，自行维护”。此文件所附土地增值税申报表中将项目分为普通住宅、非普通住宅和其他类型房地产三种	清算时未售的成本较高类型的商品房清算后再销售时能更大限度节约土地增值税	不利于清算时点同一项目中不同类型增值额的正负相抵。在清算时点计算的应缴税款是三种方法中最多的

这里解释一下普通住宅及非普通住宅。普通住宅泛指整幢住宅楼，建造普通住宅出售的，增值额未超过扣除项目金额的 20%，可以免税。非普通住宅一般指宅建筑面积较大或用作商业用途的房子，非普通住宅标准：

①住宅小区建筑容积率在 1.0 以下（不含 1.0）。

② 2012 年单套建筑面积在 $144m^2$ 以上（含 $144m^2$，或者房屋交易成交价 160 万以上）。2013 年国税总局下发的通知要求从严区分普通住宅和非普通住宅，非普通住宅降至 $120m^2$ 以上。

③实际成交价格高于该区市场指导价。

以上三点只要符合一个，即为非普通住宅。

土地增值税清算时点，根据国税发［2006］187 号文的规定，符合下列情形之一的，纳税人应进行土地增值税的清算：

①房地产开发项目全部竣工、完成销售的；

②整体转让未竣工决算房地产开发项目的；

③直接转让土地使用权的。

对符合以下条件之一的，主管税务机关可要求纳税人进行土地增值税清算：

①已竣工验收的房地产开发项目，已转让的房地产建筑面积占整个项目可售建筑面积的比例在 85% 以上，或该比例虽未超过 85%，但剩余的可售建筑面积已经出租或自用的；

②取得销售（预售）许可证满三年仍未销售完毕的；

③纳税人申请注销税务登记但未办理土地增值税清算手续的；

④省（自治区、直辖市、计划单列市）税务机关规定的其他情况。

7.1.8 企业所得税

企业所得税是指转让股东为法人股东时，该法人股东需要缴纳企业所得税。国家税务总局《关于企业股权投资业务若干所得税问题的通知》（国税发［2000］118号）规定："企业股权投资转让所得应并入企业的应纳税所得，依法缴纳企业所得税。"企业所得税计算公式：

企业所得税 =（销售收入 – 准予扣除的金额）×25%

（1）收入的确定

营改增后，房地产企业实际销售收入为不含增值税收入，适用增值税一般计税方法的纳税人，其转让收入为不含增值税销项税额；适用简易计税方法的纳税人，其转让房地产的应税收入为不含增值税应纳税额。

（2）成本的扣除

准予扣除的金额 = 已销开发产品计税成本 + 期间费用 + 税费

其中，已销开发产品计税成本包括：

1）土地征用费及拆迁补偿费：指为取得土地开发使用权（或开发权）而发生的各项费用，主要包括土地买价或出让金、大市政配套费、契税、耕地占用税、土地使用费、土地闲置费、土地变更用途和超面积补交的地价及相关税费、拆迁补偿支出、安置及动迁支出、回迁房建造支出、农作物补偿费、危房补偿费等。

2）前期工程费：指项目开发前期发生的水文地质勘察、测绘、规划、设计、可行性研究、筹建、场地通平等前期费用。

3）建筑安装工程费：指开发项目开发过程中发生的各项建筑安装费用，主要包括开发项目建筑工程费和安装工程费等。

4）基础设施建设费：指开发项目开发过程中发生的各项基础设施支出，主要包括开发项目内道路、供水、供电、供气、排污、排洪、通信、照明等社区管网工程费和环境卫生、园林绿化等园林环境工程费。

5）公共配套设施费：指开发项目内发生的、独立的、非营利性的，且产权属于全体业主，或无偿赠与地方政府、政府公用事业单位的公共配套设施支出。

6）开发间接费：指企业为直接组织和管理开发项目所发生的，且不能将其归属于特定成本对象的成本费用性支出。主要包括管理人员工资、职工福利费、折旧费、修理费、办公费、水电费、劳动保护费、工程管理费、周转房摊销以及项目营销设施建造费等。

期间费用包括销售费用、管理费用、财务费用。

税费包括增值税金附加、土地增值税、印花税等。

（3）企业所得税预缴

企业所得税也要预征，根据《国家税务局关于印发〈房地产开发经营业务企业所得税处理办法〉的通知》（国税发［2009］31号）规定：企业销售未完工开发产品取得的收入，应先按预计计税毛利率分季（或月）计算出预计毛利额，计入当期应纳税所得额。开发产品完工后，企业应及时结算其计税成本并计算此前销售收入的实际毛利额，同时将其实际毛利额与其对应的预计毛利额之间的差额，计入当年度企业本项目与其他项目合并计算的应纳税所得额。预征公式是：

企业所得税预缴税金 =［预售收入 ÷（1+9%）× 预计毛利率 – 预缴的土地增值税 – 预缴的附加税金 –（当期发生的营销费用、管理费用、财务费用和营业外收支）］×25%

预售收入为销售开发产品过程中取得的全部价款，包括现金、现金等价物及其他经济利益，在这里可简单理解为销售回款。

预计毛利率各个地区不同，企业销售未完工开发产品的计税毛利率由各省、自治区、直辖市国家税务局、地方税务局按下列规定进行确定：

1）开发项目位于省、自治区、直辖市和计划单列市人民政府所在地城市城区和郊区的，不得低于15%。

2）开发项目位于地级市城区及郊区的，不得低于10%。

3）开发项目位于其他地区的，不得低于5%。

4）属于经济适用房、限价房和危改房的，不得低于3%。

清缴时点：房地产企业所得税是按年汇算清缴，年度内企业有所得就纳税，有亏损不纳税，今后年度实现的所得可以按规定弥补以前年度亏损。

除企业所得税外，还应关注个人所得税。个人所得税是指转让股东为自然人股东时，需要缴纳个人所得税。根据《个人所得税法》相关规定，个人转让股权应按“财产转让所得”20%的税率缴纳个人所得税。计税依据为财产转让所得扣除财产原值和合理费用。

A公司收购B公司股权，若被收购B公司的股东是自然人，根据《国家税务总局关于发布〈股权转让所得个人所得税管理办法（试行）〉的公告》（国家税务总局公告［2014］67号）第五条，个人股权转让所得个人所得税，以股权转让方为纳税人，以受让方为扣缴义务人，即A公司应替B公司个人股东履行代扣代缴的义务。

7.2 “三大税”简算案例

下面演示增值税、土增税、所得税三大税种的计算（表7–7~表7–11）。

项目数据　　表7–7

土地成本（万元）	16800	
开发成本（万元）	109200	
含税收入（万元）	336000	
期间费用（含利息）（万元）	22400	营销费用、财务费用、管理费用

基础数据 表 7-8

项目	金额（万元）	计算方法
增值税计税收入	292844	（含税收入 – 土地成本）/1.09
销项税	26356	（含税收入 – 土地成本）/1.09×9%
进项税	9017	开发成本 /1.09×9%，假设进项税发票的税率是 9%
可扣除的开发成本（不含土地）	100183	开发成本 – 进项税
土地涉及的增值税	1387	土地成本 /1.09×9%
可扣除的土地成本	15413	土地成本 – 土地涉及的增值税
土地增值税计税收入	309644	含税收入 – 销项税
企业所得税计税收入	309644	含税收入 – 销项税

土地增值税计算 表 7-9

序号	项目	金额（万元）	备注
1	土地增值税计税收入	309644	
2	可扣除的开发成本（不含土地）	100183	
3	可扣除的土地成本	15413	
4	开发费用	11560	（序 2+ 序 3）×10%
5	加计扣除	23119	（序 2+ 序 3）×20%
6	增值税附加税费	3163	增值税 ×12%
7	项目扣除金额	153438	序 2+ 序 3+ 序 4+ 序 5+ 序 6
8	增值额	156206	序 1– 序 7
9	增值率	102%	序 8/ 序 7
10	适用税率（%）	50%	100%< 增值率≤ 200%
11	速算扣除系数（%）	15%	
12	应缴土地增值税税额	55087	序 8× 序 10– 序 7× 序 11

企业所得税计算 表 7-10

序号	项目	金额（万元）	备注
1	企业所得税计税收入	309644	
2	可扣除的开发成本（不含土地）	100183	
3	可扣除的土地成本	15413	
4	期间费用（含利息）	22400	
5	增值税附加税费	3163	
6	土地增值税	55087	
7	可扣除成本、费用合计	196246	序 2+ 序 3+ 序 4+ 序 5+ 序 6
8	利润	113398	序 1– 序 7
9	应交企业所得税	28349	利润 ×25%
10	净利润	85048	

应交税费汇总表　　表 7–11

序号	项目	金额（万元）	备注
1	土地增值税	55087	
2	企业所得税	28349	
3	增值税	17339	销项税 – 进项税
4	增值税附加税费	3163	
5	应交税额合计	103939	
6	总税负	34%	应交税额 / 不含税销售收入

7.3 不同获取模式下的税费对比

目前市场上还存在以股权转让的方式来进行避税的说法，这是早期非常流行的税筹方法，针对这个现象，本节我们便以一个案例探讨资产转让及股权转让模式下，收购双方税费情况。

（1）资产转让模式下税费计算

【例 7–5】假设甲公司计划以 20000 万元购买乙公司某建设用地使用权（2017 年 4 月 1 日取得），该建设用地使用权账面价值 5000 万元（含乙公司获得该建设用地使用权时的契税等各项可计入成本的税费，本案例作简化处理，不考虑乙公司取得建设用地使用权之后的投入），公允价值 20000 万元。甲乙公司均为非上市公司，且无任何关联关系，甲公司已对该收购达成初步意向。假设乙公司所在地为市区，甲乙公司均为开发企业。

分别计算甲乙双方应缴税费：

甲公司（收购方）：

印花税：20000×0.05%=10 万元

契税：20000×3%=600 万元

甲公司合计纳税：610 万元

乙公司（转让方）：

增值税及附加:[（20000–5000）/（1+9%）]×9%×（1+7%+3%+2%）=1387.16 万元；

印花税：20000×0.05%=10 万元；

土地增值税：

1）建设用地使用权的转让收入：20000 万元

2）扣除项目金额：

① A 支付土地款：5000 万元；

② B 与转让有关的税金：1387.16 万元（开发企业只扣除增值税及附加）

③ C 加计扣除费用：5000×20%=1000 万元

④ D 扣除项目金额合计：5000+1387.16+1000=7387.16 万元

3）增值额：20000−7387.16=12612.84 万元

4）增值额占扣除项目金额的比例：12612.84/7387.16×100%=170.7%

应纳土地增值税：12612.84×50%−7387.16×15%=5198.35 万元

所得税：（20000−5000−1387.16−10−5198.35）×25%=2101.12 万元

乙公司合计纳税：1387.16+10+5198.35+2101.12=8696.63 万元

（2）股权转让模式下税费计算

【例 7-6】假设丙公司的资产主要是账面价值 5000 万元的建设用地使用权（5000 万元的账面价值包含丙公司获得该建设用地使用权时的契税等各项可计入成本的税费，本案例作简化处理，不考虑丙公司取得建设用地使用权之后的投入），其为乙公司的全资子公司。若甲公司与乙公司经过谈判达成协议，乙公司将其对丙公司 100% 股权以 20000 万元转让给甲公司，甲乙丙均为非上市开发企业。

根据《财政部、国家税务总局关于股权转让有关营业税问题的通知》（财税［2002］191 号）规定：对股权转让不征收营业税。营改增之后，按照财税［2016］36 号附件《销售服务、无形资产、不动产注释》中关于金融商品的规定，上市公司的股权属于金融商品，转让上市公司股权的，需要缴纳增值税；转让非上市公司的股权，不属于增值税征税范围，不需要缴纳增值税。同时由于在股权转让交易中，国有土地使用权没有发生转让，因而也不需要缴纳土地增值税。

分别计算甲乙双方应缴税费：

甲公司（收购方）：

印花税：2000×0.05%=10 万元

甲公司合计纳税：10 万元

乙公司（转让方）：

印花税：20000×0.05%=10 万元

所得税：（20000−5000−10）×25%=3747.5 万元

乙公司合计纳税：3757.5 万元

资产转让与股权转让纳税对比（单位：万元） 表 7-12

获取方式	资产转让		股权转让	
	甲公司（收购方）	乙公司（转让方）	甲公司（收购方）	乙公司（转让方）
增值税及附加（纳税主体）		1387.16		
所得税（纳税主体）		2101.12		3747.5
印花税（纳税主体）	10	10	10	10

续表

获取方式	资产转让		股权转让	
	甲公司（收购方）	乙公司（转让方）	甲公司（收购方）	乙公司（转让方）
土地增值税（纳税主体）		5198.35		
契税（纳税主体）	600			
合计	610	8696.63	10	3757.5

由表 7–12 可见，乙公司通过股权转让的方式来实现实质上的土地使用权转让，总计可节税 8696.63–3757.5=4939.13 万元，以数字说明了乙公司出售股权产生了良好的节税效果，这是早期非常流行的筹划方法。

但是事实上，虽然在这个过程中土地已经发生了增值（第一次增值），但商品房销售过程中还会发生一次增值（第二次增值）并应当依法缴纳土地增值税，此时缴纳土地增值税的主体，除当事人另有约定外，应当为项目公司。如项目公司丙曾以 5000 万元土地价格出让取得项目地块，甲公司以 20000 万元向乙公司收购丙公司的全部股权，但项目的土地成本依然为 5000 万元，而溢价的部分无法计入项目成本。项目公司只能扣减 5000 万元，而不是甲公司支付乙公司的股权支付金额 20000 万元，假设该地块开发产品销售并进行清算，按房地产开发费用 10%、最低增值率 30% 计算，项目公司丙以股权收购方式需要多缴纳土地增值税 =（20000–5000）× 1.3 × 0.3=5850 万元。

另外，根据《中华人民共和国企业所得税法实施条例》（简称《企业所得税法实施条例》）第五十六条规定：企业的各项资产，包括固定资产、生物资产、无形资产、长期待摊费用、投资资产、存货等，以历史成本为计税基础。前款所称历史成本，是指企业取得该项资产时实际发生的支出。项目公司丙的土地使用权在企业所得税计税成本仍然为 5000 万元，丙公司以股权收购方式需要多缴纳企业所得税 =（20000–5000）× 25%=3750 万元。

丙公司总计需要多交税 =5850+3750=9600 万元，这还是在以最低增值率 30% 为计算背景，若增值率增加，丙公司需要多缴纳的税费还要增多。

经过对比可以发现，由资产转让变更为股权转让模式下，转让方乙公司节税 4939.13 万元，是建立在丙公司增加税负 9600 万元的基础上的，这不属于税收筹划，属于税负转嫁，随着税负知识的普及，这种筹划方法的市场越来越小。当两个公司对于《税法》的熟悉与关注程度相同时，这种筹划是无法实施的。

因而有利于实施的筹划方案，应该是结合交易上下游综合考虑节税的方案，这样上下游双方才能配合实施。

CHAPTER 8

房地产投资测算

这一章我们将详细阐述每一位投资人员都需掌握的必备工具——投资测算表。为什么是必备工具呢？因为它能让投资人员对一个项目进行量化判断，才得以通过具体财务指标判断这个项目是否值得公司去获取。

投资测算表其实就是一个测算模型，用这个模型能够将市场调研和项目研判的情况和感受转化为客观数据，将数据转化为管理层可以直观理解的语言，通过对规划项目的产品、成本、定价等测算，预判项目未来经营情况和现金流收支，最终测算出的各项财务指标可供决策层参考。说得更直白一些，投资测算表其实就是一个算账工具，用它来辅助投资人员或决策层进行项目研判。

8.1 项目财务评价指标

房地产项目的财务分析与评价主要是通过财务指标来完成的。首先，我们来了解一下测算表都可以给我们呈现哪些财务指标，而这些指标又是如何来影响我们对项目的决策的呢?

一般财务指标又可以分为静态指标和动态指标两类，其最大的区别就在于是否考虑了资金的时间价值，若不考虑或弱化资金时间价值的评价指标则是静态财务评价指标，反之则是动态财务评价指标。

静态财务评价指标因没有考虑资金的时间价值，所以计算较为简单明了，也比较容易掌握，如我们熟知的项目总投资、资产负债率、投资回报率、税后利润、销售净利率等指标一般都属于静态评价指标。静态财务评价指标一般用于方案的初选，或投资后各项目间的经济效益比较。

对于房地产项目开发而言，因其开发周期长、投入资金较多，资金使用密集，因此仅用静态评价指标进行财务评价显然是非常不恰当的，也要使用考虑资金时间价值的动态指标进行综合评价。测算中常用的动态财务指标有净现值、内部收益率、动态投资回收期等。

8.1.1 项目总投资

开发项目总投资指的是开发期内完成房地产产品开发建设所需投入的各项成本费用之和，主要包括：土地费用、前期工程费用、基础设施费用、建筑安装工程费用、开发间接费用、管理费用、财务费用、销售费用、开发期税费、其他费用以及不可预见费等。

8.1.2 资产负债率

资产负债率又称举债经营比率，它是用以衡量企业利用债权人提供资金进行经营活动的能力，反映在总资产中有多大比例是通过借债来筹资的，也可以衡量企业在清算时保护债权人利益的程度。通过将企业的负债总额与资产总额相比较得出。

$$资产负债率 = 总负债 / 总资产$$

如果资产负债比率达到 100% 或超过 100% 说明公司已经没有净资产或资不抵债。

8.1.3 投资回报率（*ROI*）

投资回报率（*ROI*）是指通过投资而应返回的价值，即企业从一项投资活动中得到的经济回报。

投资回报率（ROI）= 年利润或年均利润 / 投资总额 ×100%

从公式可以看出，企业可以通过降低销售成本或提高销售收入，提高利润率来提高投资回报率。其优点是计算简单，缺点是没有考虑资金时间价值因素，不能正确反映建设期长短及投资方式不同和回收额的有无等条件对项目的影响，分子、分母计算口径的可比性较差，无法直接利用净现金流量信息。

投资回报率与项目风险是成正比的。投资者要求的回报依赖于他心中的投资风险有多大。如果一项投资极具风险，投资者就会期望一个高的回报率。风险因素包括时间和流动性。一项投资所需的时间越长，它的回报率就应该越高。别人利用己方资金时间越长，因某种不可预见的意外而使资金遭受损失的概率就越大。作为一个投资者，就会希望这种风险能有所补偿。

此外，投资者还必须考虑资金的流动性。流动性指一项投资的资金投入和抽回的容易程度。投资资金的流动性如何？在急需用资金的时候，你能从你投资的公司抽回投入的资金吗？如果可以，这项投资的流动性就强，或者说，资产很容易兑换为现金。

总之，投资回收需要等待的时间越长，回报就相应地越高。投入的资金越容易收回，投资回报就越低。

8.1.4 净利润及净利润率

净利润率为衡量一个项目盈利水平的指标，几乎为各大公司重点关注指标，在房地产行业，我们都知道如下推导公式：

利润 = 收入 – 成本 – 费用 – 税金

= 销售收入 –（土地成本 + 建安成本）–（营销费用 + 财务费用 + 管理费用）–（土地增值税 + 增值税及附加）

净利润 = 利润 – 所得税 = 利润 – 利润 ×25%

净利润率 = 净利润 / 销售收入

【例 8–1】某项目含税销售收入 26.4 亿元，土地成本（含契税）6.1 亿元，建筑安装成本合计 10.3 亿元，三费（营销费用、财务费用、管理费用）合计 1.5 亿元，土地增值税、增值税及附加合计 2 亿元，则：

利润 = 26.4 – 6.1 – 10.3 – 1.5 – 2 = 6.5 亿元

净利润 = 6.5–6.5 × 25% = 4.875 亿元

净利率 = 4.875 / 26.4 = 18.5%

18.5% 的净利率处于什么水平呢？近两年房地产行业的平均净利润率大概为 10%~15%，行业内公认的“利润之王”中海地产的净利润率约为 26%，龙湖地产为 15% 左右，部分周转较快的企业净利润率能做到 10% 左右。

8.1.5 净现值（*NPV*）

净现值（*NPV*）是反映项目在计算期内获利能力的动态指标，是指在设定的折现率前提下，将各年的净现金流量折现到投资起点的现值之和，以此来反映项目在计算期内的获利能力并用于投资决策。

在这里，我们用一个净现值计算公式表示，其中基准收益率（即折现率）是净现值计算中反映资金时间价值的基准参数，一般也代表投资行为发生所要求的最低投资回报率。具体的净现值公式如下：

$$NPV=\sum_{t=1}^{n}(CI-CO)_t(1+i_c)^{-t}$$

式中 CI——当期现金流入；

CO——当期现金流出；

$(CI-CO)$——当期现金净流量；

n——现金流的总期数；

i_c——基准收益率或折现率。

对于同一投资方案而言，若净现值大于或等于零，则该方案可行；对于多个投资方案，若净现值均大于零，则选择净现值最大的方案为最优方案。

8.1.6 内部收益率（*IRR*）

内部收益率（*IRR*）是基于净现值产生的一个概念，它是指项目在整个计算期内，当净现值等于零时的折现率，也是目前各大公司关注的重点指标之一（图 8–1）。

IRR 指标能够较为综合地反映项目管理、资本运营的效率和效益值，涉及项目的资金计划，是房地产企业对项目运营监控的核心指标。可以这样简单理解，内部收益率是投资项目最低应达到的收益率。例如，某公司就要求项目 *IRR* 必须达到 15% 才具备获取条件。

即使这样，仍然有很多同行表示对 *IRR* 难以理解，到底 *IRR* 能够代表什么深层次的含义？我们从这个指标当中能够得到什么信息？ *IRR* 的高低对一个项目的影响在哪里？

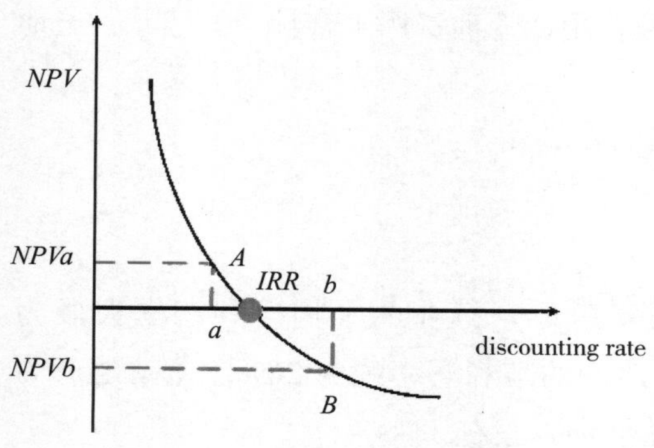

图 8-1 *NPV* 与 *IRR* 关系图

要知道 *IRR* 有什么用，首先得理解 *NPV* 是怎么算出来的。《经济学》课本给我们讲到，内部收益率（*IRR*）是基于净现值产生的一个概念，它是指项目在整个计算期内，当净现值等于零时的折现率。为了便于理解，我们举一个例子，某地产公司 2018 年某项目的现金流如下（图 8–2）：

期数	第 1 期	第 2 期	第 3 期	第 4 期	第 5 期	第 6 期	第 7 期
现金流（万元）	–2000	–300	–100	–1000	2000	1500	500

图 8–2

我们常规做法应该怎么计算这个项目的 *IRR* 呢？我们采用的是试错法的方式，假设这个项目的折现率为 x，将每一期现金流折现到第 1 期，合计净现值为 0，即：

$$-2000-\frac{300}{1+x}-\frac{100}{(1+x)^2}-\frac{1000}{(1+x)^3}+\frac{2000}{(1+x)^4}+\frac{1500}{(1+x)^5}+\frac{500}{(1+x)^6}=0$$

拿到这个公式可纳闷了，这可怎么计算呢？按照传统的方式我们只有分别假定一个折现率去试错，假设 x=6%，公式左侧为负；假设 x=4%，公式左侧为正，那么我们就可以推断 *IRR* 是介于 4%~6%,然后再用线性内插法进行求解。但这种方法实在太麻烦，Excel 给我们提供了强大的计算工具（图 8–3），我们用 *IRR* 函数可简便地求出结果，最终算出这个项目的 *IRR*=5%

期数	第1期	第2期	第3期	第4期	第5期	第6期	第7期
现金流	-2000	-300	-100	-1000	2000	1500	500
=IRR(G11:M11)							

图 8–3

IRR=5% 说明了什么问题呢？说明当这个项目现金流按 5% 折现时净现值刚好等于 0，如果小一点按 4% 折现净现值就大于 0；如果再大一点按 6% 折算，净现值就小于 0 了，这个项目就不可行了，而且折现率此时越大那么亏得越多。

我们现在再回过头来重新理解 *IRR*。

IRR 是指在考虑资金时间价值的情况下，项目投资在未来产生的投资收益现值刚好等于投资成本时的折现率。再进一步理解，内部收益率是投资项目最低应达到的收益率。

计算 *NPV* 所用的折现率，是一个项目的加权平均融资成本。每家企业都有自己的融资成本，通常来说是个固定的值。知乎上项梓例举了一个非常好理解的例子，例如，开发一个住宅项目，折现率为 10%，计算出项目的 *NPV*>0，说明这个项目是可以盈利的。现在，有另外一个项目的 *IRR* 是 5%。当折现率等于 5% 的时候，这个项目的 *NPV* 就变成 0 了。假如现在自有资金只够支持 50% 的前期投入，另外的 50% 要去贷款。信托或基金提供的贷款年利率是 10%，那么，要不要贷款来做这个项目呢？经过这一计算我们知道这个项目当融资成本超过 5%（*IRR*）的时候，*NPV* 就会变成负的。说明不值得去贷款来做这个项目。这个例子说明，一个项目的 *IRR* 越高，投资方越敢贷款来做项目。由此，我们可以推断这个项目是非常难做的，因为市场上很难找到融资成本低于 5% 的资金。

下面，我们要思考第二个问题了，那就是如何来提高 *IRR*，这样可以指导我们在做测算的时候应该如何去“随心所欲”地调整我们的现金流来匹配我们想要的*IRR*指标。

我们还是采用上面的例子，5%的*IRR*实在太低，在很多发展商眼里这个项目肯定是通不过的，因此作为一名资深的投资人员，我们要想办法“做高”这个*IRR*，根据上面我们列出的求*IRR*的公式，我们首先应该想到的是，在保证现金支出节奏不变的情况下，尽可能“早”地实现销售收入，因此我们尝试着把整个项目的现金流入都往前移动1期，即第5期的2000万挪到第4期实现，第6期1500万挪到第5期实现，第7期的500万挪到第6期实现，因此这个项目的现金流就成了这个样子（图8–4）：

期数	第1期	第2期	第3期	第4期	第5期	第6期	第7期
现金流（万元）	–2000	–300	–100	1000	1500	500	

图8–4

此时，用Excel计算得出*IRR*=6%，提高了1%。

同理，在此基础上我们试着把现金流出往后延1期（图8–5）：

期数	第1期	第2期	第3期	第4期	第5期	第6期	第7期
现金流（万元）		–2000	–300	900	1500	500	

图8–5

此时，用Excel计算得出*IRR*=9%，又提高了3%。由于这个例子中期数比较少，现金流的数据也较少，我们也只移动了1期，因此*IRR*的变动幅度还比较少。若我们按照一个实际的房地产开发项目的现金流来计算，收入往前多挪动几期，支出往后也多移动几期则效果会更加明显。

在此基础上，我们尝试再增加销售收入，例如，在第7期增加1000万（图8–6）：

期数	第1期	第2期	第3期	第4期	第5期	第6期	第7期
现金流（万元）		–2000	–300	900	1500	500	1000

图8–6

此时计算得出*IRR*=18%，已经比较理想了！

同理，在此基础上我们在第2期再减少支出1000万（图8–7）：

期数	第1期	第2期	第3期	第4期	第5期	第6期	第7期
现金流（万元）		–1000	–300	900	1500	500	1000

图8–7

此时计算得出 *IRR*=44%！

由此，我们基本发现了提升 *IRR* 的四条最基本规律：

1）“快收”：尽可能地把销售收入提前。例如，争取提前开盘、加快推售节奏。

2）“慢支”：尽可能地把现金流出往后。例如，争取土地款分期支付、施工方工程款垫资、条件允许的情况下延缓各类费用支付节奏。

3）“多收”：尽可能多增加销售收入，优化规划方案，尽量多布局高溢价产品；差异化定位，把握自主定价权。

4）“少支”：尽可能节约成本，成本部同事测算时留给自己的“富余量”部分，投资同事应该是要多去争取的。

除了提升 *IRR* 的问题外，我们在实际测算过程中，还经常遇到这样一种情况，那就是测算出来 *IRR* 为负数，这种情况怎样处理？例如，有这样一笔现金流（图 8-8）：

期数	第 1 期	第 2 期	第 3 期	第 4 期	第 5 期	第 6 期
现金流（万元）	-1500	-1000	-1000	-1000	1500	2000

图 8-8

通过 Excel 求解得出 *IRR*=-8%，为一个负数。

此时大家一定非常迫切想搞清楚这几个问题：

1）*IRR* 为负数是什么含义？负数是什么情况产生的？

2）测算表求解出 *IRR* 为负数后，我们应该怎么调整现金流？

为了得出更加一般性的规律，我们首先得回归到 *IRR* 求解的数学模型中。例如，拿我们上面列举的求解公式来看：

$$-2000-\frac{300}{1+x}-\frac{100}{(1+x)^2}-\frac{1000}{(1+x)^3}+\frac{2000}{(1+x)^4}+\frac{1500}{(1+x)^5}+\frac{500}{(1+x)^6}=0$$

我们可以把这个方程抽象为：

$$a_0+a_1y+a_2y^2+a_3y^3+\cdots\cdots a_ny^n=0$$

数学上我们把这种方程叫做一元 *n* 次多项式，是 *n* 次方程。*n* 次方程应该有 *n* 个解（其中包括负数根和重根），很明显，负根并无经济意义。只有正实数根才能是项目的 *IRR*，而方程的正实根可能不止一个。

而 *n* 次方程式的正实根的数目可用笛卡尔符号规则进行判断，即正实根的个数不会超过项目现金流量序列（多项式系数系列）a_0，a_1，a_2，…，a_n 的正负号变化的次数 *p*（如遇有系数为零，可视为无符号）。

简而言之，即这个项目的现金流求解出来的 *IRR* 的个数取决于这笔现金流由正转负或者由负转正的次数，假设这个次数为 *p*（注意，这里的现金流对应到测算表中应为净现金流）：

如果 $p=0$（正负号变化 0 次），则方程无根；

如果 $p=1$（正负号变化 1 次），则方程有唯一根。

如果 $p=2$（正负号变化 2 次），则方程的正实根＜2 个。

也就是说，若项目的净现金流（$CI-CO$）$_t$（$t=0, 1, 2, \cdots n$）的正负号仅变化 1 次，内部收益率方程肯定有唯一解。

而当净现金流序列的正负号有多次变化（两次或两次以上），内部收益率方程可能有多解。

为了便于大家更好地理解，这里列举几种典型的现金流：

（1）种类一（图 8–9）

期数	第 1 期	第 2 期	第 3 期	第 4 期	第 5 期	第 6 期
现金流（万元）	–1000	500	400	300	200	100

图 8–9

这笔现金流序列正负号仅变化 1 次，因此内部收益率方程只有唯一解。果不其然，通过 Excel 计算得出 *IRR*=20%，这是一笔比较常规的现金流，与我们前文所列举的现金流特征一致。

（2）种类二（图 8–10）

期数	第 1 期	第 2 期	第 3 期	第 4 期	第 5 期	第 6 期
现金流（万元）	–1500	–1000	–1000	–1000	1500	2000

图 8–10

这笔现金流序列正负号仅变化 1 次，因此内部收益率方程只有唯一解。但这笔现金流计算得出 *IRR*=–8%，为负数。

问题来了，为什么会出现负数呢？

我们对比一下上面两笔现金流序列，可以从中找到一个重大区别：那就是“累计净现金流”的区别，第一笔累计净现金流 =500 为正，因此 *IRR* 为正；而第二笔累计净现金流 =–1000 为负，因此 *IRR* 为负。

通过这种观察得出结论是不是偶然呢？我们进一步验证。

我们把第 2 笔现金流中第 6 期的金额调整为 3000，使得累计净现金流 =0，此时我们计算出 *IRR*=0，如图 8–11 所示：

期数	第 1 期	第 2 期	第 3 期	第 4 期	第 5 期	第 6 期
现金流（万元）	–1500	–1000	–1000	–1000	1500	3000
IRR：	0%				累计净现金流（万元）	0

图 8–11

进一步，我把第 6 期净现金流金额再增加 1000，使得累计净现金流为正。果不其然，此时计算得出 *IRR*=6%，成为正值了，如图 8–12 所示。

期数	第 1 期	第 2 期	第 3 期	第 4 期	第 5 期	第 6 期
现金流（万元）	-1500	-1000	-1000	-1000	1500	4000
IRR：	6%				累计净现金流（万元）	1000

图 8–12

为了得出一个更一般性的结论来指导工作，我们再看几笔特殊的现金流：

（3）种类三（图 8–13）

期数	第 1 期	第 2 期	第 3 期	第 4 期	第 5 期	第 6 期
现金流（万元）	800	500	400	200	0	0
#NUM!						

图 8–13

这笔现金流序列正负号变化 0 次，因此内部收益率方程应无解，通过 Excel 验算果然报错！

（4）种类四（图 8–14）

期数	第 1 期	第 2 期	第 3 期	第 4 期	第 5 期	第 6 期
现金流（万元）	-2000	0	10000	0	0	-10000

图 8–14

这笔现金流序列正负号变化 2 次，因此内部收益率方程至多有 2 个解，即至多存在 2 个 *IRR*。

（5）种类五（图 8–15）

期数	第 1 期	第 2 期	第 3 期	第 4 期	第 5 期	第 6 期
现金流（万元）	-1000	4700	-7200	3600	0	0

图 8–15

这笔现金流序列正负号变化 3 次，因此内部收益率方程至多有 3 个解，即至多存在 3 个 *IRR*。

看完以上五笔现金流案例，我们大概可以总结出一个更一般性的结论来指导我们测算工作：

（1）若方案的第一笔净现金流 NCF_0<0（即正常的项目第一笔资金基本是支出的，也就是投入的一部分），现金流序列仅改变一次正负号，且累计净现金流＞0，此时项目必有唯一的“正”*IRR* 解。

（2）若方案的第一笔净现金流 NCF_0<0，现金流序列仅改变一次正负号，且累计净现金流 <0，此时项目必有唯一的“负”*IRR* 解，铺排的此现金流方案不可行，需要调整。

（3）若方案的现金流序列不改变正负号，则方案的 *IRR* 不存在，不能用 *IRR* 来评价此方案。

（4）若方案的 NCF_0<0，现金流序列符号变化多次，则方案的 *IRR* 个数不超过现金流序列符号变化的次数。在这种情况，也可能会有唯一的 *IRR* 解，也有可能无解。

显然，我们在测算的时候是不希望 *IRR* 出现负值（负值无意义），也不希望 *IRR* 出现多解，因为此时 *IRR* 无法确定而导致 *IRR* 失效。

笔者查阅了很多文献，在 *IRR* 存在多个解的情况下用 Excel 的 *IRR* 函数就非常受局限，因为无论由谁来做，或无论做多少次，Excel 均只给出一个解，这显然是不合适的。但尽管在这种情况下，很多公司的测算表仍然是采用 Excel 的 *IRR* 函数直接进行求解，笔者个人认为此时求解出来的结果是有待商榷的。

因此，我们在铺排现金流的时候，期初为负，后续期为正，累计净现金流为正，是我们需要关注的三个要点，此时求解出来的 *IRR* 是唯一确定的正值。

当发现测算表求解出的 *IRR* 为负的时候，便可以从这三个方面去检查一下，从经验来看，上述第（2）、（3）因素是我们常常忽视掉的因素。

8.1.7 动态投资回收期

动态投资回收期是指考虑现金折现，项目以净收益来抵偿全部投资所需的时间，是反映项目投资回收能力的指标。倘若理解了净现值和内部收益率的概念，就比较好理解动态投资回收期。动态投资回收期指标常用于自持商业、办公项目的投资评价当中，例如目前行业热议的长租公寓项目。

8.2 投资测算的基本逻辑

掌握房地产项目投资测算的基本逻辑，能够了解一个项目算账的原理，即使摆脱计算机也可以通过纸和笔对一个项目进行粗略匡算。

8.2.1 测算基本逻辑

房地产投资测算表是房地产投资人员将项目及市场信息进行综合分析转化为可衡量的数据指标的有效工具，从而辅助决策层对项目进行综合评判。该表格在行业内普遍采用的是 Excel 套表形式，套表内一般包括总表、规划指标表、销售预测表、总成本表、分业态成本表、土地增值税表（简称土增税表）、增值税表、现金流量表、利润表、敏感性分析表等表格，各家公司大同小异，逻辑基本一致。

为了解投资测算表的基本逻辑，我们就得首先明白房地产企业针对每一个项目尤其关注的两个方面：利润和现金流。利润是一个静态指标，反映的是项目能赚多少钱，其盈利能力如何；而现金流是一个动态指标，反映的是项目何时能够收回本金投入，其周转能力如何。

我们首先来看利润：

利润 = 收入 – 成本 – 费用 – 税金

收入，无非来源于楼盘的销售收入，而销售收入自然摆脱不了量和价的关系：

销售收入 = 量 × 价

量，即拿到这个地块以后，综合考虑项目容积率、建筑密度及限高的要求后项目可对外销售的体量（面积），容积率越高、建筑密度越大、限高越高则项目可建设的体量就越大。同时我们也要研究这个地块上的可售面积（公建配套越少，则项目可售面积越大），高层、洋房、别墅各个业态的可售面积各为多少，而各业态的可售面积指标由设计部同事根据强排方案提出，体现在规划指标表中，下文即将提到。

价，即各个业态的销售均价，由营销前期策划同事根据市场售价水平及项目定位综合判断得出，体现在销售预测表中。

成本，通常包括项目开发建设过程中实际消耗量和实际价格计算的实际应用成本，包括土地成本、前期工程费、建筑安装工程费、景观环境工程费、社区管网工程费、公共配套设施费等成本，体现在套表中的“总成本表”中。

费用，包括营销费用、财务费用、管理费用，营销费用指项目销售过程中所产生的广告宣传费、销售人员工资、渠道费等成本；财务费用指项目融资过程中所产生的利息成本费用；管理费用指区域公司管理人员工资、办公费用等成本。这三类费用一般也体现在“总成本表”中。

税金，主要包括土地增值税、增值税，分别体现在套表中的“土地增值税表”及“增值税表”中。

除以上表格外，套表中一般还包括“敏感性分析表”及“现金流量表”，敏感性分析表主要体现关键财务指标（一般为利润率或 *IRR*）随土地价格或业态售价的变化情况，一般在项目竞买时使用，通过敏感性分析表可以快速判断不同的地价情况下项目的财务指标情况。现金流量表主要体现项目开发过程中现金流情况，依次可判断项目资金峰值及量入为出等情况，从而辅助安排项目资金计划。

8.2.2 了解对价拆分

在收并购项目中，我们时常需要对项目的合作对价进行拆分，从而去判断项目的真实溢价。我们假设 A 项目公司去参与土地招拍挂获取一宗土地 10 亿元，那这 10 亿元原始成本是怎么来的呢？

首先是 A 公司股东投入的注册资本金，假设为 0.5 亿元；剩下的 9.5 亿元则为 A 公司对外所“借”来的资金，既可以只找 A 公司股东所借，也可以是找银行、信托或其他资方所借，我们称之为债务资金（图 8–16）。

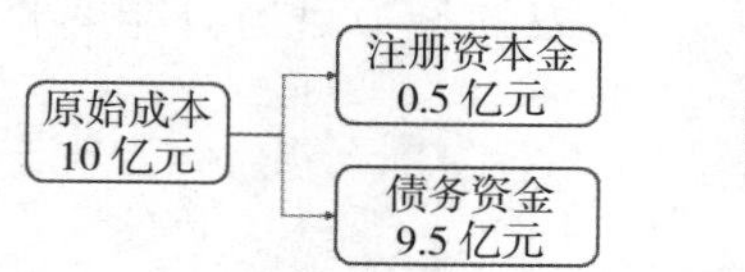

项目公司花掉的钱从哪里来？

图 8–16　原始成本构成

现在 B 公司准备以 15 亿元收购 A 公司，操作步骤为：

（1）B 公司先行支付 9.5 亿元给项目公司，项目公司再用这 9.5 亿元去偿还对应的债务，假设偿还 A 公司股东的借款 5.5 亿元，偿还银行 2 亿元，信托 2 亿元。

（2）剩余的 5.5 亿元（=15–9.5）则为股权转让款，相当于 B 公司用 5.5 亿元的代价收购了价值 0.5 亿元的项目公司，这个过程当中溢价了 5 亿元，A 公司将为这 5 亿元的溢价缴交所得税 1.25 亿元（=5 × 25%）。

这个过程中我们可以看到，收购对价（15 亿元）一般包括股权转让款（0.5 亿元）及债权转让款（9.5 亿元）：

收购对价 = 股权转让款 + 债权转让款

为了尽可能减少收购过程中产生的税费，往往首先支付部分对价款至项目公司用于偿还对应债务，将剩余部分作为股权转让款。由于债务通常为平价转让（也有例外），因此收购溢价主要体现在股权转让款中。

8.2.3　了解有票成本

现有两个项目：

项目 1：占地 100 亩，招拍挂获取，有票成本 500 万元 / 亩，平价合作。

项目 2：占地 100 亩，二手项目，有票成本 300 万元 / 亩，对方合作诉求为 450 万元 / 亩。

以上两项目区位类似，其他条件类似，请问应选择哪个项目合作？

很多初入行的朋友，会认为项目 2 合作对价 450 万元 / 亩低于项目 1 的 500 万元 / 亩，当然选择项目 2 更划算。然而实际情况却远没有想象中的这么简单，这就涉及有票成本的概念了。

所谓的有票成本很简单，就是指有“发票”的成本。项目公司招拍挂获取土地、缴纳契税、购买建筑原材料等行为都可以获取到对应的发票。为什么在项目收并购及开发过程中我们这么强调有票成本呢？因为它直接关系到项目公司的利润。

我们在第 7 章提到，土增税及增值税的计算公式（图 8–17）：

土增税

1. 增值额=收入–扣除项目
2. 计算扣除项目金额
3. 增值率=增值额/扣除项目（确定税率）
4. 应交土地增值税=增值额×适用税率–扣除项目金额×速算扣除率

扣除项目包括：
- 土地成本
- 开发成本
- 开发费用（土地及开发成本的10%）
- 加计扣除（土地及开发成本的20%）
- 与转让相关税金（增值税附加）

增值税

增值税=销项税–进项税

销项税=销售额×11%

销售额=（全部价款和价外费用–当期允许扣除的土地价款）÷（1+11%）

图 8–17　土增税、增值税计算公式

从两个税种的计算公式当中，我们可以看到当销售收入固定的情况下，土地成本、开发成本越高，所需缴纳的土增税及增值税金额就越少，而这里所指的土地成本、开发成本均是指有“发票”的成本，也是我们平时经常所说可以列支税前抵扣的成本。

我们知道项目公司净利润 = 收入 – 成本 – 费用 – 税金，公式中“成本”“费用”均为有票成本，“税金”也为有票成本所对应计算的税费（图 8–18）：

净利润=收入–成本–费–税

有票成本　　有票成本所对应的税费

图 8–18　净利润计算公式

换言之，无票成本将无法计入税前抵扣项，自然也无法计入净利润的计算公式中。因此在同样的收购对价下，无票成本越高，有票成本越少，可用于抵扣税费的成本越少，税费越高，净利润越低。

上面提到的项目 2 虽然看似合作对价仅 450 万元 / 亩，但是因为其有票成本只有 300 万元 / 亩，存在无票溢价 150 万元 / 亩，导致实际承担的税费更多，利润率更低；如果换算成含税地价，450 万元 / 亩（300 万元 / 亩有票，150 万元 / 亩无票）所对应的利润率实际上与 520 万元 / 亩地价所对应的利润率一致，实际收购地价等同于 520 万元 / 亩有票成本，高于 500 万元 / 亩的有票成本，因此我们测算出来其利润率是更低的（图 8–19）。

因此在二手收购项目当中，一定要非常关注有票成本；在测算的时候 450 万元 / 亩的合作对价里，测算表中的土地成本只能填写 300 万元 / 亩，剩余的 150 万元 / 亩只能在税后净利润中进行扣除了。

项目 1：占地 100 亩，招拍挂获取，有票成本 500 万 / 亩，平价合作		项目 2：占地 100 亩，招拍挂获取，有票成本 300 万 / 亩，对方合作诉求为 450 万 / 亩
12.2%	>	10.5%

图 8–19　项目 1、2 净利率对比

8.3 投资测算表构成

针对 8.2 节所描述的测算基本逻辑，本节将针对测算套表中的主要表格逐一进行详细分析，帮助读者进一步加深对房地产投资测算表的理解。

图 8–20 描述了完成投资测算的基本步骤和参与部门。各大公司测算套表逻辑基本一致，主要表格一般包括：规划指标表、销售收入表、成本估算表、成本付款表、土增税表、增值税表、现金流表、成本明细表及利润表。

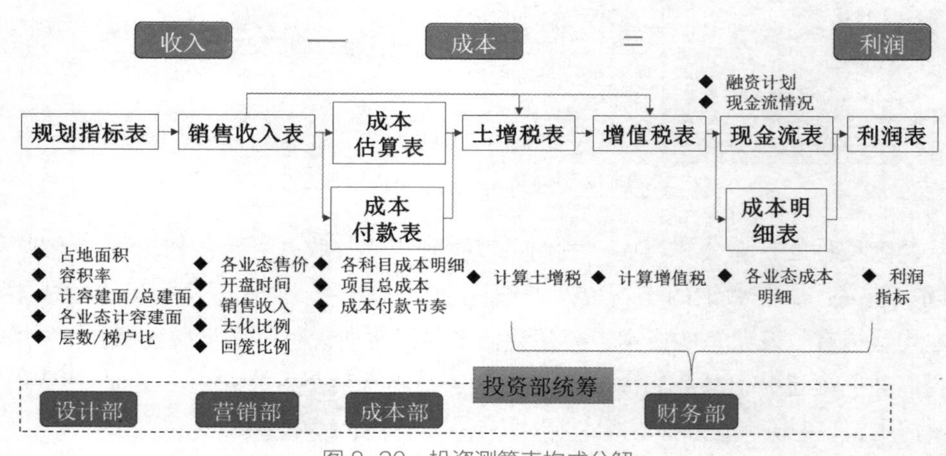

图 8–20　投资测算表构成分解
（来源：牧诗地产图）

各个表格完成的先后顺序如箭头所示：首先由设计部完成规划指标表，由营销部完成销售收入表，从而确定项目销售收入；然后由成本部完成总成本表、成本付款表及成本明细表，由财务部完成土增税表、增值税表，从而确定项目总成本；最后由财务部完成利润表，从而确定整个项目的利润指标。利润 = 收入 – 成本，只有在确定好收入和成本表格的基础上才能最终确定利润表格。

此外需要注意的是，我们看到投资拓展部虽然不参与具体表格的填写，但却是整个测算过程的核心部门，因为投资部在整个过程中需要去统筹各个横向部门完成相应的表格填写，确保整个流程顺利推进。

8.3.1　规划指标表

项目规划指标表由设计管理部配合投资拓展部完成，该表可清晰地展示项目总体指标情况，即确定项目的“量”，包括占地面积、容积率、总建筑面积、计容建筑面积、各个业态户型的面积、地下人防及非人防车位面积、公建配套面积等，另一个作用为便于其他表格引用，例如销售收入表、总成本表等，如果指标需要调整，则只需要调整项目规划指标表这个源数据表便可以实现后续所有表格的同步改变，非常快捷方便。

投资部提供项目出让文件（包括挂牌文件、竞买须知、项目红线等），设计部重点关注跟投资测算表相关度高的规划指标，包括用地性质、用地面积、容积率、建筑控制高度、建筑密度、绿地率、建筑后退红线、停车位、需要配套的公建等。

营销前策根据市场调研结果提供业态建议配比，即项目户型配比表，其中包括了项目应该配置哪些业态及户型，每种业态及户型的体量为多少，每种业态的建议售价为多少（即确定了项目的“价”）等，如图 8–21 所示：

地块编号	地块面积（㎡）	土地性质	容积率	建筑规模(㎡）	建筑密度	绿地率	限高	配套设施	商业面积	住宅面积		
LX-1	43336	R2	2.50	108340			无		6000	102340		
物业形态	占地面积	建筑面积	容积率	户型	户型建筑面积	户数	套数占比	面积小计	体量占比	建面售价（毛坯）	货值(万元）
高层2T3（A）	8338	25014	3.00	三房双卫	118	132	25%	15576	62%	5000	7788
				四房双卫	143	66	25%	9438	38%	5000	4719
	合计					198	50%	25014	100%		12507
高层2T4（A）	24922	62304	2.50	三房双卫	118	528	100%	62304	100%	5000	31152
	合计					528	100%	62304	100%		31152
洋房7+1（1T2）	2557	3580	1.40	四房双卫	125	20	71%	2500	71%	6200	1550
				底跃	125	4	14%	500	14%	6200	310
				顶跃	145	4	14%	580	14%	6200	360
	合计					28	100%	3580	100%		2220
洋房7+1（1T2）	3600	5040	1.40	四房三卫	180	20	71%	3600	71%	6200	2232
				底层	180	4	14%	720	14%	6200	446
				顶层	180	4	14%	720	14%	6200	446
	合计					28	100%	5040	100%		3125
住宅合计	**39417**	**95938**	**2.43**			**782**		**95938**			**49003**
裙楼底商	3750	6000	1.60					6000		12500	7500
合计	**43167**	**101938**	**2.36**					**101938**			**56503**

图 8–21　业态建议配比表示例

设计部根据以上资料便可以开展方案强排了，当总用地及目标容积率确定以后，可简单用方程式模型来确定低、高层的用地分布，从而确定不同种类的住宅分区布置。经过反复的尝试调整，设计部最终会给出一个详细的强排方案图及规划指标表（图 8–22）。

图 8–22　强排方案图示例
（资料来源：公开网络）

从规划指标表（表 8–1）中我们可以清晰地看到项目规划的业态及各业态的建筑面积、可售面积数据，也可看到整个项目的占地面积、计容建筑面积、容积率、建筑密度、绿地率等数据。

项目规划指标表参考示例（单位：m²） 表 8-1

净用地面积		容积率		计容建筑面积		总建筑面积		
可售面积		建筑物占地面积		建筑密度		绿地率		
绿化用地合计	公共绿地	组团绿化	底层私家花园	体育（游乐）设施占地	水景占地	其他绿地		
道路用地合计	沥青路面车行道	混凝土路面车行道	硬质铺装车行道	硬质铺装广场	硬质铺装人行道	其他道路		
产品构成		占地面积	容积率	建筑面积	可售面积	可售面积占比	单元数	户数
住宅	独栋别墅							
	叠拼别墅							
	联排别墅							
	多层							
	小高层							
	高层							
	小计							
商业	公寓							
	商铺							
	写字楼							
	商业街							
	小计							
公共配套	幼儿园							
	物管用房							
	社区用房							
	设备用房							
	游泳池							
	公厕							
	其他							
	小计							
车位	地上车位							
	地下非人防车位							
	地下人防车位							
	小计							

8.3.2 销售收入表

销售收入表主要是用于计算项目的销售收入，而项目的合计销售收入为各业态销售收入之和，各业态销售收入则为各业态可售面积乘以业态售价，即：

总销售收入 =Σ（各业态可售面积 × 各业态售价）

该表由营销管理部配合投资拓展部完成。因为其中各业态售价涉及项目定位、产品结构、价格预判（如竞品降价、同质产品积存）等因素，所以各业态产品定价需要综合考虑项目定位、产品结构及周边竞品的价格，以及企业自身的各业态产品竞争力。前文提到，这个各业态售价指标来源于由营销管理部前策同事根据市场调研结果，并最终体现在业态配比建议表上。

各业态可售面积来源于项目规划指标表，各业态售价来源于营销部前策同事提供的数据。量有了，价也有了，二者一相乘便有了整个项目的销售收入，即货值。

为便于理解，举一个例子：一个占地 100 亩的项目，容积率 1.5，计容面积 100000m^2；设计部根据强排方案给出项目可建高层计容面积 40000m^2，多层洋房计容面积 25000m^2，联排别墅计容面积 40000m^2（为便于计算，不考虑公建配套面积）；营销部同事根据市场调研结果反馈，高层建面（毛坯）售价 9000 元 /m^2，多层洋房建面（毛坯）售价 12000 元 /m^2，联排别墅建面（毛坯）售价 18000 元 /m^2；由此我们便可以算出项目的总货值（即收入）为：货值 =40000m^2 × 9000 元 /m^2+25000m^2 × 12000 元 /m^2+40000m^2 × 18000 元 /m^2=13.8 亿元。

以上计算销售收入的过程借助 Excel 来实现就形成了销售收入表，此表需要填写的数据主要有以下四个方面：

（1）预测销售价格

通过考虑竞品降价、同质产品存货压力、以价换量等可能造成决策价格偏差的因素确定项目各业态销售价格，填入表格中。各个公司由于对市场风险的偏好或自身综合竞争能力（如品牌、产品溢价能力等）不同，对价格持有的预期也往往不同，风险偏好较强、品牌产品溢价能力较强的企业往往敢于给出一个较高的价格及价格增长预期，例如恒大、融创对市场风险偏好较强，龙湖、绿城产品溢价能力强，万科品牌优势强，他们就能相对给出一个更高的产品定价，反之则定价较低且不给予价格增长预期。

（2）项目开盘时间

项目开盘时间要与开工时间、施工进度及销售淡旺季相结合考虑。例如，一年当中一、三季度往往是淡季，开盘时间尽量避开，而应设置在“金九银十”、劳动节、春节、国庆等重要销售节点上。

（3）预测产品去化比例

项目各业态每月、每季度可去化的比例是多少，需要结合自己公司在同板块已有项目的去化数据参考确定，若自己公司在同板块没有项目，则参照周边对标竞品的去化数据，竞品的这些去化数据主要来源于踩盘的数据。

（4）预测销售回笼比例

商品房销售以后资金并不能马上回笼，往往需要一定的时间周期，因此需要填写每季度销售回笼比例用于预测回笼资金，这个数据可以参照每家公司的历史经验值（表 8–2）。

预测销售回笼比例

表 8–2

销售物业业态	科目	单位	合计	2018 年				2019 年				2020 年			
				1 季度	2 季度	3 季度	4 季度	1 季度	2 季度	3 季度	4 季度	1 季度	2 季度	3 季度	4 季度
高层	签约面积	m^2													
	去化	%													
	含税签约单价	（元 /m^2）													
	签约金额	万元													
	不含税销售额	万元													
	销售回款	万元													
洋房	签约面积	m^2													
	去化	%													
	含税签约单价	（元 /m^2）													
	签约金额	万元													
	不含税销售额	万元													
	销售回款	万元													
联排别墅	签约面积	m^2		—	—	—	—	—	—	—	—	—	—	—	—
	去化	%													
	含税签约单价	（元 /m^2）													
	签约金额	万元													
	不含税销售额	万元													
	销售回款	万元													
地下车位销售	签约面积	m^2													
	去化	%													
	含税签约单价	（元 /m^2）													
	签约金额	万元													
	不含税销售额	万元													
	销售回款	万元													
合计	签约面积	m^2													
	去化	%													
	含税签约单价	（元 /m^2）													
	签约金额	万元													
	不含税销售额	万元													
	销售回款	万元													

8.3.3 成本估算表

房地产项目成本构成由以下三大部分组成：

（1）开发成本

土地成本、前期成本、建安成本、基础设施、公共配套、开发间接费。

（2）费用

财务费用（占比较小）、管理费用（需重点关注人员工资和土地使用税）、销售费用（需关注工资、广告及推广费和销售代理费）。

（3）税费

增值税、土地增值税、所得税、印花税、耕地占用税等。

此表（表 8-3）由成本管理部配合投资拓展部完成，填写顺序一般在设计部完成规划指标表之后，可与销售收入表同步完成。成本部同事在填写此表之前应前往目标地块踏勘现场，了解土地现场基本现状，包括是否需要挡墙，场地高差如何，土石方量大不大，地质情况如何，适合采用什么样的桩基础，是否存在高压线迁改费用和市政管网迁改费用，红线内是否存在拆迁及青苗等（若有需预留相关费用）。

成本估算表示例　　表 8-3

序号	项目名称	计算基数	单价（元/m²）	金额（万元）
（一）	土地成本	216330	4378	94700
1	政府地价	216330	3800	82205
2	地下面积补缴出让金	76957	182	1398
3	红线外大市政配套费	293287	290	8505
4	土地征用及拆迁补偿费			—
5	契税等税费	3.1%	120	2592
6	其他			
（二）	前期工程费	5.0%	203	4381
1	勘察设计费	2.0%	81	1752
2	报批报建费	1%	41	876
3	招标代理及招标管理费		—	—
4	三通一平费	1%	41	876
5	临时设施费	0.5%	20	438
6	前期咨询费	0.5%	20	438
7	其他		—	—
（三）	建筑安装工程费	216330	4050	87616
1	主体建筑工程	289569	2437	70575
1.1	高层住宅	111110	2150	23889

续表

序号	项目名称	计算基数	单价（元 /m²）	金额（万元）
1.2	洋房	33600	2900	9744
1.3	联排别墅	37700	3350	12630
1.4	社区商业	30202	2750	8306
1.5	配套用房		2080	—
1.6	地下面积	76957	2080	16007
2	内装修工程	289569	107	3099
3	安装工程	289569	367	10632
4	示范区工程	—		758
5	设备、材料	—		—
6	工程管理费	3%	118	2552
7	其他			—
（四）	基础设施费	216330	611	13209
1	红线内小市政工程	293287	300	9092
2	园林景观工程	42510	600	2551
3	红线外大市政	293287	53	1566
4	其他			—
（五）	公共配套设施费	216330	79	1713
1	配套用房	3718	2800	1041
2	幼儿园	2400	2800	672
（六）	不可预见费	8.0%	395	8554
1	基本不可预见费	3.0%	111	3208
2	涨价不可预见费	5.0%	185	5346
（七）	物业启动费	216330	12	264
（八）	开发间接费	3.9%	206	4446
1	人工成本	2.0%	107	2309
2	行政费用	1.0%	51	1097
3	财产费	0.9%	48	1039
4	折旧及摊销			
一	开发成本合计	216330	10015	216651
（一）	管理费用	3.0%	160	3464
1	人工成本	1.50%	80	1732
2	行政费用	0.75%	40	866
3	财产费	0.75%	40	866
4	折旧及摊销			
5	税金			
6	公共宣传费用			

续表

序号	项目名称	计算基数	单价（元/m²）	金额（万元）
7	开办费		—	—
（二）	财务费用	293287	—	—
（三）	销售费用	2.0%	293	6347
1	人工成本	0.6%	88	1904
2	行政费用	0.8%	117	2539
3	营销推广费用	0.6%	88	1904
4	售后服务费用			
5	折旧及摊销			
6	税金			
7	开业采购费			
二	三项费用小计		454	9811
三	总投资	一＋二	10468	226463

8.3.4 成本付款表

成本付款表一般由财务资金部或成本管理部配合投资拓展部完成。成本付款表主要目的为体现项目相关成本的支付节奏，不同的公司有着不同的成本支付节奏，一般需要重点关注以下五个方面：工程与推售期的关系，各类产品工程进度与付款节点，不同成本项目的付款特点，工程进度中的特殊工序，冬季、雨季施工期。

一般来讲，房地产企业都会尽可能控制成本支付节奏，在项目开盘有现金流回笼之前控制成本支出，尽可能减少前期资金占用。成本付款表常常与成本估算表合并，也可单列（表 8–4）。

8.3.5 现金流量表

现金流量表主要呈现项目销售收入、成本随项目开发时序的现金收支情况，收入包括销售收入和贷款收入，销售收入可索引“销售收入表”，成本支出节奏可索引“成本付款表”。现金流量表由财务资金部配合投资拓展部完成。

从图 8–23 我们可以看出，项目获取后首先需要支付土地款及前期工程费，所以一开始现金流为负，随着工程支出的进一步投入，现金流的负值绝对数越来越大，直到项目符合融资条件可以开始融资贷款，此时项目的负值绝对数最大，这个最大负数绝对值即为项目的资金峰值，也就是股东自有资金投入的最大值。后续随着项目开盘，逐步产生销售收入，现金流走势逐步上升。直到项目销售完毕，现金流达到最大正值；随后项目继续支付工程款、税费、管理费、财务费等费用，最终趋于一个稳定的数，而这个数即为项目最终“净利润”。

房地产行业是一个重视现金流的行业，是一个对现金流极其敏感的行业，很多情

表 8-4

成本付款表示例

序号	项目名称	金额（万元）	2018年				2019年				2020年				2021年			
			一季度	二季度	三季度	四季度	一季度	二季度	三季度	四季度	一季度	二季度	三季度	四季度	一季度	二季度	三季度	四季度
（一）	土地成本	94700																
1	政府地价	82205			100%													
2	地下面积补缴出让金	1398																
3	红线外大市政配套费	8505																
4	土地征用及拆迁补偿费	—																
5	契税等税费	2592			100%													
6	其他																	
（二）	前期工程费	4381																
1	勘察设计费	1752				100%												
2	报批报建费	876																
3	招标代理及招标管理费	—					20%			20%			50%			10%		
4	三通一平费	876				50%				30%						20%		
5	临时设施费	438				10%		30%				30%		20%		10%		
6	前期咨询费	438				50%			50%									
7	其他	—					70%			25%					5%			
（三）	建筑安装工程费	87616																
1	主体建筑工程	70575																
1.1	高层住宅	23889																
1.2	洋房	9744					30%		20%		15%				35%			
1.3	联排别墅	12630					30%		40%		30%							

续表

序号	项目名称	金额（万元）	2018年				2019年				2020年				2021年			
			一季度	二季度	三季度	四季度	一季度	二季度	三季度	四季度	一季度	二季度	三季度	四季度	一季度	二季度	三季度	四季度
1.4	社区商业	8306																
1.5	配套用房	—						30%		45%	20%				5%			
1.6	地下面积	16007						30%		45%	20%				5%			
2	内装修工程	3099																
3	安装工程	10632					10%			20%			25%		25%			20%
4	示范区工程	758						30%			40%		27%					
5	设备、材料	—							25%		40%		17%		15%			
6	工程管理费	2552																
7	其他	—																
（四）	基础设施费	13209																
1	红线内小市政工程	9092						45%			40%		12%					
2	园林景观工程	2551																
3	红线外大市政	1566					20%		20%		20%		20%	20%				
4	其他	—					20%		20%		20%		20%	20%				
（五）	公共配套设施费	1713																
1	配套用房	1041							30%				45%			22%		
2	幼儿园	672							30%				45%			22%		
（六）	不可预见费	8554																
（七）	物业启动费	264																
（八）	开发间接费	4446																

注：本表中成本支付比例仅为示例，不作为实际支付参考。

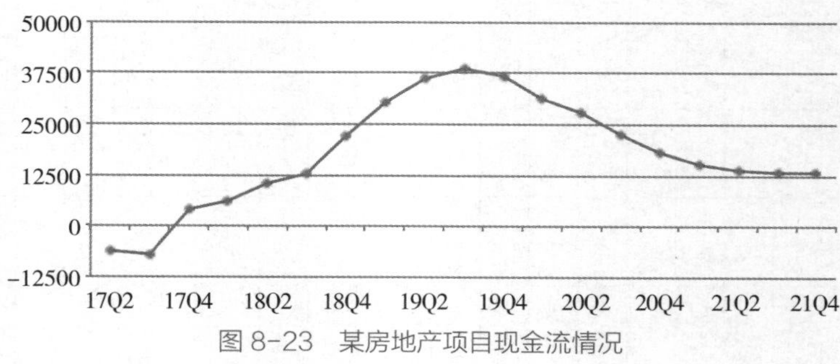

图 8-23　某房地产项目现金流情况

况下企业对于现金流的渴望甚至高于利润率。

一个房地产项目前期主要支付成本为土地款（争取分期支付）、契税、前期工程费、配套费、设计费以及营销费用等，随着项目开工逐渐产生工程费用，在项目办理融资到账之前达到自有资金投入峰值（其中主要为土地款），若企业能够申请土地款分期支付，则项目公司资金峰值相对较小；随着项目融资到账、项目开盘，项目的现金流逐步回正并产生富余，再用销售回款资金用于支付工程款、偿还贷款、支付销售、管理、财务费用并清缴税费。可见，房地产项目开发理想模型为：地产企业只需要支付自有资金购买土地，然后马上着手办理前端融资、开发贷，在融资到账前尽量控制成本支出或要求乙方垫资，后期只需通过融资及销售回款支付工程成本等各项支出即可实现项目的滚动开发，企业无须再投入自有资金。此种资金组合模式在中国房地产行业存在若干年，曾造就了一大批大型房企。

但近两年，土地款分期支付难度越来越大，融资难度及成本也正在逐步加大，此种开发模式已变得越来越有难度，很多企业由于项目前期高额的自有资金占用导致现金流断裂，濒临破产。全行业正集体呈现“降负债”的趋势，行业逐步走向良性发展之路。

现金流量表分为项目公司层面及股东层面，二者的关系是股东层面的现金流依赖于项目公司现金流（表 8-5，表 8-6）。

项目公司层面现金流量表　　表 8-5

序号	项目	总计	2018 年				2019 年				2020 年			
		万元	一季度	二季度	三季度	四季度	一季度	二季度	三季度	四季度	一季度	二季度	三季度	四季度
1	现金流入													
1.1	销售回款													
2	现金流出													
2.1	土地成本													
2.2	开发成本（含税）													
2.2.1	前期工程费													

续表

序号	项目	总计	2018年				2019年				2020年			
		万元	一季度	二季度	三季度	四季度	一季度	二季度	三季度	四季度	一季度	二季度	三季度	四季度
2.2.2	建筑安装工程费													
2.2.3	基础设施费													
2.2.4	公共配套设施费													
2.2.5	不可预见费													
2.2.6	物业启动费													
2.2.7	开发间接费													
2.3	期间费用（含税）													
2.4	税金													
3	经营性现金流（1–2）													
4	累计经营性现金流													
5	融资贷款收入													
6	融资贷款支出													
7	融资性现金流(3+5–6）													
8	累计现金流（含融资）													

股东层面现金流量表　　表 8–6

序号	项目	总计	2018年				2019年				2020年			
		万元	一季度	二季度	三季度	四季度	一季度	二季度	三季度	四季度	一季度	二季度	三季度	四季度
1	股权收购溢价支出（对应股比承担的）													
2	前期借款支付流出（股东内部借款）													
3	前期借款收回流入（股东内部借款）													
4	前期借款利息收入（如有）													
5	其他收支（负数为流出）													
6	税务筹划净利润（对应股比享受筹划利润）													
7	对应股比享有的项目公司层面现金流（不含融资）													
8	经营性现金流（3+4+5+6+7–1–2）（不含融资）													
9	累计经营性现金流（不含融资）													
10	对应股比享有的项目公司层面现金流（含融资）													
11	合计现金流（3+4+5+6+10–1–2）													
12	累计现金流（含融资）													

根据现金流量表我们可以分别计算项目公司层面及股东层面的 *IRR*、资金峰值、(不含融资)经营性现金流回正时间等指标。

8.3.6 分业态成本表

分业态成本表可以展现出各个业态的分解成本，根据分业态成本表们可以清晰地看到各个业态的各项成本，将业态的各项成本横向与其他业态进行对比，纵向与自己公司其他项目的同业态进行对比，我们便可以大致判断该业态的成本水平是否合理，从而指导我们对成本进行调整。

本节简单描述一下分业态成本表中各业态成本是如何计算得出的。首先，分业态成本各项成本科目与总成本表是保持一致的，一级科目均是由土地成本、前期工程成本、建筑安装工程成本、营销费用、财务费用、管理费用、税金等科目构成；其中前期工程成本、建筑安装工程成本按本公司每个业态经验数据进行填写，营销费用、财务费用、管理费用按本公司经验数据计提各业态含税销售收入一定比例，一般三项费用分别各自计提各业态含税销售收入 2%~3.5%，三项费用合计占含税总销售收入的 6%~10%。

土地成本按各业态占地面积、计容建筑面积或可售面积占比进行分摊，例如，某项目总占地面积 5 万 m^2，总计容建筑面积 10 万 m^2，总建筑面积 12 万 m^2，土地成交总价 10 亿元，其中高层占地 1 万 m^2，计容建筑面积 4 万 m^2，建筑面积 5 万 m^2。

(1) 若按占地进行分摊

$$\text{高层计容单方土地成本}=\left(\frac{1\text{万 m}^2}{5\text{万 m}^2}\times 10\text{亿元}\right)\div 4\text{万 m}^2=5000\text{元/m}^2$$

(2) 若按计容建筑面积进行分摊

$$\text{高层计容单方土地成本}=\left(\frac{4\text{万 m}^2}{10\text{万 m}^2}\times 10\text{亿元}\right)\div 4\text{万 m}^2=10000\text{元/m}^2$$

(3) 若按建筑面积进行分摊

$$\text{高层计容单方土地成本}=\left(\frac{5\text{万 m}^2}{12\text{万 m}^2}\times 10\text{亿元}\right)\div 4\text{万 m}^2=10417\text{元/m}^2$$

可见，各业态土地成本按不同的规则进行分摊导致单方土地成本差异巨大。

分业态成本表示例见表 8-7：

分业态成本表(单位：元/m^2)　　表 8-7

序号	项目名称	高层住宅	洋房	联排别墅	社区商业	小计
1	土地成本	4454	1347	1511	1211	8523
2	前期工程费	206	62	70	56	394
3	建筑安装工程费	3762	1302	1614	1207	7886
4	基础设施费	881	267	299	240	1686
5	公共配套设施费	92	28	31	25	177
6	不可预见费	402	122	137	109	770
7	物业启动费	12	4	4	3	24
8	开发间接费	209	63	71	57	400

续表

序号	项目名称	高层住宅	洋房	联排别墅	社区商业	小计
一	开发成本合计	10020	3195	3737	2908	19860
1	管理费用	163	49	55	44	312
2	财务费用	—	—	—	—	—
3	销售费用	299	90	101	81	571
二	三项费用小计	461	140	157	125	883
三	合计单方成本	10481	3334	3894	3034	20743

8.3.7 增值税表

不同于土增税表是按项目业态分别预征清算，增值税是按开发时序进行预征清算，而不同企业投资测算表的时序单位往往有所不同，某些企业以月度为时间单位，而某些企业则以季度或年度为时间单位，为了方便我们把一个时间单位叫做“一期”。举个例子，若某企业投资测算表时间单位为季度，则增值税的清算在每一个季度进行，我们把该季度预缴增值税叫做当期预缴增值税。

测算表中增值税计算过程与增值税计算步骤基本保持一致。

步骤 1：计算当期预缴增值税

从销售收入表中索引当期预售收入（含税），若增值税预征率按 3% 计算，则：

当期预缴增值税 = 当期预售收入 ×3%

步骤 2：计算当期销项税额

当期销项税额 =（当期含税销售收入 – 当期收楼部分对应土地出让金）/1.09×9%

当期含税销售收入从“销售收入表”中索引。

当期收楼部分对应土地出让金 =（当期销售房地产项目建筑面积 / 房地产可供销售建筑面积）× 项目土地出让金总额

步骤 3：计算当期进项税额

当期进项税额 =Σ 各成本科目（当期发生成本 / 全周期发生成本）× 总进项税额

各成本科目当期发生成本及全周期发生成本从“现金流量表”中索引。

总进项税额：从“成本估算表”中索引，这里需要注意一下，各成本科目的进项税率一般为 9%，如主体建安工程费、景观环境工程、社区管网工程等，但也有例外，如前期工程费则一般为 3%（表 8–8）。

进项税额的抵扣表　　表 8–8

序号	科目	含税成本金额（万元）	进项税（万元）	进项税率	专票取票比例	进项总计（万元）
一、开发成本（进项）		189558	10647			10647
1	土地成本	70132	—			—
2	前期费用	3280	127			127

续表

序号	科目	含税成本金额（万元）	进项税（万元）	进项税率	专票取票比例	进项总计（万元）
3	建筑安装工程费	99494	9089			9089
4	基础设施费	12776	1161			1161
5	公共配套设施费	—	—			—
6	开发间接费	1535	56			56
7	不可预见费	2342	213	10%	100%	213
8	税务处理金额	—	—	10%	100%	—
二、期间费用（进项）		29184	406			395
1	营销费用	15540	308	6%	35%	300
2	管理费用	6907	98	6%	25%	95
3	财务费用	6738	—	—	—	—

步骤 4：计算当期应缴增值税额（表 8–9）

当期应缴增值税额 =max（当期预缴增值税，当期销项税额 – 当期进项税额）

增值税表示例

表 8–9

序号	项目	合计	2018 年					2019 年					…					备注
			1 季度	2 季度	3 季度	4 季度	小计	1 季度	2 季度	3 季度	4 季度	小计	1 季度	2 季度	3 季度	4 季度	小计	
1	预收含税销售金额																	链接“销售收入表”
2	增值税预征率																	一般为 3%
3	预征增值税																	=1 × 2
4	交房含税销售金额																	链接“销售收入表”
5	允许扣除的土地价款																	= 当期销售面积 / 总可售面积 × 土地总价款
6	销项税额																	= 4/（1+9%）× 9%
7	进项税 – 土地成本																	链接“进项税表”
8	进项税 – 前期费用																	
9	进项税 – 建筑安装工程费																	
10	进项税 – 基础设施费																	
11	进项税 – 公共配套设施费																	
12	进项税 – 开发间接费																	
13	进项税小计																	
14	上期留抵税额																	= 上一期“期末留抵税额”

续表

序号	项目	合计	2018年					2019年					…					备注
			1季度	2季度	3季度	4季度	小计	1季度	2季度	3季度	4季度	小计	1季度	2季度	3季度	4季度	小计	
15	进项税额转出																	
16	实际抵扣税额																	=min（6,（14–15））
17	期末留抵税额																	=13+14–15–16
18	期初未缴 +/ 多缴 –																	= 上一期“期初未缴 +/ 多缴 –”
19	应纳增值税额																	=6–16
20	已预缴增值税																	
21	本期补缴增值税																	=IF（（18+19–20）>0,（18+19–20）, 0）
22	期初未缴 +/ 多缴 –																	=18+19–20–21

8.3.8 土地增值税表

土地增值税表顾名思义用于计算项目土增税税额，本节我们将在了解土增税计算步骤的基础上，将其计算过程用 Excel 相关函数进行表达，在这里我们把 Excel 处理的几个关键步骤进行简单的阐述。

步骤 1：计算不含税总销售收入

不含税总销售收入 = 各业态可售面积 × 各业态不含税单方售价

从“规划指标表”中索引各业态可售面积，从“销售收入表”中索引各业态不含税单方售价，这里需要注意一下，我们平时所谈论的售价一般为含税单方售价，因此这里需要处理一下，将含税单方售价扣除销项税后得出不含税单方售价，即：

不含税单方售价 = 含税单方售价 – 销项税额

销项税额 =（含税单方售价 – 当期允许扣除的土地价格）÷（1+9%）× 9%

既然是需要从其他表格中索引数据，那么此处常用的 Excel 函数即为“VLOOKUP 函数”及“HLOOKUP 函数”。紧接着采用“SUMPRODUCT 函数”实现各业态可售面积与不含税售价的乘积之和。

步骤 2：计算扣除金额

从“分业态成本表”中索引各业态单方成本，则各业态扣除金额 = 土地成本 + 开发成本 + 开发费用（土地及开发成本的 10%）+ 加计扣除（土地及开发成本的 20%）+ 与转让相关税金（增值税附加）。

步骤 3：计算各业态单方土增税额（表 8–10）

计算各业态增值额 = 各业态不含税销售收入 – 各业态扣除金额

计算各业态增值率 = 各业态增值额 / 各业态不含税销售收入

计算各业态增值税 = 增值额 × 适用税率 − 扣除项目金额 × 速算扣除率

土地增值税适用税率及速算扣除系数对照表　　表 8–10

级数	增值率	适用税率（%）	速算扣除率（%）
1	不超过 50%	30	0
2	超过 50% 至 100%	40	5
3	超过 100% 至 200%	50	15
4	超过 200%	60	35

步骤 4：计算各业态预征土增税额

房地产项目在全部竣工结算前取得的销售收入，由于涉及成本确定及其他原因而无法具体计算土地增值税，因此一般采取预征土地增值税，待项目全部竣工、办理结算后再进行清算，多退少补。

确定各业态土增税预征率后，则：各业态预征土增税额 = 各业态不含税销售收入 × 各业态土增税预征率。

步骤 5：“孰高原则”计算实际计入成本的单方土增税额

比较各业态单方土增税额（步骤 3）与预征土增税额（步骤 4），将较大者税额计入实际单方成本，多计入部分在土增税清算时多退少补；实操上来看，补是要补的，但退就不一定会退了（表 8–11）。

土地增值税样表　　表 8–11

序号	项目		项目合计	普通住宅	非普通住宅	非住宅
可租售面积（m^2）						
单方售价（不含税）						
1	一、转让房地产收入总额（不含税）					
2	二、扣除项目金额合计					
3	1. 取得土地使用权所支付的金额（不含税）					
4	2. 房地产开发成本（不含税）					
5	2.1	土地征用及拆迁补偿费				
6	2.2	前期工程费				
7	2.3	建筑安装工程费				
8	2.4	基础设施费				
9	2.5	公共配套设施费				

续表

序号	项目		项目合计	普通住宅	非普通住宅	非住宅
10	2.6	开发间接费用（不含资本化利息）				
11	3. 房地产开发费用					
12	3.1	利息支出（可选择据实或计算扣除）				
13	3.2	其他房地产开发费用				
14	4. 与转让房地产有关的税金					
15	5. 财政部规定的其他扣除项目					
16	三、增值额					
17	四、增值额与扣除项目金额之比					
18	五、适用税率					
19	六、速算扣除系数					
20	七、应纳税额					
21	八、已缴税额（含预缴）					
22	九、缓缴税额					
23	十、应补退税额					

8.3.9 利润表 / 所得税表

利润表主要呈现项目收入、成本与利润情况。收入索引“销售预测表”，成本索引“成本估算表”，税金索引“土地增值税表”及“增值税表”，利润表的结构与所得税表基本一致（表 8–12）。

利润表 / 所得税表　　表 8–12

序号	项目	合计	高层	洋房	联排别墅
1	项目总收入	99560	71098	42275	28823
1.1	销售收入	99560	71098	42275	28823
1.2	其他收入	0	0	0	0
2	项目总支出	85587	42883	25077	17627
2.1	土地成本	18343	9172	5044	4127
2.2	建造成本	49090	24545	14610	9935
2.3	增值税及附加	1092	546	325	221
2.4	土地增值税费	3372	1686	1033	653
2.5	销售费用	7418	3709	2205	1504
2.6	管理费用	5750	2875	1710	1166
2.7	财务费用	521	350	150	21

续表

序号	项目	合计	高层	洋房	联排别墅
3	利润总额	13974	28215	17198	11197
4	所得税费	3493	7054	4299	2799
5	净利润	10480	21162	12898	8398
6	净利润率	11%	30%	31%	29%

8.3.10 敏感性分析表

投资工作中，敏感性分析表的应用十分广泛，最常见的是招拍挂项目中，我们需要看到利润率 /*IRR* 随着地价的变化，以明晰我们的举牌空间。当然，敏感性分析表的用途可远不止于此，例如通过它我们还可以做售价 – 利润率敏感性分析，成本 – 利润率敏感性分析，售价 & 地价 – 利润率敏感性分析，成本 & 地价 – 利润率敏感性分析等。熟练掌握这个技巧以后，我们甚至可以做任何单变量及双变量的敏感性分析。

但是，很多朋友却对敏感性分析表的操作非常陌生，过于依赖测算表格的现有公式链接而无法灵活使用，或者测算公式出现问题以后也不知如何修改。本节我们就一起来系统梳理一下敏感性分析，解决工作中的理解及操作障碍。为了便于大家理解，我从以下 4 个方面进行阐述：

（1）理解敏感性分析表；

（2）单变量敏感性分析；

（3）双变量敏感性分析；

（4）多变量敏感性分析。

以上 4 个部分由浅到深，重点在（2）、（3）、（4）部分。

（1）理解敏感性分析表

我们首先通过一个最简单的案例来理解 Excel 敏感性分析表的基本框架及操作要点。敏感性分析在 Excel 中主要通过“模拟运算表”实现。

通过计算不同成本、不同售价下的利润率，回报率等测算结果的敏感性分析，在实际的测算和投资工作中较为常见。这类问题的基本操作步骤如下：

1）输入需要测算的变量数据，例如：在列填入成本，在行填入售价（图 8–24）。

2）输入需要的计算公式，例如：测算利润率 =（售价 – 成本）/ 成本。到这一步形成了你的基本计算模型（图 8–25）。

3）接下来是建立成本和售价的双敏感性分析，也是关键一步。首先建立列和行的变量数据（图 8–26）。

4）在行和列的交叉点（图 8–27），输入 = 基本计算公式的单元格（这里的公式是 =D2）。

5）全选敏感性计算区域，选择数据，插入模拟分析 – 模拟运算表（图 8–28）。

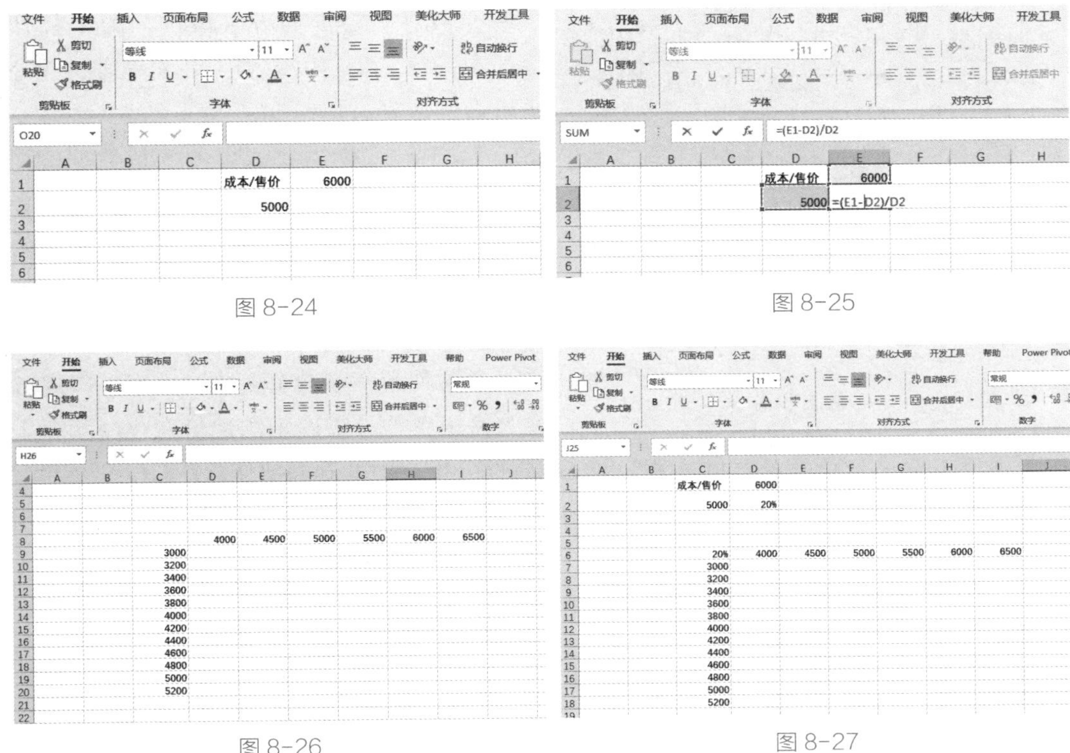

图 8-24

图 8-25

图 8-26

图 8-27

6）行选择对应的售价，列选择对应的成本，点击“确定”，大功告成，形成了不同售价，不同成本对应的利润率变化的双敏感性分析表，减少了手动计算的工作量（图 8-29、图 8-30）。

这里需要注意，计算公式内的变量和公式一定要和敏感性内的引用源数据保持一致。

这其实就是一个最简单的双变量敏感性分析，理解这个步骤以后，我们再看后续部分就轻松多了。

（2）单变量敏感性分析

常用的单变量敏感性分析表有：地价 – 利润率，售价 – 利润率，成本 – 利润率；

图 8-28

图 8-29

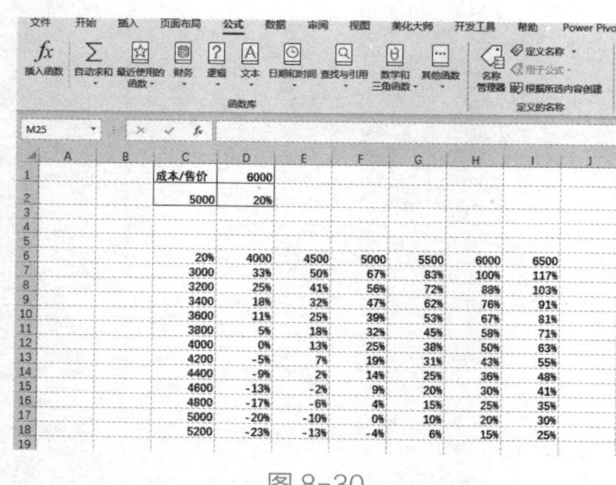

	A	B	C	D	E	F	G	H	I	J
1			成本/售价	6000						
2			5000	20%						
3										
4										
5										
6			20%	4000	4500	5000	5500	6000	6500	
7			3000	33%	50%	67%	83%	100%	117%	
8			3200	25%	41%	56%	72%	88%	103%	
9			3400	18%	32%	47%	62%	76%	91%	
10			3600	11%	25%	39%	53%	67%	81%	
11			3800	5%	18%	32%	45%	58%	71%	
12			4000	0%	13%	25%	38%	50%	63%	
13			4200	-5%	7%	19%	31%	43%	55%	
14			4400	-9%	2%	14%	25%	36%	48%	
15			4600	-13%	-2%	9%	20%	30%	41%	
16			4800	-17%	-6%	4%	15%	25%	35%	
17			5000	-20%	-10%	0%	10%	20%	30%	
18			5200	-23%	-13%	-4%	6%	15%	25%	

图 8-30

地价 –*IRR*，售价 –*IRR*，成本 –*IRR*。操作基本一致，我们以地价 – 利润率敏感性分析为例做演示。

1）输入你需要测算的变量数据，在列填入起始地价 130（万元 / 亩），这里务必注意：要同步将测算表中计算土地成本的亩单价链接到此处的 130（万元 / 亩），注意链接顺序，否则通过模拟运算表计算出来的利润率不会有变化。大家可以理解为：敏感性分析表中的地价变化→测算表中土地成本变化→测算表中利润率变化→敏感性分析表中的利润率变化。

在行填入售价；由于只需要分析利润率随地价的变化，因此这里的售价可不用填写（图 8–31）。

2）输入需要的计算公式，测算利润率 = 利润表对应的利润率（图 8–32）。

3）接下来是建立，地价 – 利润率单敏感性分析，也是关键一步。首先建立列和行的变量数据，列为地价（亩单价）变量数据；行应为售价数据，在此不用填写，保留空格即可（图 8–33）。

4）在行和列的交叉点，输入 = 基本计算公式的单元格（图 8–34）。这里的公式是 =C2。

5）全选敏感性计算区域，选择数据，插入模拟分析 – 模拟运算表（图 8–35）。

6）行选择对应的售价（此处为“空格”，但仍然要选择），列选择对应的地价，点击“确定”，形成了不同地价（亩单价）对应的利润率变化的单敏感性分析表（图 8–36、图 8–37）。

更换不同的行、列数据，便可得出售价 – 利润率，成本 – 利润率，地价 –*IRR*，售价 –*IRR*，成本 –*IRR* 的单敏感性分析表，大家可自行尝试。

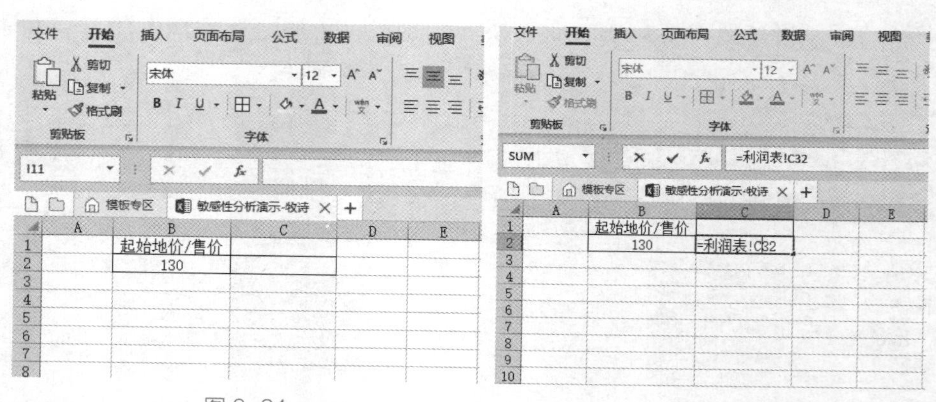

图 8–31　　图 8–32

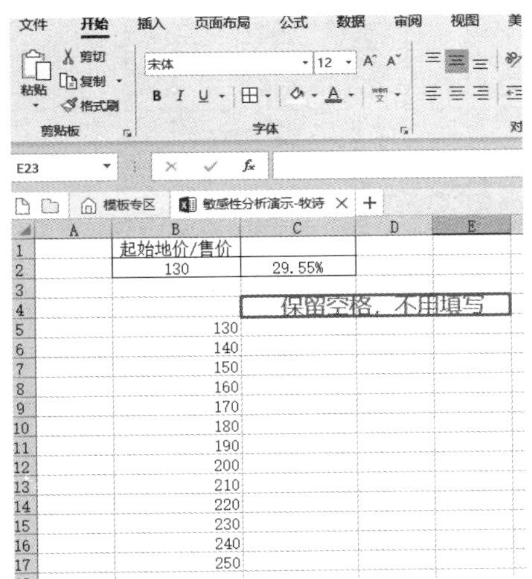

图 8-33

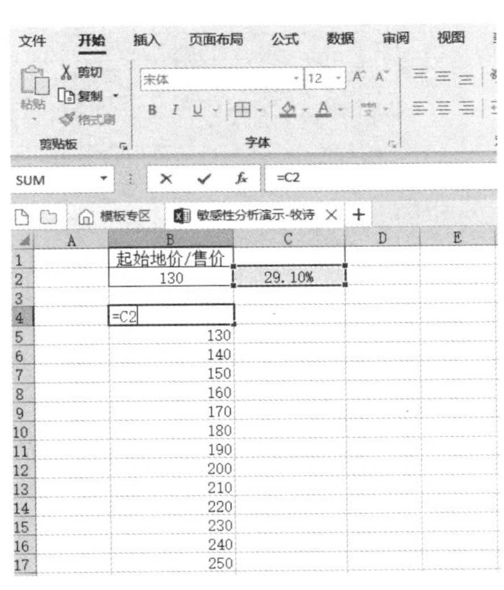

图 8-34

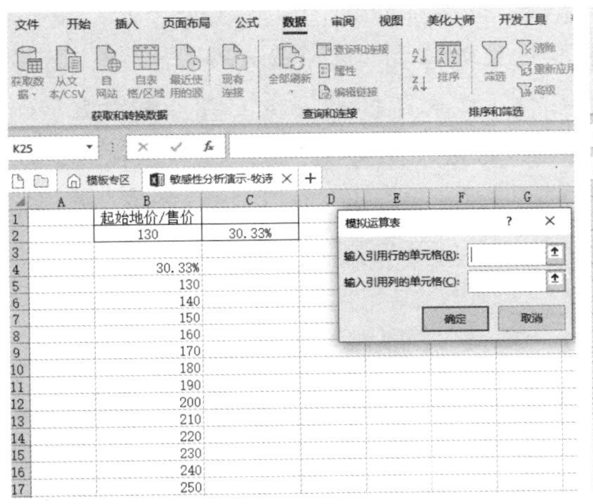

图 8-35

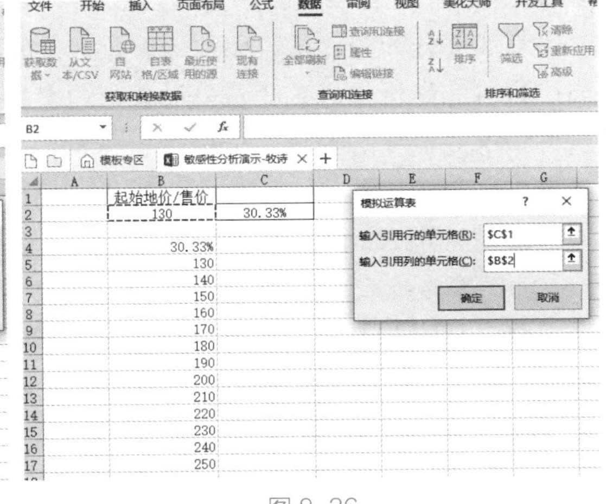

图 8-36

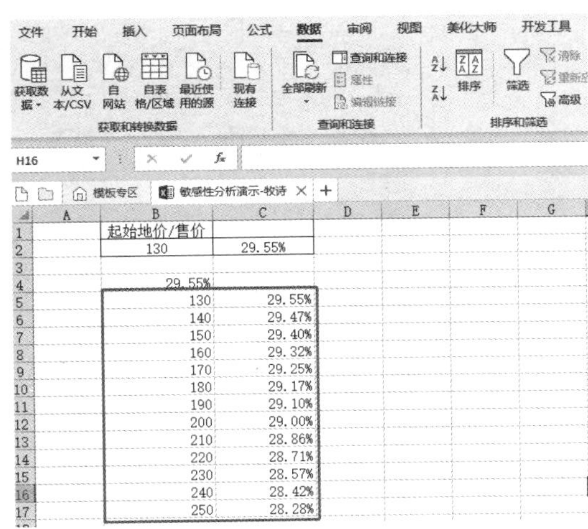

图 8-37

（3）双变量敏感性分析

双变量敏感性分析的操作步骤同第 1 部分基本一致，在此不再赘述。只是需要强调一点，敏感性分析表中所应用到的成本及售价数据，相应地要将测算表中对应的成本及售价数据链接到此处，否则利润率不会变化。

（4）多变量敏感性分析

理论上，在测算表中是没办法实现多变量敏感性分析的，在这里的多变量敏感性分析主要还是指的双变量敏感性分析，

高层	12750	13500	14250	15000	15750	16500	17250
商铺	21250	22500	23750	25000	26250	27500	28750
公寓	17000	18000	19000	20000	21000	22000	23000
29.55%	85%	90%	95%	100%	105%	110%	115%
130	29.55%	29.83%	30.09%	30.33%	30.54%	30.73%	30.91%
140	29.47%	29.76%	30.03%	30.26%	30.48%	30.67%	30.85%
150	29.40%	29.69%	29.96%	30.20%	30.42%	30.61%	30.80%
160	29.32%	29.62%	29.89%	30.14%	30.36%	30.56%	30.74%
170	29.25%	29.55%	29.83%	30.07%	30.30%	30.50%	30.68%
180	29.17%	29.48%	29.76%	30.01%	30.23%	30.44%	30.63%
190	29.10%	29.41%	29.69%	29.94%	30.17%	30.38%	30.57%
200	29.00%	29.34%	29.62%	29.88%	30.11%	30.32%	30.52%
210	28.86%	29.27%	29.56%	29.82%	30.05%	30.27%	30.46%
220	28.71%	29.20%	29.49%	29.75%	29.99%	30.21%	30.41%
230	28.57%	29.13%	29.42%	29.69%	29.93%	30.15%	30.35%
240	28.42%	29.06%	29.36%	29.63%	29.87%	30.09%	30.30%
250	28.28%	28.99%	29.29%	29.56%	29.81%	30.04%	30.24%
260	28.13%	28.86%	29.22%	29.50%	29.75%	29.98%	30.19%

图 8-38

不过是其中的一个变量由多维横向数据构成而已，类似这样的情况（图 8-38）：

第 3 部分的双变量敏感性分析，售价的变化只能体现单个业态的变化，即要么是高层售价和地价构成双变量去反映利润率的变化；要么是商铺售价或者公寓售价。而这种情况是高层、商铺、公寓的售价同时按一定幅度（上面案例为 5%）变化后，与地价构成双变量去反映利润率的变化。相比单一业态售价，这种情况更适合实际情况，这种敏感性分析操作步骤也更加烦琐一些。下面演示主要步骤：

（1）搭建如下表格框架（图 8-39、图 8-40）

前三行数据表示，当前定价为高层 15000，商铺 25000，公寓 20000，在此价格基础上按 5% 的梯度进行调整；左侧第一列数据为地价的变化，此处变化幅度为 10 万 / 亩；中间部分为利润率的变化情况。

注意：同前面一样，130 需要链接到测算表中的地价，85% 同样需要链接到测

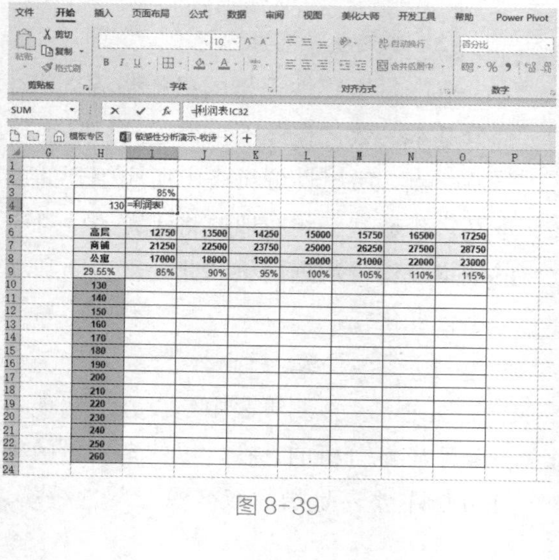

图 8-39

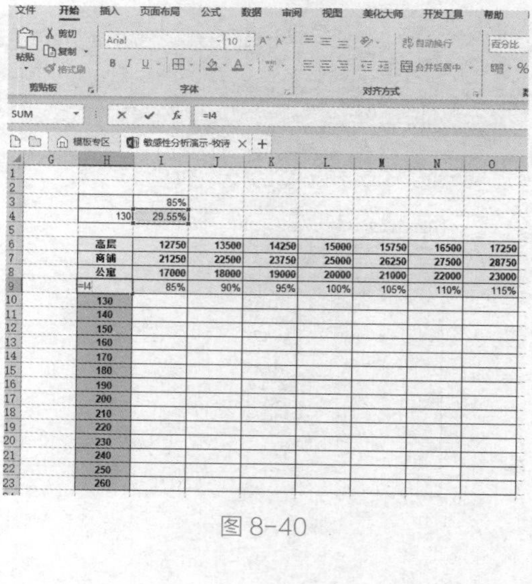

图 8-40

算表中售价，以此来触发测算表中的地价、售价变化。130 如何链接比较简单（注意链接方向为：测算表中的地价 =130），关键在于 85% 的链接，需要将“销售收入表”中的：

高层售价链接为 = 敏感性分析 !$L$6* 敏感性分析 !I3（即 15000×85%）；

商铺售价链接为 = 敏感性分析 !$L$7* 敏感性分析 !I3（即 25000×85%）；

公寓售价链接为 = 敏感性分析 !$L$8* 敏感性分析 !I3（即 20000×85%）。

这么做的目的，就是为了把 85% 带入到测算表的计算过程中。

（2）上述基础工作基本完工，选中计算范围，点击数据 – 模拟分析 – 模拟运算表，设置引用的行、列单元格（图 8-41）：

点击“确定”，便出现结果（图 8-42）：

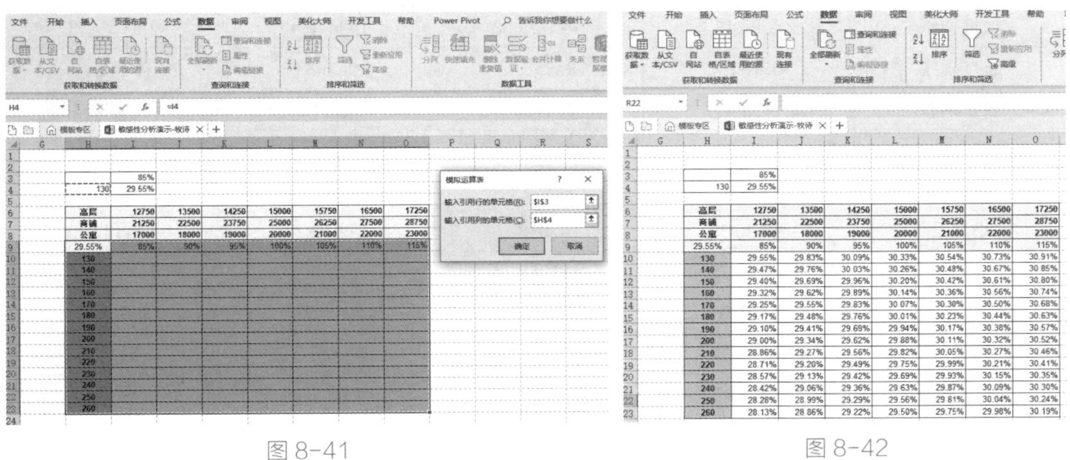

	I	J	K	L	M	N	O
	85%						
130	29.55%						
高层	12750	13500	14250	15000	15750	16500	17250
商铺	21250	22500	23750	25000	26250	27500	28750
公寓	17000	18000	19000	20000	21000	22000	23000
29.55%	85%	90%	95%	100%	105%	110%	115%
130	29.55%	29.83%	30.09%	30.33%	30.54%	30.73%	30.91%
140	29.47%	29.76%	30.03%	30.26%	30.48%	30.67%	30.85%
150	29.40%	29.69%	29.96%	30.20%	30.42%	30.61%	30.80%
160	29.32%	29.62%	29.89%	30.14%	30.36%	30.56%	30.74%
170	29.25%	29.55%	29.83%	30.07%	30.30%	30.50%	30.68%
180	29.17%	29.48%	29.76%	30.01%	30.23%	30.44%	30.63%
190	29.10%	29.41%	29.69%	29.94%	30.17%	30.38%	30.57%
200	29.00%	29.34%	29.62%	29.88%	30.11%	30.32%	30.52%
210	28.86%	29.27%	29.56%	29.82%	30.05%	30.27%	30.46%
220	28.71%	29.20%	29.49%	29.75%	29.99%	30.21%	30.41%
230	28.57%	29.13%	29.42%	29.69%	29.93%	30.15%	30.35%
240	28.42%	29.06%	29.36%	29.63%	29.87%	30.09%	30.30%
250	28.28%	28.99%	29.29%	29.56%	29.81%	30.04%	30.24%
260	28.13%	28.86%	29.22%	29.50%	29.75%	29.98%	30.19%

图 8-41　　图 8-42

如果出现数据不动的情况，可能是“计算选项”勾选为“手动”的原因，可以依次点击“公式” – “计算选项” – “自动”切换即可；也有可能是地价、售价数据没有链接到测算过程中，检查一下链接方向是否正确。

以上是敏感性分析演示的基本操作，各位读者不必按部就班，主要是理解其中计算的逻辑，掌握这个逻辑以后，就可以按照自己的需求去设置自己想要的敏感性分析结果了，别小看这个工具，有时候为了能把数据展现得更加清晰，这个工具可以省去大量的人工劳动！

8.4　投资测算表操作技巧

在投资测算表中，常常会看到一些复杂的函数，这些函数对于理解表格之间的逻辑关系起到了至关重要的作用，同时掌握这些函数的基本用法可以大大提升工作效率，节省大量时间。本节对测算表中常见的 Excel 函数及技巧进行了梳理，方便各位读者运用。

8.4.1 VLOOKUP/HLOOKUP 函数

关于 LOOKUP 函数，可以说是投资测算表 Excel 函数公式中最为重要、最常用的函数了，HLOOKUP 函数和 VLOOKUP 函数是一类的函数，具体区别在于 VLOOKUP 函数是纵向查找函数，HLOOKUP 函数是横向查找函数。为了便于理解，此处直接通过案例的方式进行讲解。

各位读者平时在写报告中想必都遇到过这样的情况，需要单独去统计部分业态的货值。例如，项目的规划指标表及售价预测表如下（表 8–13、表 8–14）：

规划指标表　　表 8–13

业态	占地面积（m^2）	计容面积（m^2）	建筑面积（m^2）	可售面积（m^2）
独栋别墅	8690.10	140779.58	144426.45	140779.58
联排别墅	6218.57	98253.48	105303.08	95446.11
双拼别墅	1737.57	26063.57	32191.33	26063.57
四合院	4800.74	75371.58	78830.05	75371.58
多层洋房	1703.02	14839.17	15491.87	14839.17
小高层	59130.32	182058.16	182058.16	178417.00
高层	59130.32	182058.16	182058.16	178417.00
中高层	1737.57	26063.57	32191.33	26063.57
超高层	4800.74	75371.58	78830.05	75371.58
公寓	1703.02	14839.17	15491.87	14839.17
底层商业	12873.50	12873.50	12873.50	12229.83
综合楼	12873.50	12873.50	12873.50	12229.83
酒店（自持）	1200.00	1200.00	1200.00	1140.00
医院（自持）	59130.32	182058.16	182058.16	178417.00

售价预测表　　表 8–14

业态	售价（元 / m^2）
独栋别墅	22000
联排别墅	22247
双拼别墅	37578
四合院	21251
多层洋房	12000
小高层	10000
高层	9000
中高层	9000
超高层	18000

续表

业态	售价（元 / m^2）
公寓	9000
底层商业	32000
综合楼	28000
酒店（自持）	0
医院（自持）	0

如何统计独栋别墅、多层洋房、中高层、底层商业、公寓这五个业态的预估总货值？

常规的做法是怎样呢？从规划指标表中去找出对应业态的可售面积，再从销售收入表中找出对应业态的售价，最后做乘积求和算出对应部分业态的总货值。这种人工方法在遇到项目业态繁多的时候，费时费力，且极容易出错。

而采用 VLOOKUP 函数便可以比较轻松地解决这个问题（图 8–43）：

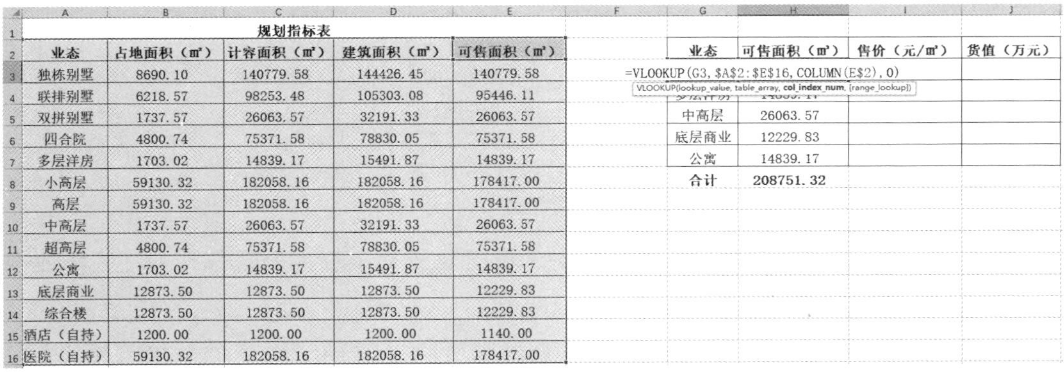

规划指标表

业态	占地面积（㎡）	计容面积（㎡）	建筑面积（㎡）	可售面积（㎡）
独栋别墅	8690.10	140779.58	144426.45	140779.58
联排别墅	6218.57	98253.48	105303.08	95446.11
双拼别墅	1737.57	26063.57	32191.33	26063.57
四合院	4800.74	75371.58	78830.05	75371.58
多层洋房	1703.02	14839.17	15491.87	14839.17
小高层	59130.32	182058.16	182058.16	178417.00
高层	59130.32	182058.16	182058.16	178417.00
中高层	1737.57	26063.57	32191.33	26063.57
超高层	4800.74	75371.58	78830.05	75371.58
公寓	1703.02	14839.17	15491.87	14839.17
底层商业	12873.50	12873.50	12873.50	12229.83
综合楼	12873.50	12873.50	12873.50	12229.83
酒店（自持）	1200.00	1200.00	1200.00	1140.00
医院（自持）	59130.32	182058.16	182058.16	178417.00

业态	可售面积（㎡）	售价（元/㎡）	货值（万元）
=VLOOKUP(G3, $A$2:$E$16, COLUMN(E$2), 0)			
[illegible]	[illegible]		
中高层	26063.57		
底层商业	12229.83		
公寓	14839.17		
合计	208751.32		

VLOOKUP(lookup_value, table_array, col_index_num, [range_lookup])

图 8-43

（1）通过 VLOOKUP 查找出对应业态的可售面积。在 H3 空白格输入

公式：=VLOOKUP（G3，A2：E16，5，0）。这里面有 4 个参数，分别是：

第 1 个参数：查询条件（即：G 列中的业态）。

第 2 个参数：查询区域（即：在哪个区域内进行查找）。从查找条件对应列（A 列）开始选择，要求包含被查找信息所在列（即：A2：E16），需要注意的是，选取区域时多选几列是可以的，但不能少选。

第 3 个参数：被查询的信息在被查询区域的第几列（即：可售面积在第 5 列我们输入 5）。

第 4 个参数：0 或 FALSE，0 表示精确查找。

（2）同理，通过 VLOOKUP 查找出对应业态的售价（图 8–44）。

（3）简单的乘积求和便得到需要的结果（图 8–45）。

售价预测表

业态	售价（元/m²）
独栋别墅	22000
联排别墅	22247
双拼别墅	37578
四合院	21251
多层洋房	12000
小高层	10000
高层	9000
中高层	9000
超高层	18000
公寓	9000
底层商业	32000
综合楼	28000
酒店（自持）	0
医院（自持）	0

业态	可售面积（m²）	售价（元/m²）	货值（万元）
独栋别墅	=VLOOKUP(D22, $A$19:$B$33, COLUMN(B$19), 0)		
多层洋房	14839.17	12000.00	
中高层	26063.57	9000.00	
底层商业	12229.83	32000.00	
公寓	14839.17	9000.00	

VLOOKUP(lookup_value, table_array, col_index_num, [range_lookup])

图 8-44

业态	可售面积（m²）	售价（元/m²）	货值（万元）
独栋别墅	140779.58	22000.00	309715.08
多层洋房	14839.17	12000.00	17807.01
中高层	26063.57	9000.00	23457.21
底层商业	12229.83	32000.00	39135.44
公寓	14839.17	9000.00	13355.26
合计	**208751.32**	**19327.78**	**403469.99**

图 8-45

如果查询的列很多，在写函数公式时，没必要每一个查询公式都写一次，修改一下参数的引用能大大提高工作效率。

可售面积始终要在 A2：E16 区域内查询，所以可以锁定第 2 个参数的列（A2：E16）；售价始终要在 A19：B33 区域内查询，所以可以锁定第 2 个参数的列（A19：B33）（图 8–46）。

业态	可售面积（m²）	售价（元/m²）
独栋别墅	=VLOOKUP(D22, $A$2:$E$16, 5, 0)	=VLOOKUP(D22, $A$19:$B$33, 2, 0)
多层洋房	=VLOOKUP(D23, $A$2:$E$16, 5, 0)	=VLOOKUP(D23, $A$19:$B$33, 2, 0)
中高层	=VLOOKUP(D24, $A$2:$E$16, 5, 0)	=VLOOKUP(D24, $A$19:$B$33, 2, 0)
底层商业	=VLOOKUP(D25, $A$2:$E$16, 5, 0)	=VLOOKUP(D25, $A$19:$B$33, 2, 0)
公寓	=VLOOKUP(D26, $A$2:$E$16, 5, 0)	=VLOOKUP(D26, $A$19:$B$33, 2, 0)

图 8-46

当然，如果始终要引用 G3 的业态，可以锁定第 1 个参数（G3）。

还可以结合其他函数来组合使用，进一步提高工作效率。这里推荐使用 COLUMN 函数。COLUMN 函数的作用是提取单元格的列数（即：第几列），那么 A 列的列数是 1，B 列的列数是 2，C 列的列数就是 3，以此类推。这样就省去了修改第 3 个参数的操作（图 8–47）。

业态	可售面积（m²）	售价（元/m²）
独栋别墅	=VLOOKUP(D22, $A$2:$E$16, COLUMN(E$2), 0)	=VLOOKUP(D22, $A$19:$B$33, COLUMN(B$19), 0)
多层洋房	=VLOOKUP(D23, $A$2:$E$16, COLUMN(E$2), 0)	=VLOOKUP(D23, $A$19:$B$33, COLUMN(B$19), 0)
中高层	=VLOOKUP(D24, $A$2:$E$16, COLUMN(E$2), 0)	=VLOOKUP(D24, $A$19:$B$33, COLUMN(B$19), 0)
底层商业	=VLOOKUP(D25, $A$2:$E$16, COLUMN(E$2), 0)	=VLOOKUP(D25, $A$19:$B$33, COLUMN(B$19), 0)
公寓	=VLOOKUP(D26, $A$2:$E$16, COLUMN(E$2), 0)	=VLOOKUP(D26, $A$19:$B$33, COLUMN(B$19), 0)

图 8-47

HLOOKUP 函数与 VLOOKUP 函数用法类似，同理参照即可，在此不再赘述。

HLOOKUP 与 VLOOKUP 函数在测算表中运用非常广泛，例如，成本表、土增税表可用于查找链接各个业态计容面积，增值税表可用于查找链接销售收入表中每月的楼款收入，利润表可用于查找链接对应的销售收入表中收入数据及成本表中的成本数据等。

8.4.2 SUMPRODUCT 函数

SUMPRODUCT 函数为在给定的几组数组中，将数组间对应的元素相乘，并返回乘积之和。该函数可以一键生成两列数组对应元素的乘积之和。接 8.4.1 案例，要最终求得总货值，除了按常规方法先求乘积再求和之外，可直接通过 SUMPRODUCT 函数一键实现（图 8-48）：

业态	可售面积（m²）	售价（元/m²）	货值（万元）
独栋别墅	140779.58	22000.00	309715.08
多层洋房	14839.17	12000.00	17807.01
中高层	26063.57	9000.00	23457.21
底层商业	12229.83	32000.00	39135.44
公寓	14839.17	9000.00	13355.26
合计	208751.32	19327.78	403469.99
		=SUMPRODUCT(H3:H7, I3:I7)/10000	
		SUMPRODUCT(array1, [array2], [array3], [array4], ...)	

图 8-48

8.4.3 IFERROR 函数

IFERROR（value，value_if_error）表示判断 value 的正确性，如果 value 正确则返回正确结果，否则返回 value_if_error。其中 value 的错误格式有 #N/A、#VALUE!、#REF!、#DIV/0!、#NUM!、#NAME?、#NULL 等（图 8-49）。例如，在测算表中经常看到这样的公式：

=IFERROR（VLOOKUP（G18，$A$2：$E$16，COLUMN（E$2），0），value_if_error）

它表示如果公式"VLOOKUP（G18，$A$2：$E$16，COLUMN（E$2），0）"查找的结果存在则返回该结果，如果不存在则报错。

业态	可售面积（㎡）	售价（元/㎡）	货值（万元）
独栋别墅	140779.58	22000.00	309715.08
多层洋房	14839.17	12000.00	17807.01
中高层	26063.57	9000.00	23457.21
底层商业	12229.83	32000.00	39135.44
公寓	14839.17	9000.00	13355.26
酒店	#NAME?	#NAME?	#NAME?

图 8-49

当然，也可以将“value_if_error”替换为具体的数，例如“0”（图 8-50）。

业态	可售面积（㎡）	售价（元/㎡）	货值（万元）
独栋别墅	140779.58	22000.00	309715.08
多层洋房	14839.17	12000.00	17807.01
中高层	26063.57	9000.00	23457.21
底层商业	12229.83	32000.00	39135.44
公寓	14839.17	9000.00	13355.26
酒店	0.00	0.00	0.00

图 8-50

8.4.4 MATCH 函数

MATCH 函数可用于返回指定内容所在的位置。例如，在单元格中输入:=MATCH（“中高层”，G13:G18，0），点击回车键可以看到“中高层洋房”所对应的行数为 3（图 8-51）:

业态	可售面积（㎡）	售价（元/㎡）	货值（万元）
独栋别墅	140779.58	22000.00	309715.08
多层洋房	14839.17	12000.00	17807.01
中高层	26063.57	9000.00	23457.21
底层商业	12229.83	32000.00	39135.44
公寓	14839.17	9000.00	13355.26
酒店	0.00	0.00	0.00
		=MATCH("中高层",D22:D27,0)	
		MATCH(lookup_value, lookup_array, [match_type])	

图 8-51

第 1 个参数：表示要在区域或数组中查找的值（“中高层洋房”）。

第 2 个参数：表示可能包含所要查找的数值的连续单元格区域（G13：G18）。

第 3 个参数：表示查找方式，用于指定精确查找或模糊查找，取值为 -1、1、0，其中 0 为精确查找。

8.4.5 INDEX 函数

INDEX 函数可用于返回指定位置中的内容，在单元格中输入：=IDEX（G12：J18，3，3），单击回车键后可以看到 G12:J18 区域中 3 行 3 列交叉对应的值，即 12000（图 8-52）:

第 1 个参数：表示查找区域（G12：J18）。

第 2 个参数：指定区域中的行数。

业态	可售面积（m²）	售价（元/m²）	货值（万元）
独栋别墅	140779.58	22000.00	309715.08
多层洋房	14839.17	12000.00	17807.01
中高层	26063.57	9000.00	23457.21
底层商业	12229.83	32000.00	39135.44
公寓	14839.17	9000.00	13355.26
酒店	0.00	0.00	0.00
		=INDEX(D21:G27,3,3)	

图 8-52

第 3 个参数：指定区域中的列数。

8.4.6 单变量求解

在做测算的时候，由于每家企业都有净利率的考核要求，为了达到企业最低要求同时不至于把价格拔得太高增加后期的考核难度，所以时常需要根据利润率去反推某个业态的售价。

大部分同行的常规做法是：不断地去调整售价，直到调整到自己想要的利润率。这样做未尝不可，只是稍微麻烦了一点。有一个更好的技巧，那就是“单变量求解”工具。下面举一个简单例子，演示一下操作步骤。

假设现在某个项目的售价成本利润情况如下（图 8–53）：

项目利润率只有 9%，而集团获取项目利润率底线为 12%，高层的定价上还有空间，因此项目还可以通过拔高高层的售价来做足 12%。

一个价格一个价格去试比较麻烦，用单变量求解直接一键求出高层的期望售价。

（1）找到想要调整售价的业态，在价格单元格上，依次选择：数据 – 模拟分析 – 单变量求解（图 8–54）。

选择后，显示如下（图 8–55）：

	售价（元/m²）	货值（万元）
高层	11,500	230,000
洋房	16,000	320,000
	收入合计	550,000
土地成本	240,000	
建造成本	160,000	
费+税	99,000	
净利润	51,000	
净利率	9%	

图 8-53

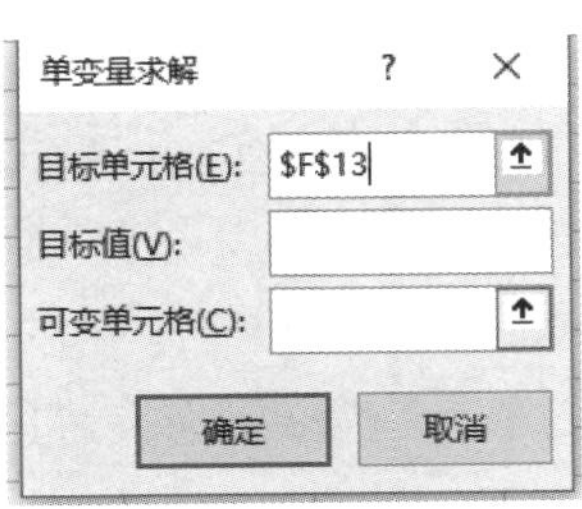

图 8-55

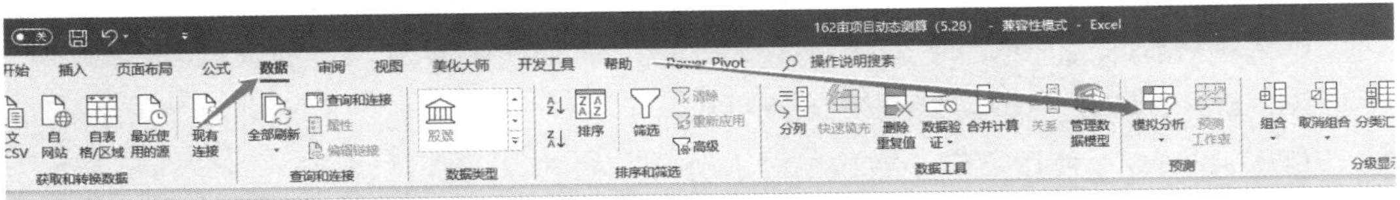

图 8-54

(2)“目标单元格”选择带计算公式的“净利率”单元格,“目标值”填写期望的“12%”,“可变单元格”选择想要改变售价的单元格,这里假设改变高层的售价(图 8–56)。

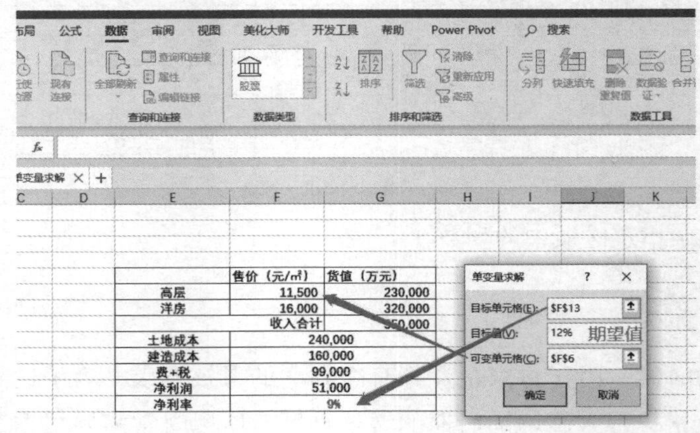

图 8–56

(3)点击“确定”,即生成想要的售价(图 8–57):

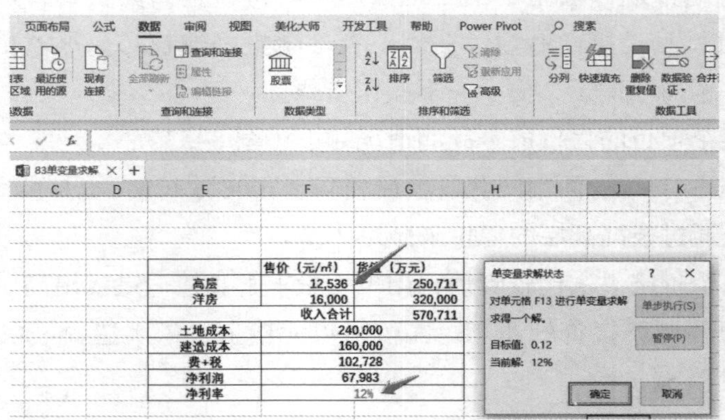

图 8–57

8.4.7 其他技巧

由于投资测算表由多个 sheet 组成,每个 sheet 内容又极其庞大,掌握一些操作小技巧可以大大提升效率。以下技巧是投资测算表操作过程中不可或缺的好帮手。

(1)移动焦点

Ctr+ ↑ ↓ ← →:切换到有内容区域的上下左右的尽头。

Ctr+Shift+ ↑ ↓ ← →:切换到有内容区域的上下左右的尽头并选中该区域。

Ctrl+PgUp/PgDn:在工作表选项卡之间从左至右(从右至左)进行切换。

(2)编辑格式

Alt+E+S:调出“选择性粘贴”的界面。

Ctrl+Shift+%:使用不带小数位的“百分号”格式。

Ctrl+Shift+^:使用带有两位小数的科学计数格式。

Ctrl+；：输入当前日期。

Ctrl+B：使用或取消加粗格式设置。

Ctrl+U：使用或取消下划线。

（3）操作

Ctr+Y/Z：重复或撤销上一次操作。

Alt+I+W：插入新的工作表。

8.5　投资测算注意要点

投资人员在做测算时候应注意以下事项或掌握以下技巧。

8.5.1　因地制宜采用精算及粗算

8.3 节讨论的投资测算表是项目“精算”的结果，做这类测算需要协调营销（前策）同事对市场进行深度调研并得到他们给出的产品及售价建议，需要设计同事进行方案强排，需要成本及其他同事踏勘地块现场并进行成本测算，需要财务同事提供融资建议并进行现金流计划，可见做好一个项目精算需要耗费较大的人力、物力、财力，而通常投资人员每年都会接触数十个项目，是否每一个项目都需要如此声势浩大地去测算呢？

笔者的建议是没有必要。每一位投资人员的时间都是非常有限的，把时间耗在了这个“没有前途”的项目上，势必错失“光明项目”的好机会，因此需要一个更为简单有效的工具来对项目进行粗算，借助这个粗算工具我们可以快速高效地判断这个项目的可行性，如果可行才有必要去组织完成精算，这类粗算工具即是“简版测算表”。“简版测算表”突出一个“简”字，完成该表不需要组织强排、不需要安排现金流、不需要营销同事深度参与，我们只需要确定一个基本的项目业态、业态售价，参照企业成本水平确定各业态经验成本即可完成测算，各位投资同行完全可以参照本教材 8.3 节所述设计一个自己的粗算测算表。

8.5.2　熟记企业各业态成本水平

每一位投资人员都会有独立去市场调研或参加项目谈判的机会，如何能够做到第一时间判断项目是否可行？可借鉴的经验是熟记自己企业各业态（高层、洋房、别墅、商业、办公）成本水平，例如高层建安成本水平、税金水平和营销、财务、管理费用水平以及三者汇总后的高层全成本水平，有了这样一个基础工作以后，每当去到一个新的城市或者拿到一个新的项目，只需要知道当地的售价情况就可以大致判断项目可承受的地价在什么水平，对辅助自己对项目的判断相当有帮助。举个例子，假设投资人员了解到本公司洋房（清水）建造成本为 3200 元 /m^2，营销、财务、管理费用及税金合计占到售价的 12% 左右，本公司对项目的利润率要求是 15%，当地洋房建面清水售价 10000 元 /m^2，那就可以简单判断这个项目能承受的最高地价大致为：10000−3200−10000×12%−10000×15%=4100 元 /m^2，那么在谈判时就要尽可能将含税后的地价压到 4100 元 /m^2 以下，否则该项目就没办法做了。

那么怎样去熟记自己企业的成本水平呢？可以找成本部同事拿到自己企业在当地之前已开发或正在开发项目的全成本数据，项目数量越多越好，将所有项目的成本数据按公司成本科目罗列做成一个统计表，将该表格打印贴到自己工位随时可见的地方，日复一日，企业所有成本数据都“印”入你脑海中了。

8.5.3 投资人员要“样样精通”

前面我们已经谈到，投资人员完成一个项目测算需要协调设计、成本、营销、财务、市政等各个职能部门同事，看似轻描淡写的“协调”二字在实际工作中需要耗费非常大的精力，有时甚至是阻碍项目推进的难题。为什么呢？因为每个部门同事手头上都有较多的工作需要完成，腾出时间来配合投资部完成测算了，自己的工作往往需要加班完成；其次，完成测算的过程中由于谈判条件的变化、领导意图的变化往往导致项目方案多次更改，每一次更改都会伴随其他部门的重复性劳动，频繁的修改很难得到各部门同事的支持。这个时候就非常考验投资人员的协调能力了，一方面项目汇报时间是刚性的，无法更改而且非常紧迫；另一方面横向部门同事又难以配合。

为尽可能减少以上情况的发生，建议各位投资同行不妨学会独立完成一个项目测算，如规划方案指标、销售计划、贷款计划等都可自行完成，更有厉害的投资大神可以尝试自己处理简单的强排、成本测算及财务测算（会有一定难度）。投资人员具备这样的能力以后，简单的测算完全可以自己搞定，不用过多地依赖横向部门同事，当然测算结果出来还是需要找相关部门同事复核的（规避失误责任），对横向部门的同事来说，复核可比自己做好多了。

这样一方面可以锻炼自己的能力，另一方面可以加快项目的推进，这是作为一名有追求的投资人员应该尝试的。

8.5.4 建立土地成交信息库

收集自己所在城市的历史土地成交信息并形成自己的“土地成交信息库”，信息库应包括每宗土地的占地面积、容积率、计容面积、起始亩单价、楼面价、成交亩单价、成交楼面价、溢价率、成交企业、特殊规划条件等信息（表 8-15）。时刻关注土地市场动向，每成交一宗土地都将相关信息统计到自己的信息库中。与此同时，可找一份城市控规图，将已成交土地标注到控规图中，做到“表图合一”。这样做的好处在于：一方面可以快速掌握整个城市土地市场的概况，加深对区位、地价、企业投资策略的了解；更为重要的是，可以对整个城市的土地做一个详尽的排查，若多年前成交的土地至今还未开工，完全可以主动去寻找合作的机会，这对拓展企业土地资源大有裨益。

土地成交信息表样表　　表 8–15

板块	交易日	公告总价（万元）	起拍楼面价（元/m^2）	成交方式	溢价率（%）	成交总价（万元）	成交地价（万元/亩）	成交楼面价（元/m^2）	竞得人	实际控制人	地块位置	用途	性质	总用地（亩）	总用地（万方）	建设用地（m^2）	容积率上限	可建体量（万方）

8.5.5　不做过高的市场预期

很多一线投资朋友一看到地价越拍越高就忘乎所以了，就理所应当地理解为土地会越来越贵（2016、2017 年的普遍行情），因此对未来的预期也是相当高。感觉每次进入招拍挂现场都是这一群业内朋友“争强好胜”的舞台，上次陪跑了多没面子这次一定要把脸面挣回来！感觉拍得越高越有面子！为此，项目不管周边什么区位和客户基础通通定位为高端盘，为了做足溢价也都规划大面积段产品；给到的售价已经完全脱离市场水平，还考虑每年大比例的年均水平递增；对于大体量的商业、车位，不考虑市场去化实际情况，而通通铺排短期 100% 快速去化。

这样获取到的项目风险有多高可想而知。这种完全不考虑市场情况硬要拍地王的情况也有，那就是企业确实要战略性进入的地区，但这种不理性操作的手段一般也只出现在中小房企。但我们回头来看，曾经风光无限的地王，如今怎样？ 2017 年 11 月底，华侨城转让北京丰台地王板块；上海楼板价超 10 万元/平方米的地王遭质疑变身停车场；南京地王“崩盘”停工的消息四处流传。

8.5.6　追求利润 / 货值最大化

作为一名有理想的投资人，几乎每一个项目我们在方案强排阶段都想要追求“货值最大化”或者“利润最大化”。货值最大化指项目销售收入最大化，利润最大化指项目最终的净利润最大化。针对二者，不同企业有着不同的诉求，有的企业追求货值最大化是为了求得一个良好的现金流，而有些企业则追求利润最大化。

那么问题来了，同样给一块地，如果别人只能盖出 10 亿元销售收入的房子，赚 1 亿元；读者如果能盖出 12 亿元的房子，赚 1.2 亿元。这就是你的核心竞争力，也是读者所在企业的核心竞争力。

如何实现货值最大化？这个大家都知道，那就是多布局一些高溢价产品，例如，3.5 的容积率想方设法在高层中挤点洋房出来，2.0 的容积率想方设法挤点别墅出来，同样是高层社区要做大平层，同样是别墅社区要多做独栋、合院，能做精装不做毛坯；简而言之就是什么产品能溢价就规划什么产品，因为在做满容积率的前提下，同样的计容面积，一定是销售价格越贵货值越大。举个例子，10 万 m^2 的项目，一种方案是 10 万 m^2 全部规划小高层，而如果采用 5 万 m^2 高层 5 万 m^2 别墅的高低配方案，往往可以提高项目的整体货值。

如何实现利润最大化呢？可能大家脑海中浮现的第一答案大多也是多布局一些高溢价产品，误以为项目货值最大化以后利润就最大化了。但在做测算的时候经常会发现，虽然想方设法地铺排了高溢价的别墅进去，最后却发现别墅不怎么赚钱。

实际上货值最大化与利润最大化并不相同，如果要实现“布局高溢价产品实现货值最大化 = 利润最大化”，就必须满足条件：高溢价产品的售价溢价必须要足够覆盖分摊土地成本及建造成本的增加，同时还要有多余的利润。

为了让读者更好地理解后面模型的建立，首先还原一下设计同事是如何来完成强排方案的。设计同事在进行方案排布时首先会考虑占地面积、容积率、计容建筑面积、建筑密度、限高、商业配比、标准规范等刚性要求，同时也会根据营销同事的建议考虑市场的客户群体、户型面积段、周边景观资源最大化、地形地貌等因素。首先营销同事根据市场调研结果会给到设计同事一份业态建议配比，包括应该规划哪些业态、业态层数、梯户比、户型面积及户数等数据。

设计同事拿到这样一份业态配比表，主要关注：一是要建哪些业态，是高层 + 洋房 + 别墅，还是洋房 + 别墅，还是全洋房；二是规划哪些户型。至于各个业态栋数、占地面积、各户型套数等数据一般情况下是很难做到与营销同事一致的，因为营销同事的这个数据一般考虑的限制因素不够全面，未充分考虑到建筑退距及其他设计规划等要求。而设计同事则是要全盘考虑，将所有的限制性因素都考虑在内，他们的做法一般是按照营销同事给到的业态，找出各个业态 1 栋的基底面积、建筑面积数据，然后在满足总占地面积、总计容面积的情况下找到一个解，然后再逐步去挨个检验其他条件是否满足，若不满足再去调整，直至最终满足为止。

从整个过程当中，其实可以发现，强排方案其实是一个多元非线性整数规划问题，设计同事通过自己的经验往往可以找到一个“解”，但这个“解”是否满足“货值最大化”或“利润最大化”，即我们想要的“最优解”，往往不得而知。通过高等数学知识可知，理论上来讲，多元线性规划问题应该是可以找到一个最优解的，前提是我们要把所有的限制性因素都进行表达，然后以项目货值或利润建立目标函数，最后通过 Excel 中的“规划求解”工具可以求得这个最优解，大家可以自行尝试去建立这个模型。

8.5.7 区分投资测算主体

不少同行在测算过程中往往将项目公司与股东混为一谈，从而导致对项目测算的理解产生偏差。首先需要明确的是，项目公司与股东为两个不同的主体，在测算之前首先得明确是以项目公司还是项目公司股东为测算主体。例如，测算项目公司 *IRR* 应以项目公司的现金流进行测算，而测算股东 *IRR* 则应以股东现金流进行测算。

8.5.8 投资测算学习路径

房地产测算是一个长期学习过程，不是一蹴而就的，初学者可按以下步骤由浅到深，逐步学习：

（1）首先了解测算的基本逻辑，目前各大公司的测算逻辑一般为“利润线”及“现金流线”，初学者只需掌握利润线即可，利润线的基本逻辑已在 8.2.1 节进行阐述，大家在此基础上掌握“算大账”的基本能力。

（2）研读公司测算套表，搞清楚每个子表之间的联系，这个部分已在本教材 8.3 节进行了详细阐述。

（3）独立完成一个项目测算，由简到繁；可先从简版测算（即静态测算）入手，逐步过渡到独立完成一般招拍挂项目测算，再进一步完成复杂项目测算（如二手收并购、竞自持项目等）。

（4）能够根据不同物业类型项目独立编制测算表。投资做到一定阶段，会遇到越来越多复杂的项目，用现有的测算套表是无法完成测算的，这个时候就需要独立改编现有测算表以完成项目指标测算，此阶段俨然是测算学习的最高境界，需要较长时间的经验积累才可达成。

CHAPTER 9

如何写好投资建议书

房地产项目投资建议书是投资人员在经过深入的项目踏勘、市场调研、投资测算以后将所有信息进行综合呈现，同时给出自己关于项目的研判结论辅助领导决策，此类报告一定要求客观、真实、全面。

9.1 撰写项目投资建议书

首先，了解项目投资建议书的基本写作框架。为得到一个科学合理的研判结论，我们可从项目基本情况、政策及市场分析、项目获取方式、项目规划设计及户型、产品定价及推售计划、项目开发计划、项目经济测算、项目经济测算七大维度进行详细阐述（图 9-1）。

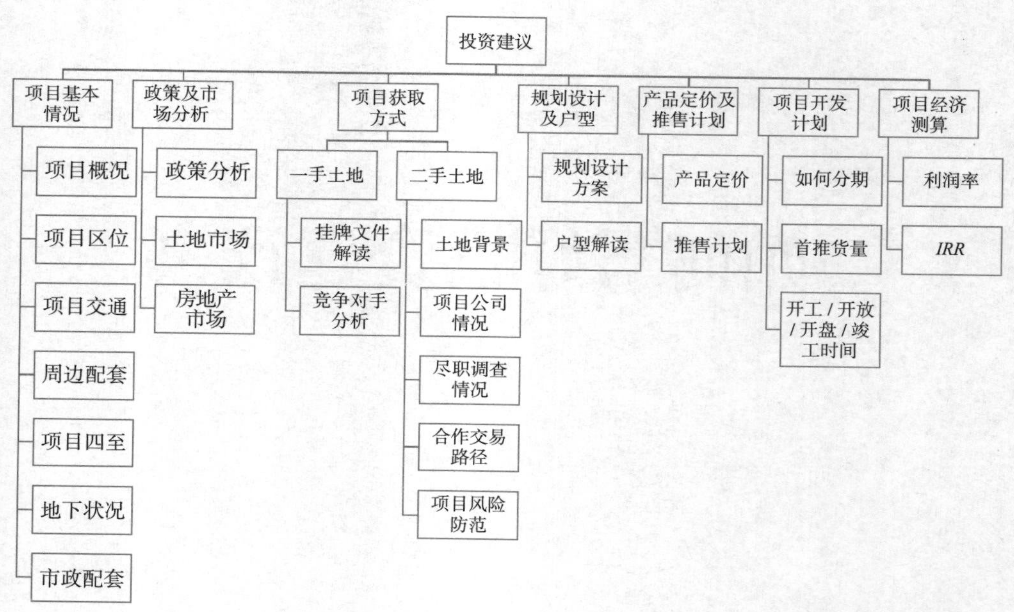

图 9-1 项目投资建议书基础框架

9.1.1 项目基本情况

项目基本情况包括项目概况、区位、交通、配套、四至等内容；本部分也与项目实地踏勘的内容息息相关。

（1）项目概况

重点表达：

1）项目红线范围：为了清晰可视化表达地块的红线范围及边界，推荐使用地图工具下载所在板块高清卫星图（航拍图 / 天地图 / 地球在线 / 奥维地图 / 谷歌地图，清晰度较高），再将项目红线嵌套在卫星图上。

2）项目基本指标：占地、容积率、亩单价 / 楼面价（招拍挂 / 二手项目）等。

3）是否有限高、配建等特殊要求：地块是否有限高、特殊的配建要求需要突出表达。

4）项目背景情况介绍（二手项目）：若为二手项目需对项目背景做充分的介绍，如土地权属的历史，项目目前的股东构成，合作方诉求等，方便报告阅读者充分理解项目的历史关系。

（2）项目区位

关注项目区位，宗地所处城市、行政区域、非行政区域的地理位置。图文形式说明宗地所处城市、行政区域、非行政区域（经济开发区、商贸金融区等）的地理位置，在区位图中需标记出宗地区域位置，并对地块与标志性市政设施、建筑物（如市中心商圈、机场等）的相对位置和距离、地段进行定性描述（与主要中心区域办公 / 商务 / 政府的关系），以准确表达项目具体位置。

重点表达：

1）大市区图内的相对位置，并标注公里数；局域图内定性表述宗地所处具体位置、相邻主要干道、与标志性市政设施、建筑物的相对位置和距离，可采用文字辅助说明。

2）政府行政中心：市政府、区政府、政府行政大厅、检察院等机构所在地。

3）城市板块划分：城市划分为哪些板块？各个板块有无房源供应？各业态均价水平？

4）板块规划定位：各个板块是如何定位的？重点居住组团在哪里？工业园区在哪里？

5）城市发展方向：基本判断城市发展方向，由此判断项目区位是否处于城市发展方向上。

（3）项目交通

目前项目交通及公交线路的通达性，未来项目周边交通的规划情况。

重点表达：

1）市政道路情况：项目周边交通通达性如何，宗地出行主要依靠的交通方式，分析现有及规划中的交通捷运系统等，道路交通完善程度及未来对便捷性的影响，周边道路是否建成，为双向 4 车道、6 车道还是 8 车道？若为规划道路，则需落实规划建成时间。

2）公交站点：距离项目最近的公交站点有哪些，分别通往城市哪些地区？

3）轨道站点：是否有轨道站点规划？规划地铁、轻轨线路与项目的关系及实现时间，距离项目最近的规划轨道站点有多长距离？

4）机场、客运中心、高铁站：分别距项目多长距离。

5）不利影响：项目临近规划的轨道交通、立交桥等可能对项目造成的噪音、景观等影响。

（4）周边配套

摸查项目周边环境及配套设施情况，为进行地块价值判断做准备。关注项目周边教育、医疗、商业、文体、公园、大市政等的分布。

重点表达：

1）教育：项目是否有优质小学、中学的教育指标，是否需要支付指标购买费用？

2）医疗：周边是否有三甲医院，若无三甲医院周边是否有当地其他较好医院。

3）旅游 / 景观资源：包括不限于公园、旅游景点、休闲中心等。

4）商业中心：项目与当地商业中心距离。

备注：基本介绍 + 距离表达，配套须注明特征，如学校、医院的等级，商业的规模等，若为规划须落实具体实现时间。

（5）项目四至

通过示意图展现项目四至的情况，并配有四至的外围照片，文字描述四至利弊及未来改变可行性。投资人员必须完成实地勘察，对红线范围位置了然于胸，切忌投资人员未实际勘察红线及周边，导致红线标识存在误差。

重点表达：

1）项目红线四至基本情况介绍（现场图片 + 文字表达）。

2）红线范围内不利因素及特殊事项，因此在进行房地产项目现场踏勘时要重点关注以下不利因素：

①红线范围内场地是否平整，是否有较大体量的土石方，土石方成本直接影响到测算阶段成本的估算。

②场地内是否有未拆迁建筑物，保留或待拆（标注位置、面积）；地上附着物（青苗费）、坟墓等，是否完成相应补偿。

③高压线，一定要考察清楚高压线的电压，不同的电压拆迁费用不可同日而语，如 10kV 与 220kV，如果不能拆迁，是否可以下地，下地成本是多少？

④场地下暗藏管道或市政管网，自来水管、天然气管道等。

⑤红线周边是否有地铁或道路规划，是否需要考虑退距？退距多少？

⑥查清宗地内是否有水渠、较深的沟壑（小峡谷）、池塘，目前用途及未来规划。

3）红线外不利因素，在距离红线 1000m 范围内（重大不利因素不限距离），包括但不限于以下事项：

①噪音：机场、铁路、公路、立交桥、工厂、集市、学校、车站、货场；

②污染：造纸厂、化工厂、橡胶厂、废品站、产生烟雾和扬尘的场所；

③恶臭：垃圾场、污水河 / 塘 / 沟渠；

④宗教：庙宇、教堂、清真寺；

⑤禁忌：殡仪馆、火葬场、公墓、监狱或看守所、刑场；

⑥危险物：高压电线路、核电站、油气库站、弹药库等；

⑦辐射性：微波通道、无线通信基站；

⑧环境变迁：规划中的公路、道路、高架桥建设；绿地、水面、树林等改变现状。

备注：附位置关系图、具体影响分析。

（6）地下状况

完成地质勘察、对地下构筑物的调查了解及相应处理方案，关注地质条件、地下管网及其他地下工程；为准确成本预估做准备。重点表达：

1）查清地下管线、地下电缆、暗渠、地上建筑物原有桩基及地下建筑 / 结构等；

2）地质条件对未来施工的影响评估；

3）通过管网图查清地下管线、电缆的具体走向；

4）填海、填湖地块，需取得相关地质勘探资料；

5）地块红线外地下存在对项目规划有影响的设施，如政府其他市政设施、轨道交通、水源地等。

（7）市政配套

对项目开发成本外部影响因素充分关注，重点表达：

1）供水状况：现有管线、管径及未来规划和实施时间。

2）污水、雨水排放：现有管线、管径及未来规划和实施时间。

3）通信（有线电视、电话、网络）：现有管线、上源位置、距宗地距离、涉及线路成本等。

4）永久性供电和临时施工用电：现有管线、上源位置、距宗地距离、涉及线路成本等。

5）燃气：现有管线、管径、上源位置、距宗地距离、接口位置。

6）供热及生活热水：现有管线、管径、上源位置、距宗地距离、接口位置。

附图：说明上述配套设施的管线走向、容量和接口位置，及未来规划扩容和增加的情况。

9.1.2 政策及市场分析

（1）政策分析

结合本教材 5.1 节目标市场的政策调研对当地政策影响进行分析，报告中重点表达：

1）限购、限贷、限价、市场监管、预售监管、物业管理费标准等政府特殊政策或要求。

2）预售政策、建设标准。

3）保障房配建政策。

4）定价政策及当地特殊性要求。

（2）土地市场

重点表达：

1）城市 / 板块近三年土地出让情况：可以通过中国土地市场网或当地公共资源交易中心进行查询，建议长期更新维护以形成自己的土地台账。

2）项目周边已出让 / 未出让土地成交信息：地块指标、出让时间、出让亩单价 / 楼面价、获取单位。推荐使用奥维地图，该地图可以在线编辑图形并实现一键分享，目标市场每成交一块土地均可以在地图上进行标注，长此以往就能对所关注的目标土地市场非常了解。

结论：目标地块地价是否合理。

（3）房地产市场

重点表达：

1）城市 / 板块近三年的商品房供销存情况：常规的商住项目只需要重点分析板块市场住宅、商业的供销存价（供应、销售、存量、价格），必要时可细化到具体业态（高层、洋房、公寓、写字楼、商铺）的市场供销存价数据。

2）周边竞品去化情况分析：通过踩盘获取一手最真实信息，踩盘时获取到的竞品项目情况、产品情况、销售情况，并对其潜在供应、客户来源进行分析，进一步判断竞品月均去化情况是否理想（踩盘具体注意事项详见本教材 5.5.2）。

结论：

1）市场是否健康？存量去化周期、供销比是否合理？

2）通过竞品主力产品去化情况推导目标地块产品定位。

3）对比周边竞品，寻找差异化竞争优势。

4）通过分析竞品客户构成，得出客户定位结论；包括目标客户的来源、行业特征、购买方式及产品关注点等。

9.1.3 项目获取方式

报告中此部分主要对项目的获取方式及风险关注点进行阐述。

（1）一手土地

一手土地重点为招拍挂方式获取。需对挂牌文件进行详细研读，提炼关键信息。报告中应重点表达：

1）出让公告、竞买须知以及出让合同关键内容：

①公告文件内容，主要建设、规划等特殊性要求和策略挂牌条件等；

②须上传平台的相关文件；

③土地出让合同：

A. 开竣工时间要求；

B. 户型限制要求；

C. 地价支付条件及延付的相应罚则；

D. 其他特殊性要求。

④如存在勾地、托底单位，须说明相关背景。

2）报名及潜在竞争者情况：

①报名及潜在竞争者的背景情况；

②参与的动因及出价能力判断。

（2）二手土地

二手土地的汇报关注点与一手项目大有不同。二手土地需重点表达：

1）土地权属状况与背景：（完善基础工作，注重排查项目背景资料，见表 9–1）

土地权属状况与背景调查表

土地使用权人		土地他项权利	（如设置抵押等其他权利限制）
土地用途		土地使用年限	（起始时间，各功能的使用年限）
土地手续状况及背景	（立项、用地规划、土地出让合同、土地证等手续状况、土地方获取项目的来龙去脉；收购项目还需补充，收购价款构成、地价构成，发票提供情况、溢价等）		
项目信息来源			
土地方或合作方背景	（土地方或合作方与土地使用权的关系）		
项目转让目的			
是否存在中介费	□是　　　□否		

附项目背景资料清单：出让文件（公开）、国土证、出让合同、规划要点、法院判决书（如有），其他批文（如有）、公司审计报告等的文件名称及文号。

2）土地手续状况：关键文件须核查真实性，包含但不限于：《建设用地规划许可证》《国有土地使用权出让合同》（如有开竣工要求，须在备注栏标注时间）、《建设用地批准书》《建设工程规划许可证》《建筑工程施工许可证》《国有土地使用证》及相关批文等。

简述项目来源及过程，关注内容：

①项目开发主体的变化过程（可用文字表述项目的前期出让、办证、过户等历程）。

②判断项目闲置风险及是否有相关延期批文。

③项目国土、规划和建设（在建工程）的面积差异，并判断补缴土地出让金的金额。

3）项目公司状况：须完成工商局的相关查询。

①项目公司股权结构。

②项目公司所有股东对资产处置的态度、处置方式及特殊约定（如国有企业需公开挂牌）。

③是否存在其他权益方或有影响的第三方（某公司获取新项目过程中，发现存在股东外第三方通过协议约定对项目拥有权益）。

④土地实际控制人的背景。

在项目前期尽早了解上述情况。

4）尽职调查情况：在协议谈定前，尽可能完成尽职调查，并反映到协议中；如未完成尽职调查的项目，须严谨表述各前提条件。报告关注内容：

①土地法律手续是否完善。

②成本情况及构成。

③已签署合同情况及解决方案（尤其关注已签署的工程、设计、物业服务等合同）。

④其他资产情况。

⑤公司债务状况及或有负债风险。

⑥外部专业意见及结果。

⑦一线公司相应的结论。

上述内容如不能通过事前尽职调查予以确认，也需要在谈判过程中逐步落实，并作为合作前提条件。

5）土地获取方式：阐述获取方式、程序和细节，付款与付款条件需重点说明。

①土地使用权获取方式简述（关键流程及要素表述）。

②土地获取程序：

A. 以流程图说明土地使用权取得的基本环节、时间和条件说明；

B. 尤其涉及合作、二手交易项目，应与协议一一对应。

③地价构成及支付节奏：

A. 地价构成（指真实完全地价，包含现金对价、实物对价、以利润形式支付的对价、溢价产生的税费以及其他代建义务等）；

B. 表格说明总价、付款进度、支付金额和付款条件（包含保证金、诚意金、共管资金、委托贷款等）；

④存在溢价项目，处理方案需提前与公司财务、税务部门沟通。

6）合作方式

①合作方背景简述。

②主要合作条款：

A. 合作比例；

B. 操盘条件；

C. 并表条件；

D. 资金统筹条件；

E. 管理人成本；

F. 投资及利润分配原则；

G. 商标与品牌许可条款；

H. 其他特殊条款。

7）项目风险与防范：对交易前后各类风险作谨慎评估，确保资金安全，避免潜在风险影响项目运营：

①包括但不限于付款风险、税务风险、合作方履约能力风险、经营管理风险、收益分配风险、二手地闲置风险等；

②明确具体风险内容，如拆迁需要明确拆迁量及拆迁周期；

③防范措施，除采取措施外，须量化导致项目成本变化情况。

9.1.4 项目规划设计及户型

重点表达：

（1）规划设计方案：根据营销策划部提供的业态配比及规划设计条件确定规划方案，

明确各项规划指标，阐述方案亮点。

（2）户型：项目采用何种户型？户型面积段、占比？户型相比竞品有和优劣势？

9.1.5 产品定价及推售计划

重点表达：

（1）产品定价：各业态产品如何定价？是否考虑每年价格递增，递增比例？阐述定价依据。

（2）推售计划：各业态产品分别何时推售，各季度各年分别推售多少货量，去化多少货量？

9.1.6 项目开发计划

重点表达：项目如何分期开发，展示区及货量区如何划分，明确各自的开工时间、开放时间（展示区）、开盘时间、竣工交付时间。

9.1.7 项目经济测算

从经济测算的角度简单判断项目是否可行，重点关注净利润率、*IRR* 等关键指标，以量化项目运营管理风险指标和财务指标，为科学决策提供依据，具体计算过程参见本教材第 8 章。

9.1.8 项目投资建议

项目建议书应从城市发展方向、区域规划、板块市场、宗地自身素质、公司投资策略、开发风险和利润指标等方面对地块进行总结，并提出合理的投资建议。重点表达：

（1）区位：区位是否处于城市发展方向、受当地客户认可，相比竞品是否有优势。

（2）配套：生活配套是否成熟，相比竞品是否有优势。

（3）宗地素质：项目是否可快速动工，有无重大不利因素。

（4）市场健康：目标市场存量是否处于合理状态。

（5）经济测算：是否符合公司利润指标要求。

（6）投资策略：是否符合公司投资策略，目标市场是否有充足货量维持既定市占率。

9.2 投资人撰写报告的常见误区

谈及投资人撰写报告的误区，那就得首先谈一下投资工作的分类。

投资一般说来可以分为两个方向，一个是我们经常提及的投资拓展，我们平时讨论的投资岗就是指投资拓展岗，90% 投资岗的人都是干拓展，主要工作就是一线进行土地拓展（俗称拿地）；而另一个便是项目评审，项目评审这个岗位的主要工作是对各个地区公司提报的项目进行真实性、合理性审核，是老板的最后一道关卡。很多朋友问到同样是投资岗位，该怎么选择？简单说来，对于目前行业内的大部分公司，地区公司一般就是从事投资拓展，而集团总部则主要是偏项目评审。那么问题来了，投资拓展都已经这么专业了，为什么还需要设置项目评审这一职位呢？是不是多此一举？

答案肯定是否定的！

投资拓展负责一线拿地，更多接触的是实务，要去拜访政府、找合作方、踩盘、写报告、设置交易路径、做测算，当然偶尔参加应酬也在所难免。这里面没有哪一项是轻而易举可以完成的，没有三五年的工作经验很难做到游刃有余，从找土地、筛选土地、评判土地再到集团审核通过一直到项目落地，过程极其艰辛和不易！找土地可能就需要把自己能够想到的各种资源统统都用上，土地初判又需要自己要有相当的经验，看区位看周边售价可以大概判断能不能做，不能做就别浪费太多精力了，可以做就得马上组织设计、营销、成本、财务出设计方案、出投资测算，每个部门都有自己的工作，不易组织协调，最后还不是得要投资部门去协调。如果算出来不达标，方案还得修改，一切重头再来。其他部门加班做出一版方案，如果第二天又要重新做，再配合的同事也是没办法忍受的。即使在这种情况下还是要收拾好心情和别人沟通，想尽办法与其他部门同事沟通再重新来一版。投资人看似在投资测算整个过程中没有参与具体工作，但是每一个环节都要去复核，守着设计出强排，成本完成成本测算，营销完成销售预测，财务完成财务测算，投资人员往往都是最后一个休息的。

正是由于这样的艰辛和不易，每个公司都会设置金额诱人的“拿地奖”，拿一个项目整个团队都会有一笔可观的奖金，以此来激励一线投资团队充分利用个人资源和才智来拓展项目。

但与此同时，问题也随之产生了。

一线投资团队最大的诉求点就是尽快获取项目，无论是金钱上还是业绩上的激励。好不容易找到一个项目，好不容易协调各方终于算得过账可以提报到集团了，而此时就要与投资评审针锋相对了。

投资评审在获取到项目相关资料之前往往也会到项目现场去踏勘，也会做市场调研，为的就是检查地区公司的各方面数据信息是否客观真实。一线投资团队为了尽快获取项目往往会采用一些套路隐瞒项目的某些不利因素；总结一下，惯用方式主要有以下几个方面：

9.2.1 只写好的不写坏的

区位：位于老城边缘，往往会被形容为“坐拥城市繁华，配套完善”；位于新区，则往往会被形容为“未来城市发展方向，未来政府重点打造片区”。

学区：若项目所在地的学区是最好的学区，则往往写成“无须其他条件，直接就读”，缺乏对一些关键因素的实际考察，例如，是否有指标费、指标费是否计入成本等。如果不是最好的学区，则往往被宣传为“优质学区”。

交通：例如，临近公交快速路等则被称为“交通便利”，不考察噪声等因素的影响。

配套：项目到政府、商圈、学区、医院和公园等优质配套资源往往只提及直线距离，不提及车行或步行距离。

本体：通常忽略项目本体的不利因素。例如，高压线问题、地块内拆迁、地块内清表费用。往往不经扎实的实地考察，便直接写没问题或不提及。

9.2.2 只看规划不看落地

如果项目在新区，那么一定对于各种规划大力描述。例如，“地处政府新区”“定位高、决心大”“双地铁规划”“公园、三甲医院”等。但实际情况可能是目前项目所在地还比较荒凉，配套设施不足。

9.2.3 只看预期不看近期

很多一线投资岗位的同仁看到地价越拍越高，便想当然地认为土地价格必然会越来越贵（此类现象在 2016、2017 年较为普遍），因此对未来的预期也非常之高。每次到土地招拍挂现场时也认为越拍越高是正常的。为此，有时不顾项目定位和客户基础通通将项目定位为高端盘，为了做足溢价也都放大面积段产品，给到的售价已经完全脱离市场水平，还考虑每年 5% 的递增。

这样做法带来的高风险可想而知。这种完全不考虑市场情况强势拍“地王”的现象通常出现在操作手段不高超的中小房地产企业。

9.2.4 只对标当地最好的楼盘

有时为了让领导和公司看到项目的市场信心，撰写报告的人员往往要花一些心思。有时投资岗人员不顾项目区位如何、客户目标群如何等因素，产品设计通通对标当地最好的楼盘。但是，自己的项目和当地最好的楼盘相比，有何优势？有何特点？很多投资岗同仁会直接将价格标注当地最高价格，但是标价前没有进行扎实、细致的对比和分析。

9.2.5 地价反推售价，不考虑市场接受度

为了最大概率获取项目，投资团队往往会预估获取本项目需要申请的集团授权地价，根据这个地价来反推项目各业态售价，再根据该售价去寻找支撑。这样的拿地逻辑存在较大的问题。

9.2.6 交易地价纸上谈兵，不考虑操作性

此类问题主要体现在：设置的交易路径存在较大漏洞，习惯性地忽略一些风险。例如，经常设想大额融资（如几亿元），同时又将融资成本考虑得较低。但低成本融资谈何容易？很多相关因素必须认真考虑，例如，操作过程中会产生哪些交易税费？由谁承担？由我方承担的话是否已计入成本？项目公司债券债务情况如何？存在或有债务应如何处理？商业去化不了怎么办？合作方能否兜底？上述预期是否能够最终实现？很多类似问题，都需要通盘考虑。

以上说到的各类问题，现实当中还有很多，因此各个房地产企业集团公司几乎都会设置投资评审岗位，将项目最终的获取决策权留在集团，以避免以上提及的各种风险。

笔者记得自己刚刚入行的时候，写报告时将项目现场的实际状况原原本本地客观描述，“富有经验”的领导曾语重心长地“提醒”我：“你这么写，不想拿地了？”当时，这件事对笔者影响很深，也让笔者时常想起这件事情。但是，随着笔者接触的项目越来越多，和各方的接触越来越深入，才慢慢意识到对一名合格的投资人员来说，客观才是第一要义！岗位赋予的责任是如实地反映项目的实际情况，同时要有经营性思维，从公司决策者的角度去审视这个项目。公司高层是否愿意投资这个项目？这样思考问题投资人员才能做到客观真实，才能获得真正的核心竞争力。这也是各大集团公司纷纷推行跟投制度的主要目的。

CHAPTER 10

房地产高效投资工具介绍

一名出色的投资人员除了掌握扎实的专业技能以外，还应熟练掌握一些高效的投资工具，这样才可以让工作变得更有效率，也能够抽出更多的精力去做更复杂的事情。本章节将从看地、踩盘、市场监测、企业查询、社交等方面介绍一些常用的工具。

房地产投资常用工具如图 10–1 所示。

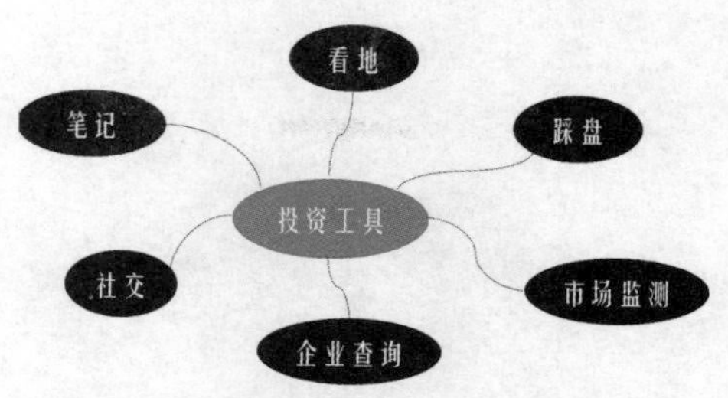

图 10–1　推荐投资工具汇总

10.1　看地：奥维地图

奥维地图又称奥维互动地图浏览器，是一款集合多款地图的浏览器。目前投资拓展部常用于踏勘报告、投资分析报告中的区位图制作，以及历年楼盘与土地信息的可视化显示。其主要优势有以下几个方面：

（1）具有云端储存功能，账号登录后可以同步手机端踩盘信息到 PC 端，每次踩盘可以将各个楼盘的位置、价格等信息添加标签，同步更新到 PC 端与土地库整合到一起，日后可以随时随地从云端下载查看标注的数据，比较方便。

（2）卫星图精度高于百度、高德等常规地图软件，这极大地方便了投资人员查看地块地形地貌，有些进不了现场的在建工程甚至可以直接在上面数楼栋。

（3）支持在线编辑地块红线、添加信息标签，自己创建一个土地地图库，所在城市每日有了新的土地成交马上更新上去，长此以往可以积累属于自己的城市土地库，哪块地由哪个公司获取，成交价格多少，成交时间等信息一目了然。

（4）支持在线编辑地图分享，可直接分享在线地图给领导同事，方便工作沟通。

（5）方便汇报。每次项目汇报的时候 PPT 上的地图截图由于图幅、图片压缩的限制，往往非常不直观和清晰，此时若直接打开自己的奥维土地地图进行介绍，地图可以随意挪动和放大缩小，可以帮助听会领导快速建立城市认知。

奥维地图分为免费版与付费版，其中免费版可以标注 1000 个奥维对象，而付费版相应数量及存储空间会更多一些。一般情况下，一个地区一个免费账号即够用（图 10–2、图 10–3）。

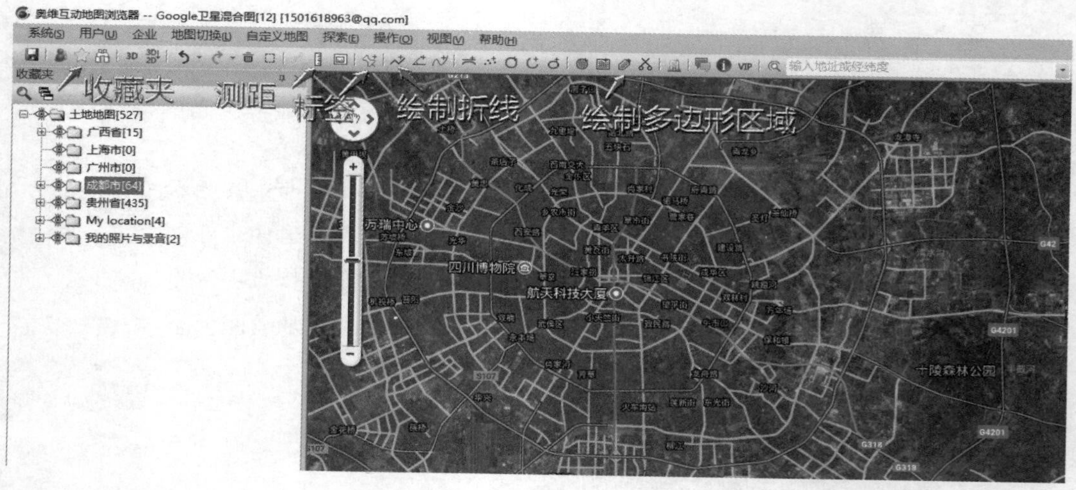

图 10–2　奥维地图操作界面

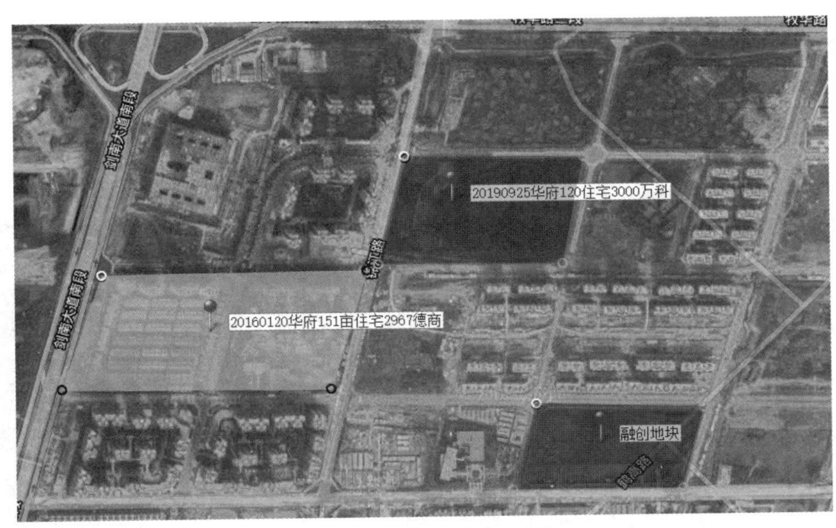

图 10-3 土地地图示例

10.2 看地：户外助手

在看地时要经常拍照，图片一多，时间一久就记不清图片拍摄的具体位置，尤其是当需要通过所拍摄的照片来精确判断地块红线范围的时候。户外助手这款工具便能有效解决此问题，它可以实现图片自动导入并定位。

专业的轨迹记录功能，支持为轨迹添加图片、文字、语音等形式的标注点，让每一次看地都满载而归，避免了回来记不清路上所见的各种现状、没法跟领导汇报的情况。虽然奥维地图也具备轨迹记录及照片自动添加的功能，但从使用便利性来讲，户外助手在这个功能上更胜一筹。

因此，建议投资人员两款软件都有安装，户外助手主要用于轨迹记录及标注图片，而奥维地图则主要用于建立土地数据库等功能。

10.3 制图：全能电子地图下载器

投资工作中时常需要下载一块区域的卫星地图，然后打印出来，但是很多在线地图是不支持下载打印的，网页版截图后，打印又不清晰。全能电子地图下载器则是一个专门下载地图瓦片数据的工具，可以从谷歌地图、高德地图、腾讯 SOSO 地图、雅虎地图、必应地图、诺基亚地图等网络地图中下载瓦片地图（256 × 256 的图片），并可无缝拼接成大图。操作时可在地名搜索框中按省、市、县，快速选择到需要下载的区域（软件里面只支持选定到县，如果需要到一个乡镇，一个村，那必须我们手动框选）；设置需要下载的地图的级数，名称，保存位置；点击“开始”按钮，就会开始下载选定区域的地图数据，在软件下方会显示下载进度；下载完成后会弹出是否合并地图的对话框，直接点击“是”，然后就会自动开始合并。这款软件可帮助投资人员快速下载高清卫星地图（图 10–4）。

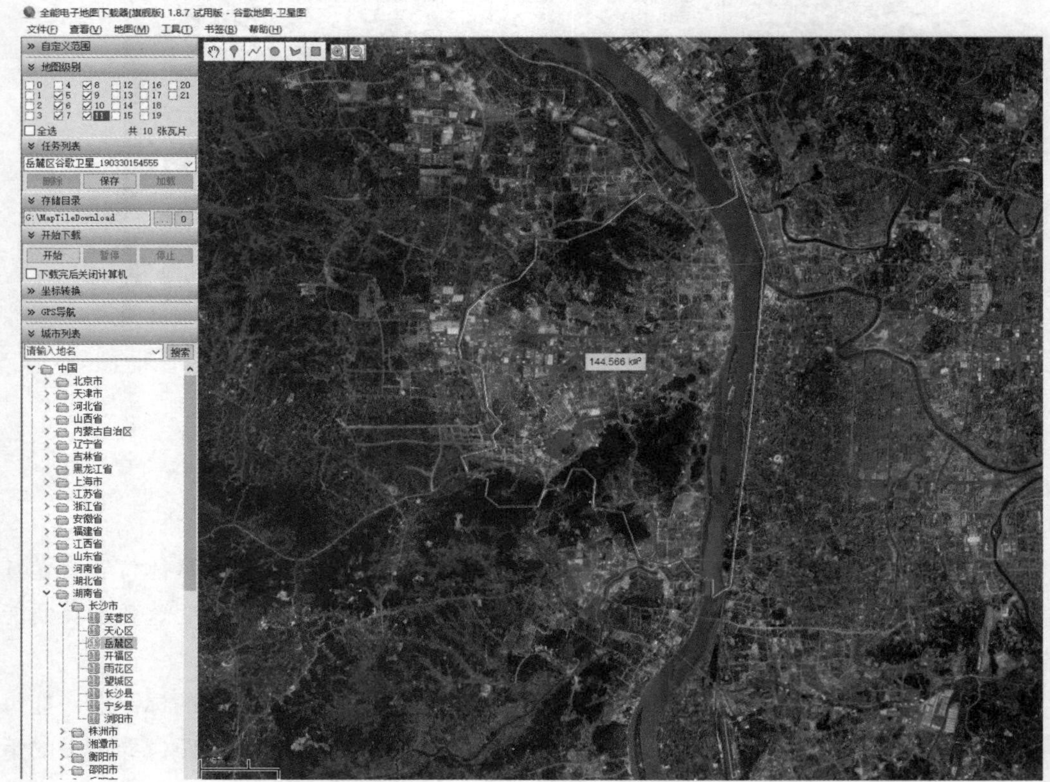

图 10–4 全能电子地图下载器界面

10.4 制图：绘制矢量地图

我们在写报告的过程中时常需要绘制专题地图，以形象地表达项目分布，市场占有率等信息，但我们往往难以寻找到令人满意的底图；而矢量地图以其较高的清晰度及可编辑性而成为我们底图选择的首选。这里推荐几种寻找和制作矢量地图的方法。

（1）国家地理测绘信息局，其网站有高清版的标准地图可以下载，提供有 JPG、EPS 两种格式，EPS 格式地图用 AI 打开拖入 PPT 即可进行改颜色等编辑。

（2）PPT 里面的插件也可以实现，例如，美化大师、islide，在插图库或形状里面搜索“地图”，都会出来地图的矢量图。

（3）找到百度图片，导入 PPT 里面用多边形形状进行描摹，适合比较简单的地图图形，这属于比较笨拙的方法，简单图形可用，复杂图形就不推荐了。

（4）更复杂更高端一些的，可以用 Excel 的数据可视化图标来做了，不过过程要烦琐一些，涉及 VB 方面的内容。

（5）Bigemap 下载器，这是一款非常强大的地图工具，可实现按省、市、县行政边界下载地图，下载完成后可任意编辑并打印。但是此款软件需付费购买，且费用高昂。

此外，我在工作中也会收藏一些现成的矢量地图文件，方便在做报告时随时调用。

10.5 社交：名片全能王

投资人员平时的拜访应酬以及踩盘较多，会收到合作方、置业顾问等各单位的大量名片。

以前的操作模式是将名片整理放到名片本里面，但是有时候想要找某一位客户或合作伙伴的电话的时候，却怎么也找不到。如果把他们都存进手机电话本或者存进 Excel 又太多太杂，非常浪费时间。

这款软件不仅可以快速批量扫描录入名片，只要轻松拍一张照片就能智能地识别出人名电话，不用打字输入姓名电话等信息，同时还支持一键分享名片，可以轻松管理大量名片资料，真正的效率利器。

10.6 企业查询：启信宝

收并购项目跟进过程中，我们往往需要查询目标公司的债权债务情况，启信宝便可基本解决我们的需求。通过启信宝可以全方位获取目标公司工商信息、变更记录、对外投资、企业年报、法院公告、法院判决、失信信息、被执行人、司法拍卖、经营异常、公司新闻、招聘信息、专利信息、商标信息、著作权、软件著作权、域名信息、企业链图、信用报告、公司评价等信息，提供企业全景服务数据。

CHAPTER 11

房地产投资岗求职

房地产投资岗职业发展路径主要有三条：

①职能条线：长期从事房地产投资，发展路线一般为：投资专员－投资主管－投资经理－投资总监－地区公司副总裁／总裁。

②项目条线：投资专员任职1~2年升至主管或者经理后，转岗至运营工作1~2年，再转岗至项目做报建／工程，升项目副总、项目总，再进一步则是地区公司副总裁／总裁。

③金融条线：如果不想一直都从事房地产，可选择第三条路径——房地产投资任职3~5年升到投资经理／总监以后，跳槽到偏财务投资的金融机构，负责不动产投资方向，这也是一条光明大道。

接下来本章将从社会招聘及校园招聘两个维度谈谈房地产投资岗求职。

11.1　社会招聘如何转岗地产投资

投资岗目前整体来讲还是主要以社招为主，要求有一定的社会资源，毕竟获取土地信息这一块就对投资从业人员的人脉资源提出了很高的要求，再加上项目跟进过程中多次与政府、公司横向职能部门沟通协调，大量次的谈判，对个人的社会阅历都提出了极高的要求，因此这个岗位社招为主不难理解。如果读者目前为非投资岗位甚至非地产行业想要转岗地产投资，有以下路径可以参考：

11.1.1　寻求内部转岗

如果目前处于房地产行业，所从事的为营销、设计、运营、工程、成本等岗位，是有机会申请内部转岗的，而且还具备较强的优势。具体体现在哪些方面呢？

营销的优势在于了解区域市场，了解客户痛点，懂得如何做好项目定位；这是投资人员在进行项目研判前期最为需要的一种能力。设计的优势在于如何从方案和产品的角度对项目进行可行性评价。运营的优势在于合理把控项目运营关键节点和工期，对项目全过程开发较为熟悉。工程的优势在于了解项目施工工期控制、项目现场管理、各种总包分包处理。成本优势在于对项目全成本极其熟悉，对于前期把控成本相当关键。因此，如果读者是以上岗位之一，完全可以寻求内部或外部机会进行地产投资转岗。

11.1.2　寻求业内朋友推荐

如果读者目前处于非地产行业，那么进入地产行业会存在一定难度，毕竟隔行如隔山，这种情况下直接投递简历应聘石沉大海概率比较高。此时，如果读者一心想要加入房地产进入投资岗，笔者的建议是首先彻底地了解一下房地产投资岗的工作内容及能力要求，然后梳理一下自己是否具备进入这个岗位所要求的基本条件或者存在一定的优势，例如，入行者是否有着比较丰富的政企资源？是否有途径获取较多的土地信息？对于房地产投资的工作自己能力是否能够胜任？如果答案是肯定的，那么可以寻找一些地产行业内部的朋友帮忙推荐职位，成功率往往会比较高。

在所有其他行业中，如果是来自政府机关、金融银行等行业，那么转岗房地产投资的机会比较大，主要在于政府机关和金融银行所从事工作与地产投资相关性较大，往往掌握一定土地相关资源信息，这种情况下寻求一些靠谱的地产行业内朋友推荐是极其有效的。

11.1.3　寻求地产猎头推荐

有的朋友反馈自己不属于这个行业也不认识地产行业的朋友，那应该如何寻找面试机会呢？这种情况下还可以去寻找地产猎头，目前行业内有专门从事房地产投资的猎头顾问，在网上搜索一下本地的猎头咨询公司联系方式，通过持续接触也可能争取到面试机会。

11.1.4 “曲线救国”

如果个人经历确实很难满足直接从事房地产投资的要求，那么可以尝试一下“曲线救国”的方式。比如以前是在乙方代理公司从事营销策划的，那么可以先申请去到甲方从事营销策划，工作 1~2 年再寻找机会转岗到投资拓展岗。

11.1.5 “回炉再造”

还有一些朋友本科毕业 1~3 年，从事的非地产行业想要应聘房地产投资的话，不妨可以考虑回学校读一个研究生，务必考取 985/211 或建筑老八校，现在土木建筑类行业研究生并不热门，努力复习考上难度应该不大。可以挑选一个性价比较高的 985/211 院校读一个土木或房管类研究生，提升自己的学历背景，读研过程中再去各个地产公司实习，当处在这样一个氛围以后，要找一个地产公司的实习还是相对容易的。现在一般的专业硕士其实就只是上一年的专业课，另外两年完全可以用来实习，一来可以通过读研让自己有所提升，二来大大提高了你进入地产公司的机会。这条路是目前不少在甲方工作的前辈所走过的，可以借鉴。

11.2 应届生如何准备校园招聘

虽然投资岗位往往通过社会招聘选拔，但每年仍然会开放一定的名额给到应届生，但开出这样名额的多是有完善培养体系的大型房企，应届生虽然没有社招员工那般有资源，但对企业的归属感强，能吃苦耐劳。但投资岗开放给应届生的名额极其有限，一般一个企业去到一所学校招聘的投资拓展岗位平均下来也就 1~2 个，竞争难度相对来讲是比较大的。

对于应届生来讲，只要是大土木、大房地产、大金融专业方向的同学都是可以进入的（包括但不限于土木、工程管理、城市规划、金融、投资管理、暖通、经管、会计等等），具备较强的综合能力且对这个岗位有所了解，最好有过相关的工作或实习经历，用心准备都是可以拿到满意 offer 的。那么具体应该从哪些方面去准备呢？

11.2.1 了解行业 / 企业 / 岗位

首先，要了解准备进入的行业、公司、岗位的工作环境、工作内容是什么，换言之就是要知道这份工作是干吗的？如何去了解呢？首先可以在网上大致搜搜，其次可以找自己的师兄师姐或者已经工作的同学了解，另外还要多观注地产自媒体等。想方设法去深入地了解一下这个行业和公司（土木类专业的同学不存在这样的问题，主要是其他非相关专业的应届生朋友），例如，现在都说房地产是夕阳产业了，为什么说它是夕阳产业？这个说法是否真的符合实际情况？都需要去了解；另外还需要关注每个公司的文化是怎样的，哪些公司的校招培养体制较好，哪些公司比较给年轻人机会等。

最直接的途径莫过于去目标公司实习，没有之一，不要工资也要去！去切身地感受一下公司的真实工作内容和工作氛围是怎样的。为此平时就一定要多关注实习信息了。

其次，分析自己的基本情况，自己的专业、性格、偏好等。在对行业、公司及岗位都有所了解以后，那么就要进一步分析自己的优劣势，这个企业和岗位是非常出众，但自己能不能进？能进的可能性有多大？例如，自己是学语言方向的，如果选择去投递工程管理岗位，可能连简历都是很难通过的；再例如，自己抗压能力如何，能不能接受加班？如果抗压能力不行也不能接受加班，那么建议不选择地产。经过这样一分析，应该可以筛掉大部分公司及岗位，剩下的就是可以尝试的目标公司及岗位了。

最后，锁定目标公司及岗位以后，尽可能多地去了解这家公司这个岗位，尽可能还原真实的工作场景。上文已提及最有效的途径就是去这家公司的这个岗位实习。如果没办法获得实习机会的话那也要尽可能地去找该公司该岗位已上班的同事进行了解，最好是刚毕业加入公司的师兄师姐进行了解。

11.2.2 了解甲方的管理模式

很多土木类、规划类专业的应届生朋友往往有一个误区，那就是毕业以后一定要先到乙方工作 3~5 年锻炼自己的专业能力，待专业能力积累到一定程度以后再跳槽去到甲方地产公司。严格意义上讲，这个逻辑没有问题，但这是一个略显过时的逻辑，在过去 10 年是没有问题的，但在今天笔者个人认为有待商榷，为什么呢？因为在今天的房地产行业决定从业者能走多高的并非只有专业技术能力，更多地还要看沟通协调能力、统筹资源的能力以及解决问题的能力。

在甲方，很多专业技术层面的工作往往都是采用外包的形式。例如，规划设计是外包的，建筑施工是外包的，广告策划是外包的，甚至房产销售也是外包的……。读者也许会发现，甲方的工作重点有时并不在技术本身，而是在于协调资源：需要协调设计乙方按时出图，协调施工乙方按时完成供货任务，协调广告策划出宣传文案，协调销售代理完成年度销售目标等。外部需要协调，内部也是需要协调，例如，投资拓展岗就需要协调营销、设计、成本、财务、运营等部门共同来完成规划方案设计及投资经济测算。

另一方面，进入这个行业的时间越早意味着未来上升的空间越大，当在乙方工作 3~5 年以后再去甲方应聘的时候很有可能发现自己当年的同学可能已经成为自己的领导；而自己还要从头再去熟悉甲方的工作模式，差距越拉越大。

11.2.3 应聘简历注意要点

在百度、知乎上可以搜索到很多关于应届生求职简历的指导建议，但鲜有找到针对地产行业的求职简历指导。因此结合“牧诗地产圈”应届生朋友反映比较集中的一些简历困惑，把关于撰写简历的一些经验固化下来，希望能够给各位应届生朋友们带来帮助。

首先需要搞清楚一点的是，简历应该随着所面试的行业、公司及岗位的不同而不同。不同的行业、公司及岗位对用人标准是有较大区别的，例如，投递互联网公司编程岗位的简历去投递地产那肯定不行；互联网公司编程岗位更偏向技术型，应该更多的体现在编程算法上的优势，而地产行业却更为重视管理能力、组织协调能力、语言表达能力等，因此，应该在简历中更多体现这方面的能力。

那到底应该怎么样来写好这样一份简历呢?

笔者的建议是首先找到一张白纸，把自己从进入大学一直到现在所有的经历按时间都写出来，不管经历的大小，统统写出来，包括不限于自己的实习实践经历，学习经历，个人荣誉等。每一段经历不需要过于详细，提炼出大致的点即可。写完后会发现，原来自己优点这么多，还做了这么多的事情，自信心瞬间提升一大截。

接下来，才是战术层面上的建议。首先，需要找一份低调有内涵的简历模板。有同学非常自信不用参考模板，尝试自己“徒手”做简历，做出的简历却往往效果不佳。如果 office 没有想象中的那么厉害，还是建议去找一份适合自己的模板吧，但应注意以下几点：

（1）切忌不要过于花哨，永远记住简历是用来求职的，大红大绿的模板统统不要，只需要白纸黑字即可。

（2）作为应届生来讲，简历模板建议遵循：基本信息 – 教育背景 – 实习经历 – 校园实践 – 个人荣誉 – 执业证书 – 自我评价的逻辑框架来写，名字及联系方式最好放大居中在最显眼的位置，以免面试官找半天也找不到联系方式。

1）基本信息：主要包括姓名、性别（有很多朋友的名字，甚至连照片是看不出性别的）、出生年月、年龄、身高、体重、是否为党员（党员、预备党员可以写上，其他的就不要写了，大学入党还是比较难的，能入党说明在学生阶段还是很优秀的）、个人照片（最好提前找专业一点的工作室拍摄，部分房企还是比较看颜值的）。

2）教育背景：本科、研究生分别是什么大学的，各个阶段的学习成绩排名如何。有的研究生朋友说自己的本科学校不好，就干脆不写本科学校了。笔者还是建议写上，毕竟人力资源（HR）的老师都经验丰富，会关注求职者的每一段教育背景。与其这样还不如豁达一点，都是自己的经历，如实展现出来就好。

3）实习经历：对于房地产企业，此项非常重要，务必要好好写。客观来讲，房企是非常看重应届生有无实习经历的，因此，还没有过相关实习经历的应届生朋友在寒暑假期间抓紧找一份实习吧。

每一段实习经历自己都要去提炼在这份工作中自己做了什么，从中学到了什么？重点突出自己工作过程中的比较出色的事项，语言务必精炼详实并且专业化，切忌口语化堆砌字数。

有应届生朋友可能会问，确实没有实习经历怎么办？

笔者建议从另外的角度来弥补这个不足。例如，因为一直在帮助导师做课题，一直在专注研究某一个论文方向，或者说在创业，而导致时间没有用在实习上面。既然没有用在实习上面，那一定是用在了其他的某个方面，把它找出来，只要能体现出适合这项工作的某种能力即可。“牧诗地产圈”一位应届生朋友就是没有实习经历，但是一直在把时间专注在 BIM 的研究上面，最终也是打动面试官进入龙湖。

4）校园实践：主要体现自己在校内的实践经历。例如，做过学生干部，当过学生会主席、部长、班长等都是很好的校园实践经历，房企最喜欢有过这些经历的同学（例如龙湖、万科）。因为有过这种相关经历的同学，起码可以说明有一定的组织协调能力、语言沟通能力以及适量的抗压能力；前文已经说到了这些特性又恰好是房地产从业人员应该具备的基本素质。

5）个人荣誉：自己都收获了什么样的荣誉，是否获得过奖学金，获得过几次等。

6）执业证书：有没有考过一些职业资格证书？例如：一级 / 二级建造师、造价咨询师、会计从业资格等。

7）自我评价：用一句话或者几个词高度概括一下自己的性格特点即可。

以上这些信息从哪里来？就从前面提到的那张白纸上来。

其他注意事项：

（1）罗列在简历上的每一段个人经历必须要反复推敲，有没有不合逻辑的地方？请尽量保证信息真实，因为自己杜撰的经历是很容易被 HR 识破的。尽量去回忆每一段经历的细节并思考应该采用何种描述方式，这一段经历是平淡的？忧伤的？有成就感的？希望能提前好好思考一下并自我演练几次，最终达到的目的是这段经历要能体现出个人的某种品质，亦或者是从中学到了什么技能或知识。

（2）思考一件最感到自豪的一段经历或者习惯，放在任何公司面试中都可以拿来使用。

（3）面试前，多去网上搜一些常见的面试问题，并自己准备一份属于自己的回答模板，切忌不要抄袭网上的答案，一定要写一份属于自己的答案，只有自己的答案说出来才是自然的。

（4）校招期间企业很多，一定要有重点的面试，最想进哪几家企业？哪几个岗位？希望提前想清楚。只有坚持一个或两个方向，每一次准备才是在做加法，高频率的切换岗位，每一个岗位的准备会很不充分。

（5）简历中的重点地方，或者最想让面试官看到的地方可以用深红色标注强调一下（记住是深红色，不是亮红色）；不要过多，切记满篇都是强调那就满篇都不是强调了。

（6）简历转换为 PDF 再打印，格式不容易出错，能彩打就彩打，彩打给人的感觉还是很不一样的，起码能体现对这份工作的重视。

（7）“心里有点虚，只好吹嘘”。这一点千万不要做，简历的重中之重就在于真实性。HR 看过的简历无数，是不是吹嘘人家一眼就看出来了，哪怕看不出来也是可以通过面试问出来的。切忌简历中不要有空话、大话，一切以事实为依据，以成绩为准绳。

找工作真的是一个学习的过程，通过找工作可以学到很多，希望不要把它当作是一种负担，以一种平常心对待，该有的都会来的。

11.2.4 无领导小组谈论准备

房地产校园招聘面试环节始终逃不过无领导小组讨论。因为房地产非常注重沟通协调能力，不同部门之间经常会去争辩某一个专业问题，无领导小组讨论刚好可以检验求职者这方面的能力，在这个过程当中一定要注意以下几个方面：

（1）不要把同一组的小伙伴们当成竞争者。参与者是一个团队，要共同解决问题才是关键。

（2）做事有条理有规划。过程中要充分体现对工作安排的计划。例如，可以一开始就说出对团队工作的时间安排。可以说“我是这么想的，我们每人先对这个问题思考三分钟，然后每人依次用 1 分钟表述一下自己的观点，然后我们一起讨论一下，出来一个大纲，10 分钟画海报，最后选一个代表展示，给他留 5 分钟时间准备一下，一共用时 24 分钟，剩下时间为机动时间”。虽然看似与话题关联不大，但面试者做事有条理，有规划这一特点已经展示出来了。

（3）做事有逻辑。表达自己观点的时候，一定要说出自己的逻辑。最简单的就是可以这么讲“我是从‘是什么’‘为什么’和‘怎么办’这三个角度分析这个问题的等”。

（4）低调做人，高调做事。话抢不上就默默做事好了，面试官会看在眼里的。本身能力不足还一心想着“我要多说”只会在说话中露怯，得不偿失。

（5）有时间观念。讨论的时候，一定要在面试官面前时不时看一下表，然后如果讨论超过预定时间，一定要果断打断进行下一个环节。这样，面试者的时间观念和果断有原则也展现出来了。

（6）善于总结。在讨论的过程中还要多注意总结大家所说的话，有剩余时间时想出提议，推动讨论继续走下去，这样，总结和组织能力也体现了。

（7）展现领导力。最后评价环节这个地方说出自己的缺点反而是个加分的地方，表现了能客观地认识到自己的缺点，不好高骛远，而且表扬他人展示了有欣赏他人的能力。笔者认为这是领导力很重要的一点，领导力不代表自己本身要有多优秀，而是自己可以看到哪些人有哪些优点并能为你所用，是要会用人。

11.2.5 结构化面试准备

结构化面试有以下几个经验可以和大家一起分享：

（1）开篇自我介绍——建议按简历顺序进行自我介绍，方便面试官在听取描述的同时同步对照着简历进行审阅：个人基本情况、有过什么地产的实习经历、有过怎样的社会实践经历、取得过什么证书、个人的优势总结等。

（2）展现自己的特长，特别有亮点的地方一定要展现出来。

（3）面试的公司及岗位一定要提前做工作！

（4）若能托朋友提前去了解到面试官是谁，提前做简要联系（如添加微信等较好）。

（5）面试中大概率会被问到的问题

1）你对我公司了解多少？你心中我公司是什么样的企业？为什么要选择我公司？为什么选择投资岗？

2）你对房地产行业发展趋势的看法？

3）投资拓展需要具备什么样的特质？

4）为什么要选择这个岗位？

5）你的领导和你的意见出现矛盾你会如何处理？

这个环节面试官往往会从简历中挑选相关的问题进行询问，因此简历中罗列的实习公司及岗位，做过什么工作一定要烂熟于心。

11.2.6 如何选择 Offer

很多朋友咨询笔者关于地产 Offer 的选择问题，现在大家都非常优秀，拿到很多优质的 Offer，比较纠结是很平常不过的事情，可以理解。在这里笔者总结几条 Offer 比较的原则供大家参考：

（1）看平台。看企业规模，看行业排名，看发展势头，能选择地产 Top10 就选 Top10，能选 Top20 就选 Top20。选择起点的高度及视野决定了未来跳槽或者换工作时的砝码。大公司和小公司，全国布局的公司和非全国布局的公司，格局很不同。

另外，快速发展的企业优于慢速发展的企业，快速扩张意味着人员的扩充，人员的扩充意味着晋升的机会。

（2）看岗位。房地产岗位包括投资、营销、工程、设计、运营、财务、人力、商业、法务、招采等；选择岗位应做好两个匹配：一是匹配个人的兴趣、专业、能力，岗位是否专业对口，是否喜欢并且能够胜任这个岗位？二是匹配个人长远的职业规划，这个岗位的未来发展路径是什么，是否符合自己未来的职业规划？搞清楚这几个问题，岗位选择也就有了答案。

与此同时，建议尽可能选择人数少的核心部门（人数少晋升机会大），当然这里注意务必是核心部门。

（3）看区域公司发展情况。同一家企业不同的区域平台发展可能会参差不齐，去了解各个区域公司的发展情况，首选去总部，总部去不了，选择一个发展势头较好的区域公司或刚成立的区域公司。发展势头好的区域公司能够提供新人更完备的培训机制，而刚成立的区域公司往往机会较多，但反之则培训不完备，需要具备极强的自我学习和抗压能力；两类区域公司如何选择因人而异。

（4）看晋升机制及部门氛围。俗话说不想当将军的士兵不是好士兵，要去的这个部门有多少人？人员储备如何？设想一下加入3~5年之后能在这个部门做到什么位置？部门的晋升机制如何（表11–1）？

另外，部门氛围也很重要！为什么不是公司氛围？因为部门氛围才是真正每天工作所接触到的，个人相关性更强。部门氛围是不是简单高效？这一点可以提前去实习感受。

品牌房企培养计划　　表11–1

序号	企业	培养计划
1	碧桂园	碧业生、凤凰之子
2	万科	新动力
3	恒大	恒星计划
4	保利	保利合伙人
5	融创	创想家、传奇
6	中海	海之子
7	龙湖	仕官生、绽放生、CS
8	华夏幸福	常青藤
9	金地	金鹰计划
10	华润置地	百匠新人
11	旭辉	旭日生、皓月生
12	新城控股	新睿计划
13	世贸集团	新世力、新睿力
14	金茂	管理培训生
15	富力	富力星

（5）看薪资待遇。把握一个基本的标准：大公司薪资基本不高，因为大公司、好公司吸引人的地方永远不是在薪资上面。相反，如果一个公司通过开出很高的薪水来吸引人才，那么就要好好的斟酌一下了。

（6）看地域。首选一二线城市，北上广深及强二线城市最优，下图为地产从业比较推荐的城市选择；若无法选择一二线，则选择离家近或愿意待上3~5年的城市；但无论怎样，地产从业还是要求具备地点灵活性，通常，大家很难在一个城市待满自己的职业生涯。

房地产主要活跃城市群分类：

第一梯队包括6个城市群，2019—2030年年均需求1~2.1亿平方米，占全国总需求量的8.7%~17.7%。分别为长三角、长江中游、京津冀、成渝、珠三角、山东半岛城市群，年均需求分别为2.07、1.67、1.24、1.05、1.03、1.02亿平方米，占全国总需求比重为17.7%、14.3%、10.6%、9.0%、8.8%和8.7%。

第二梯队包括8个城市群，年均需求0.26~0.56亿平方米，占全国总需求量的2.2%~4.8%。分别为中原、滇中、关中平原、北部湾、黔中、海峡西岸、兰西、晋中城市群，年均需求分别为0.56、0.35、0.35、0.35、0.33、0.32、0.32、0.26亿平方米，占全国总需求比重为4.8%、3.0%、3.0%、3.0%、2.9%、2.7%、2.7%、2.2%。

第三梯队包括5个城市群，年均需求在0.25亿平方米以内，占全国总需求量的2.1%。分别为哈长、天山北坡、呼包鄂榆、辽中南、宁夏沿黄城市群，年均需求分别为0.24、0.19、0.15、0.14、0.04亿平方米，占全国总需求比重为2.1%、1.6%、1.3%、1.2%和0.4%。

CHAPTER 12

关于对房地产从业的一些思考

笔者在地产公司工作从业，谈谈自己的真实感受，供即将进入这个行业的朋友们参考。

12.1 强调沟通协调

在地产公司，无论从事的是投资、工程、营销、设计、成本、采购、财务等哪个岗位，都会发现每天的工作大部分时间是花在协调上面：投资需要协调营销、设计、成本等横向部门完成对项目价值的评判；营销需要协调各类乙方代理公司完成对营销方案的策划及包装，销售的推广；设计需要协调乙方设计院对设计方案的管控等。在房企工作可能会发现需要自己做的专业工作并不多，但是很多工作要协调其他部门的同事来做，而且还要做好。以投资岗举例，市场调研报告是营销同事完成的、设计方案是设计部同事管控设计院完成的、成本测算是成本同事完成的、财务测算是财务完成的，刚入职那会发现自己都不用做什么专业口的事情，自己每天就是一个传话筒，领导需要营销数据就去找营销同事要数据然后转告给领导；需要设计方案数据我就去找设计同事要到数据转告给领导等。后来慢慢发现，这样做投资是不行的，中间过程缺乏自己的思考，长此以往没有任何提升而且也没办法把工作做好。

那个时候笔者意识到，做投资虽然不是自己做的具体工作，但是自己要知道是怎么做的，其中的逻辑是什么，可能会出现什么问题，如何系统性地把各个部门的工作组织到一起等，换言之笔者不写市场调研报告、不画方案图、不做投资测算并不代表自己可以甩锅，只要是自己需要的数据，自己就得对它负责，无论是不是自己做的，自己是投资阶段整个项目的终极负责人。方案错了领导会责怪自己而不是别人。从那以后慢慢开始明白做投资要懂营销、设计、成本、采购、财务等各个专业板块的内容，慢慢地，也就开始有意识地去积累。

另一方面，由于方案的调整，随时有可能会在下班后、周末或者节假日需要自己去协调相关横向部门去做事，这才真正考验着自己的沟通协调能力。

因此对即将进入地产的朋友们，笔者强烈建议去努力提升自己沟通协调的能力，良好的交际还是比较重要的。

12.2 工作充实忙碌

地产甲方工作中大部分时间是用于沟通各职能部门或者各线条乙方，因此每天都是大大小小的各种会议，四位一体会、定位策划会、项目交底会、招标启动会、工程策划会等，各大地产商会议繁多无一例外。因此，在地产行业的工作状态就是要么拼命工作，要么拼命开会。

在这个行业所谓的重要紧急、重要不紧急、紧急不重要、不紧急不重要的法则往往不适用，为什么呢？因为往往会遇到很多事情是同时很紧急也很重要，往往需要当天晚上就要完成某个报告之类。而且因为是多方协调，所以很难在公司专注地做一件事，一会儿这位同事让自己交个表格，一会儿那位领导让自己传份文件，一会儿又让自己马上要参加一个紧急会议，所以白天上班时间就周旋在这些来来往往的事情上分身乏术，白天没办法专注也没有大段的时间让自己完成某项具有挑战的事情，那么既紧急又重要的事情往往只有晚上留下来加班独自完成，这其中的辛酸只有自己能够体会。

笔者曾无数次给私信我的朋友建议，一个追求生活平衡有着自己生活理想的人，不建议来地产。但如果已经选择来了，就要正视这个问题：年轻的时候工作辛苦点并不可怕。大家都还年轻刚踏入这个行业，通过努力工作让自己一年拥有别人两年甚至三年的工作经验，笔者认为也很好。前提是不要为了工作而工作，而应该学会多总结多思考,把工作换来的经验都进行内化。合理规划时间,对工作务必销项管理，做好自己的周计划、月计划安排，避免工作凌乱。同时提升工作效率，白天强迫自己专注工作，必须完成的工作限额完成。成长必定痛苦，要勇敢地跨出自己的舒适区！

12.3 竞争空前激烈

地产现在已经走到了行业整合期的关键阶段，所谓“大鱼吃小鱼、快鱼吃慢鱼”的时代。企业竞争加剧，规模要大、反应要快已经成了各大房企的共识。尤其是现阶段地价的快速攀升已逐步让小开发商机会寥寥，行业集中度进一步提高。如果现在身处一家发展还不错的房企，很可能要经常加班；以投资部门为例，所有的企业都意识到了这个行业的残酷性，都在拼命抓住每一个机会，因此几乎每一家企业内部都要求不能放过公开市场上的每一块土地，人就那么多工作量却成倍增加，压力较大。

人才竞争也是到了空前的程度。目前大房企纷纷喜欢大规模校招，目的就是为了吸引一大批优秀的应届生加入，尽管是学生，薪资待遇未必不及老员工！为何？因为应届生归属感强、有冲劲、更易于接受企业文化和理念，因此更具培养价值，给出的上升途径空间巨大，在地产行业年轻化趋势越来越明显，逐步赶超互联网。“长江后浪推前浪”在这个行业体现淋漓尽致，更年轻、学历更高、也更具冲劲的新人让老员工也着实倍感压力！人才的竞争自然是十分激烈的！

12.4 成长速度惊人

各大房企目前均有着相当完善的培训体系，入职半个月到一个月的集训以及企业积累的各种真实案例可以让一个几乎不懂房地产的新人迅速变成一个房地产专家！熟练掌握基本工作技能可以迅速做到。加之快节奏的工作以及企业给予年轻人的发展机会，可以让职场新人短时间内不论从能力上、职位上和薪资上都会有着快速地提升！

12.5 公平竞争能力

尽管这个行业这么累还是有成千上万的青年精英依然坚守在自己岗位上，笔者依然建议更多的应届生朋友加入，因为笔者认为这是一个公平竞争看能力的行业，在这里只要有能力，并且努力工作，最终总能找到发光发热的地方从而实现自身价值！以下简单列举某中部城市投资岗位发展路径年限及薪酬水平（仅供参考，图 12–1、图 12–2），对于一个敢于拼搏的年轻人来讲，是一个切切实实“看得见”的未来！

图 12–1　投资岗发展一般路径（仅供参考）

图 12–2　某中部城市投资岗薪酬水平（仅供参考）

12.6 地产适合人群

家里无明显背景，不追求朝九晚五，工作地点选择相对自由，具有一定的抗压能力和较强的组织协调能力，期望快速成长。

12.7 地产从业正确的价值观

经历过地产行业的波峰波谷，在不同的周期内，行业呈现出完全不同的景象。在这个行业生存，培养正确的价值观才能让我们走得更为长远（图 12–3）。

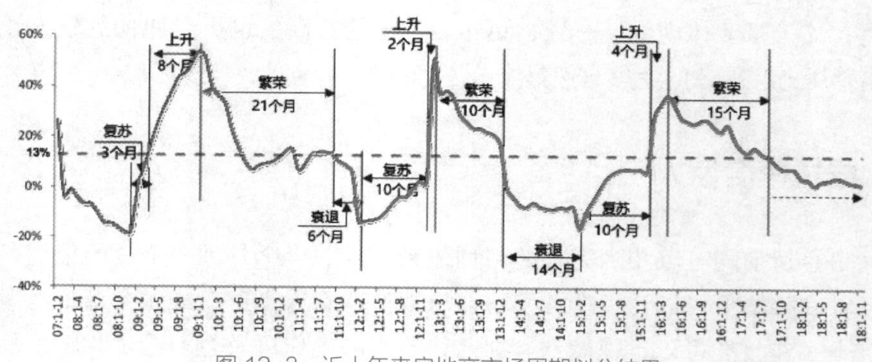

图 12–3　近十年来房地产市场周期划分结果

（数据来源：中指研究院综合整理）

12.7.1 行业上行不浮躁

2015 年以前，房企各地区公司投资人员都是比较少的，一个地区公司 3~5 个人很正常，这 3~5 个人主要就是监控这个城市主城区的招拍挂市场。如果偶有大的收并购项目，一定是临时从总部或者地区公司其他职能部门调集人手集中攻克。

业内都知道，2016 年以来市场开始大幅回暖，从一线到二线，甚至部分热点三四线，“涨”声一片，各大企业纷纷扩张，跟随龙头企业盲目下沉，冲击市场规模。2017 年几乎所有的房企都超额完成了既定的年度销售目标，干完 2017 几乎所有的企业都信心百倍，准备在 2018 年再大干一场；各大房企纷纷提高了自己 2018 年的年度销售目标，第一梯队目标基本在 6000 亿元以上，第二梯队在 3000 亿元以上，第三梯队则在 1000 亿元以上（表 12–1）。

部分房企 2018 年度销售目标　　表 12–1

企业	2017 年业绩	2018 年目标	增长率
万科	5239	7000	34%
龙湖	1560	2500	60%
泰禾	1007	2000	99%
中梁	758	1000	32%
融信	703	1000	42%
滨江	615	1000	63%

来源：公开报道

规模要扩大，首要必须得拿地，全年要完成的销售目标反推到上半年必然要完成充足的货量储备。作为一家企业的头号抓手，投资部门一定是最先扩充的队伍。于是出现了眼下常见的情况，各大企业一个区域公司的投资团队就有 20 人、30 人、50 人、70 人甚至更多。

彼时市场对于投资拓展人员的需求大幅提升，拓展人员的市场价值达到了前所未有的高度。那是投资拓展人员最好的时代，诸多拓展同行均借助上扬的市场行情通过一次次的跳槽实现了自己职位的升迁。这种故事往往成为众多投资同行讨论的“佳话”，其他岗位的都希望转行做投资，已经做投资的都在看更好的机会。

然而，美好的故事毕竟只会发生在少数人身上。人力为了完成招人指标，潜移默化地放松了人员招聘门槛，只要有心想来做投资岗，几乎都能面试成功！工程转投资，开发转投资，做销售的转投资，第三方策划单位转投资，政府有资源的挖过来，哪怕是土地串串也都挖过来做投资！整个行业比较混乱，跳槽频繁，职位也随着跳槽次数节节攀升，猎头们忙得不亦乐乎！

试问，招的这些人有几个是曾经做过投资，又真正适合做投资呢？有几个是真正会做测算、会设计交易架构、懂得谈判的人呢？

这样的投资人，在市场下行的时候，不裁掉你裁掉谁？因为你本来就不属于这个行业，或者说你积淀得还不够深！很多人的反复跳槽在HR那里看来便是一个笑话，刚毕业一年不到就跳槽，眼光还不低；毕业三年换了三四家单位，稳定性较差，在HR那里看来就是忠诚度不高，不值得重用。很多人跳槽已经成为一种习惯，哪里给的职位高薪资高就去哪里，而愿意给出远超市场水平薪酬的公司，要么公司规模小，要么工作强度高、压力大，人员流动大，只能以高薪招揽人才；放眼一看，平稳发展的公司和部门向来是很少有员工离职的，位置自然少，即使有零星的人员离职，那迅速也会有一大批人员补上，这样的公司往往不需要利用高额的薪酬去吸引人才，毕竟除开薪资还有更多令人期许的东西，例如，认识更多优秀的同事，良好的学习成长环境，职场镀金等。

笔者所知道的很多地产同行单纯因为薪资高跳槽去到另一家单位，去了以后发现业务指标实在太高而自己又无能力完成，又慢慢地开始打退堂鼓，而一旦养成了高薪跳槽的习惯，此时打退堂鼓挨也要挨到有一家能够开出更高年薪的公司才会选择离开，否则会没有跳槽的动力。好在那两年市场向好，会出现这样远高于市场行情的薪酬待遇，而一旦市场回归理性，行业回归该有的模样，所有企业薪资都回归正常水平，受惯了高薪跳槽的朋友，此时想要换工作往往只能降薪前往，在平时的工作中自然也会心不在焉，因为老是想到以前自己月薪拿5万，现在月薪拿3万，虽然已经略高于行业正常水平了，但心里会依然与自己过意不去。

这个行业在上升期会慢慢地变得浮躁。

很多人都希望用最短的时间达到尽可能高的职位；职位越高带给自己的社会荣誉越高，意味着每次出门谈项目能够约见更高一层的领导。各个公司的通讯录仿佛是透明一般，每天都会收到全国各地猎头的电话，问你是否在看机会？甚至会主动邀约和你见面聊一聊。

在这一行工作久了，尤其是做投资，最戏剧性地便是参与土拍了，因为一进现场你会发现好多来来往往的同事朋友，今天你的同事明天成了他的同事，明天他的领导成了你的领导，各大公司年初/年中都会互相换一批人，不是你到我这里来就是我到你那里去。

在上升期，这个行业会变得越来越浮躁，希望同行们都能一直保持初心，知道自己未来的路在哪里。上升期时，对于跳槽笔者依然慎重，对于跳槽笔者有几个建议：

（1）如果目前你在你的公司和部门还在不停地成长，建议不要急着跳槽；

（2）如果能够遇到一个好领导，一定要珍惜，有时候领导甚至比公司还重要；

（3）你跳槽时最好是对自己能力有着充分信心的时候，即使这家公司不满意还有再跳槽的资本；

（4）如果实在要跳槽，请不要只关注薪资和职位，公司的发展潜力、部门的晋升路径同样很重要。

12.7.2 行业下行不焦虑

“牧诗地产社群”中有一位应届硕士生朋友，经济学专业，今年 7 月毕业就加入了销售额前十的某房企投资部，不料市场下行，进去三月不到就被裁员了！目前正在找工作，参加校招没资格，参加社招没啥经验，他说自己感觉人生跌到了谷底，希望笔者能给些建议。

听到他的倾诉以后笔者内心非常难受，笔者了解当时很多公司都在裁员，但是一直坚信不会伤害到毕业生，因为在笔者脑海里他们都是有保护期的，没想到连他们也受到牵连了。没有应届生的光环，也没有足够的工作经验，让他们在失业后如何面对呢？笔者不敢想象，所以难受。

对于笔者所了解到的品牌房企，一般是不会轻易“动”管培生的，因为费尽心思从众多房企里把这群经过数轮筛选的毕业生抢到麾下是不容易的，同时因为校招生可塑性强，对品牌的忠诚度高，往往是众多房企比较青睐的。

正所谓水能载舟，亦能覆舟。学生群体之间对于企业“好”的行为传播度高，对于企业“差”的行为，传播度则更高，例如：刚签约就解雇。如果他今天放弃了其他众多企业的橄榄枝，经过深思熟虑选择了这家企业，那么他是在拿自己未来 3~5 年的职业生涯押在了这家企业身上，这家企业此时裁员，对他的伤害之大可想而知。

再如果这家企业若是大规模裁员的话，将会在学生群体当中引起激烈地传播，未来 3~5 年的校园招聘可能都不太好做，因此而错失一批最优秀的年轻人。

这又让笔者想到了社群里大家热议的某十强投资员工的吐槽。这位员工原已在国企里工作了十余年，2018 年上半年该十强企业由于规模快速扩张亟须补足投资人员，于是人力通过猎头找到了他。刚开始他有些纠结，毕竟在国企平台更加稳定，压力也没那么大。

在人力的百般说服下，他动摇了。他想到这家企业毕竟是十强企业，平台够大，而且给的薪资也不错，于是便加入了该投资团队。加入团队以后，他快速进入状态努力工作，白天在外面跑地，晚上整理资料。积极地动用自己手上的一切资源帮助企业拓展土地，刚工作不久就已经获取到一些有价值的信息。

但万万没想到的是，行业的“冰点”说来就来。因为他入职半年不到，尚属于团队当中“资历”较浅的，于是没有幸免，劝退他的是同一个人力。

2018 年真的是戏剧性的一年，上半年大家还在疯狂拿地疯狂招人，而到了下半年瞬间由狂热变为冰冻。从 2018 年 9 月开始，地产投资圈几乎炸了，大家都热烈讨论很多公司目前都暂停投资了，圈里投资人员纷纷表示“无比焦虑”，是不是接下来就要裁员了呢？有同行戏谑地说准备跳槽去证券，去卖基金卖保险了。

在这个时候，万科的这张图片火了（图 12–4）：

图 12-4　万科“活下去”
（来源：公开网络）

图 12-4 当时再次传递了市场下行的信号。为什么 2018 年下半年各大公司纷纷传递了对市场预期不乐观的信号？地产行业为什么突然下行？大概有以下几个方面的原因：

（1）政策从紧。从 2015 年开始“去库存”，到 2019 年上半年去库存任务基本完成，通过这场浩大的去库存为深化改革创造了条件和赢得了时间。但是富有竞争力的经济体不能光靠房地产来拉动，不能让社会上有限的资金都流入房地产，而对实体经济造成冲击。因此：2018 年 3 月，两会政府工作报告进一步强调“房子是用来住的、不是用来炒的”定位，继续实行差别化调控；同年 7 月，中央政治局会议强调“下决心解决好房地产市场问题……坚决遏制房价上涨”，两次重要会议确定了 2018 年全年房地产调控的政策基调。

于是，地方政府延续 2016~2017 年因城施策的调控风格，在需求端继续深化调控的同时，坚决遏制投机炒房，保障合理住房需求。在供给端则发力住房供给结构调整，大力发展住房租赁市场、共有产权住房等保障性安居住房，增加有效供给比重。

房地产去库存任务完成，意味着刺激政策退出、购房补贴取消、棚改货币化放缓，同时以扩大供地为代表的“补库存”开始，以“坚决遏制房价上涨”。

而我国的房地产市场又是对政策非常敏感的市场，多地政策频出，对市场预期产生了明显影响。包括需求端（购房者、投资者）及供给端（房企）。

（2）偿债压力剧增。在 2016~2017 年大幅扩张的背景下，房企负债率明显上调，据 Wind 数据，2018 年 A 股上市的 131 家房企负债 7.89 万亿元（2018 年全国市场规模也就 14 万亿），房企 2018~2020 年债券到期规模较大，2019 年就有 6.1 万亿债务待还，存在集中偿付压力。面对巨额的债务，加之中央“去杠杆”，融资端收紧，房企现金流压力大;此时最快的办法就是把手里的楼房卖出去，降价促销势在必行，我们看到恒大、泰禾、泛海、绿地、佳兆业等企业均纷纷降价。

（3）美联储于 2018 年 9 月 26 日加息 25 个基点，央行为了保住汇率破 7 这道心里关口，跟随加息，对楼市的影响有两点：首先增加了楼市资金外流的压力，其次央行同步加息导致的房贷利率上升。

（4）房地产税立法程序加速，我国房地产资产总价值 760 万亿，房产税收 1% 就是 7.6 万亿，收 2% 就是 15 万亿；而 2017 年全国财政税收不过 14 万亿。征收房地产税会是大概率事件。

（5）刚需对于楼市预期的转变，国人向来买涨不买跌，市场上扬购房者蜂拥而至，2016~2017 年大市场行情透支了未来较长一段时间需求；市场一旦出现下行的信号，购房者观望情绪加重，卖方市场迅速变成买方市场，体现在成交端则销售额下跌。但仍然会有一部分客户认知延后，这也是现在房企需要降价加快去化，抢占最后一批客户。

以上几个方面导致房地产 2018 年下半年发生重大转向。这些原因笔者也感同身受，当时有不少置业顾问给笔者打电话让买房，其中不乏一些高端豪宅项目，在 2018 年上半年以前可是几乎收不到置业顾问的电话促销的，那个时候房子现场都抢不到，哪有置业顾问还打电话促销呢？这些事情说明市场确实是在发生变化。

也正是这些原因，万科董事会主席郁亮在南方区域 9 月月度例会上的讲话才喊出了万科要“活下去”的口号。

一个行业上涨不一定都是好事，下跌也不都一定是坏事。一个行业上涨越快，泡沫越大，伴随的风险也就越大；目前下跌正是释放风险，回归理性的过程，过程虽然痛苦，但确是朝着一个更加健康的方向发展。

作为地产从业人员，在这种阶段也切莫过于惊慌。因为笔者已经不止一次看到很多同行在各大交流群里流露出了焦虑与不安。而这部分人与上半年吐槽地产忙碌、加班多的又恰恰是同一批人，他们进入地产或许也没有经过太多自我的思考，人云亦云。别人说好我就挤破头进来，现在别人说这个行业正在变差了，便又开始后悔当初自己的选择。

行业高点你未必有机会，而在低谷的时候却存在诸多翻身机会。大家现在看到各大房企纷纷降价销售保现金流，无非就是为了活下来。活下来为了什么？还不是为了在新的一个周期里面能够快速崛起。现在降价卖楼储备子弹，一旦市场稍后回暖，一定是迅速抄底，厚积薄发。

行业下行环境下谁不慌呢？这关系到自己未来的职业发展走向。但理性分析一下，借用任志强的一组数据，2017 年我国达到 16.9 亿平方米的销售面积，2018 年按目前情况看，即使下降，也还会达到 16 亿平方米左右的这个数字。市场还是巨大的，全世界都找不到这么大一个房地产市场。哪怕即使下滑，而且持续下滑，从去年接近 17 亿平方米的销售面积降到 16、15、14 亿平方米，它仍然是一个巨大市场。

某企业老总曾经说过温州人有一个赚钱的逻辑，那就是“这个行业上升期有上升期赚钱的方法，下行期有下行期赚钱的方法”，他对这个市场从来是乐观和积极的！这也是该企业为什么在近两年能够快速崛起的灵魂所在。很多同行还是缺乏对行业深耕的精神，看着这个行业好就一拥而上，这个行业一旦出现问题就想着马上快要撤出换一个行业；或者在这个公司没待两年，套路都还没摸清马上就想着换一个平台，时刻秉持着一种“投机”的心态来对待自己的职业生涯。

笔者时常会买一些股票基金，因为2018年大市场行情的原因一直在跌，所以基金跌得非常惨痛，每一天都肉疼；有时候看看基金评论区，很多朋友就坐不住了，使劲儿骂基金经理亏了自己的钱，于是便割肉退场。笔者因为确实是看好这几支基金所以才买入的，提前也有所研究，尽管最近这段时间投资形势不好，但是笔者依然保持着每天定投，越跌越投，因为笔者相信这几支基金未来的潜力，另一方面笔者有部分闲置资金，所以就索性投入基金中。近期笔者偶然看了一下这几支基金，由于大盘稍有回暖的迹象，行情又有了一轮小的回扬，虽然也是亏的，但是跌幅已经很小了，此时再看评论区，又有一大批人抱怨道“我持有的时候你一直跌，我一退出你怎么就涨了？”

再回过头来看房地产，2014~2015年那个时候房地产行情比较冷淡啊，笔者清晰记得那个时候大学选专业避开房地产，选了专业的都考虑换专业；买房只要首付两成，利率打8折，有人买吗？寥寥无几。而一来到2016~2017年，整个市场开始呈现火爆迹象的时候，大家又蜂拥而至买房，首付比例贷款利率大幅提升，买房的人络绎不绝！而2018年市场行情下行时，很多人又想卖房退场，可是容易吗？此时愿意来买房的人已经少之又少了。

职场一样，希望大家秉持着一种“价值投资”的心态来对待自己的职业生涯，不能因为看着市场好就进入，因为市场不好就退出，有一句话曾经用来形容那些非地产企业进入房地产行业的描述，即“因为不懂而进入，因为了解而退出”，形容得可谓是非常贴切。房地产有周期大家都知道，笔者并非否定大家的职业自由选择，而是建议大家每一次在换一份工作尤其是换一个行业的时候多问问自己，我在这里真正沉淀了什么？我具备了什么资本？我未来依靠这个资本能否可持续发展？我之前投入到这份工作的时间精力以及机会成本划算吗？三天打鱼两天晒网显然不行，如若这样你就会老感觉自己像浮萍一样，飘来飘去始终没有归属感。大家想想自己公司的高管，有哪一位不是一直待在这个行业，经历了一个或数个房地产周期，也有过在一家企业长达数年的工作经历！

基金定投中盛行的“微笑曲线”理论（图12-5）。定投微笑曲线的形成是投资者在市场上开始定投，待股市走出一段先下跌后回升的过程之后，在上涨到获利点时赎回，然后把这一段“开始—亏损—收益—赎回收获”的收益率连成一条线，这段弧线就构成了微笑曲线。与一次性投资相比，定投微笑曲线的神秘之处就在于它的“定投”二字，定投意味着分散分摊。投资者持续地投入，使得其在市场低迷时能以较低的成本获取筹码，在这

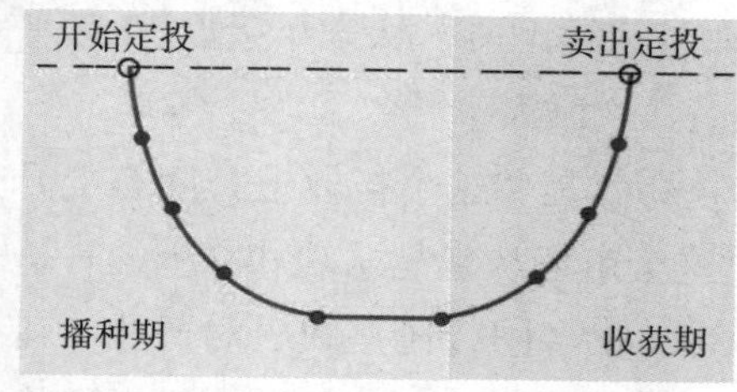

图12-5 “微笑曲线”定律

一过程中摊薄了成本，那么当市场回升时，投资者自然将获利。职场又何尝不是这样呢，只要坚持在这个行业这个岗位深耕，在足够长的周期内，一定能够获得丰厚的职场“收益”。

因此，希望大家既然选择进入了这个行业做了这个职位，那就应该坚持下去，积累足够的经验，充分提升自己的能力，长远地在这里深耕自己的职场能力和专业能力，做一个“价值投资”者！当自己足够强大以后，你还害怕自己没有发展，职业没有前途吗？所谓无心插柳柳成荫，正是如此。

2018 年下半年人人喊衰，人人喊难过的时候，人人都在讨论要离开的时候，你更应该静下心来，用心沉淀，弥补自己缺乏的专业板块，提升自己！上半年大家都那么忙，有好多想看的书，想上的课，想约的朋友都耽搁了，现在终于可以放缓一下脚步，重整队伍，这多好啊！

一旦市场稍有回暖，希望你能够抓住机会、迅速崛起，从而奠定自己的职场地位！

以下诗句供你我共勉：

去留无意，闲看庭前花开花落；宠辱不惊，漫随天外云卷云舒。

12.7.3 地产下行下投资人的出路

有的朋友便说了，房地产行业不好，那我就跳槽呗，换个行业不就行了？

但是覆巢之下，安有完卵？大经济环境严峻，谁又能好过呢？

这不是唯一一家裁员的公司，也不是唯一一个裁员的行业。

2018 年 6 月以来，全国上百家 P2P 平台连续暴雷，互联网金融领域出现大规模裁员潮。惠普公司计划在 2019 财年末前裁员 4500~5000 人。

2018 年 8 月，美图公司 Q2 季度财报收入同比下降 5.9%，净亏损 1.27 亿，随即曝出美图公司裁员的消息。

2018 年 8 月，拉勾网前 CEO 马德龙离职，并随即爆出拉勾网裁员的消息。极具讽刺意味的是，拉勾网本身就是一个招聘平台。

2018 年 9 月，星巴克首席执行官宣布，星巴克将做出重大改变，调整公司组织架构，以及涉及从高层开始的裁员。

一幅悲观的景象。作为普通的求职者怎么办呢？

已经被裁员的怎么办？

怕被裁员的怎么办？

让你转岗怎么办？

正准备入行的怎么办？

投资还是不是 C 位？

应届生毕业就进入投资岗还是不是好的选择？

一个个疑问接踵而至，我们一个个来看。

（1）已经被裁员的怎么办？

笔者认为这部分朋友要么中途转行而来，要么目前还比较年轻，总归应该是做投资的时间不长，经验沉淀尚显不足，便不幸被裁员。经历这么一场裁员以后，从业者应该懂得，在一个行业积累足够经验的重要性，切勿频繁跳槽，而应该重视在一个行业一个岗位上的工作“厚度”！

那么在接下来，既然你已经选择了地产行业，未来如果没有大的意外，建议继续留在这个行业深耕，而且尽量申请同一个职位，此时你更应该通过各种途径了解其他地产公司的任何招聘需求（星球里也有在这个时点找到工作的同事），实在没有也别过于烦躁，静下心来认真学习一段时间，缺哪补哪，提升专业技能。

此外，如果你还很年轻，建议利用现在的空闲时间学习一门专业技能。有一门普适性强的专业技能是经济危机中最好的自保方式了。

比如你的文笔好，可以写文章投稿或者替人写文案；比如你会 PS，那你也可以去帮人美图；喜欢摄影，可以尝试下帮别人拍照；再高深一些的可以学习一些数据分析、编程之类的硬技能。

即使你现在所在的公司裁员了，即使行业不景气，只要有需要这个专业技能的公司，你总能找到工作。现在这个社会已不同以往，才华变现的平台很多，只要你善于发掘，还是有很多机会的。

（2）担心被裁员的怎么办？

有这个担心的人，说明你对自身的能力和资历尚不够自信，自己的位置分分钟可能被其他人所替代。

那你就要反思了，是自己来这个公司的时间还不够长？是因为自己频繁跳槽的原因导致的？还是自己没有掌握啥核心优势？

在这个行情下能够稳如泰山的人，笔者总结认为大致有以下几种情况：

1）长期服务这家公司（占比最高），所谓的长期一般不少于 3~5 年，这类人忠诚度高而且也足够了解公司的方方面面，因为了解公司所以可很快完成公司交待的任务，这类人对于公司来讲都是非常稀缺的人力资源，一般不轻易更换。

2）领导喜欢，既然领导喜欢，要么做事踏实，要么悟性很高，领导认为有极大培养价值，可为自己时刻分忧的人。

3）专业能力极强，就是有些专业问题只有他或者极少部分人能解决，换了别人搞不定，这类人难以取代。

4）有资源有背景的人，这类人不在我们讨论范围之内。

如果你不具备以上四种特征，那说明你就是职场“小白”了，有这个担忧再正常不过，那怎么办？

首先我觉得要正视这个问题，你正视它了也便坦然了，说明你现在确实存在不足，那接下来你就往上面总结的前三种人的方向去努力。即使不幸被裁，那就按第 1 种情况说的去做。苦苦锻炼自己，等待下一次窗口来临，再不犯今天所犯下的错误。

（3）安排让你转岗怎么办？

果断转！人力既然已经给你提出这种要求了，说明你在领导心目中已是属于可替代的人了，这个时候不要纠结，投资已无更多的事情做，去其他部门锻炼学习有何不好？

留得青山在，不怕没柴烧！投资本是一个综合性的岗位，你待过的部门越多，看待项目的角度越立体，视野越开阔；你只需要不断学习，努力地提升技能，待突然有一天投资放开，相信你会很快被召回投资的，那个时候你的优势会很快展现出来！

（4）正准备入行的怎么办？

很多人在纠结，房地产都这副样子了，此时选择去房地产岂不是明知山有虎，偏向虎山行？这样说吧，如果你本身就是在大房地产行业内的，比如乙方转甲方，施工单位、策划单位、代理公司转地产公司，那笔者认为你也不要纠结了，有个位置给就赶紧占着吧！

此时，不要想着地产不行我要不换个行业试试？前面已经提到了，覆巢之下，安有完卵。房地产行业不景气，其他行业同样好不到哪里去，哪怕是多金的互联网、金融、银行、证券。再说换一个行业，你将失去自己这么些年积累的一切资源，从头再来，想想都是一件非常可怕的事情。

（5）应届生还能选择投资岗？

投资还是不是“C 位”？笔者还是坚持自己的看法，在众多的应届生岗位中，投资这个岗位的发展潜力是比较大的。在现在这个行情下，很多房企校招已不再招聘投资岗，但也不例外。如果你有幸拿到了投资的 offer，笔者自然还是建议你去的。

目前大家普遍热议的是，市场上行投资“C 位”，市场下行营销是“C 位”。当前企业都不拿地了，现在去投资干什么呢？

对于在职转岗的话，笔者不建议现在直接去投资，但对于应届生来讲逻辑会有些不同。

首先应届生可塑性强，但刚入职是不能马上投入战斗的，它需要一段时间的培养，这也就是为什么每家房企在应届生入职前都有半个月到一个月的集中培训。现在投资虽然停了，应届生进入第一年一般没有业绩压力，可以刚好趁着这一段时间学习专业技能，了解企业文化。

投资不可能一直停，也不可能长时间停，一旦在可期望的时间内放开的话，刚好可以踩准投资起步的节点，逢上新一轮的周期，此时已经有一定的理论功底打底，再经历几个项目实操，便可很快在公司站稳脚跟，升值加薪并不遥远。

最近很多售楼人员普遍反映房子不好卖了，以前开盘即售罄的景象一去不复返，一些“95 后”刚开始做置业顾问的朋友可能误以为这就是地产行业，它本应该是“繁荣”的，房子本应该是好卖的。但殊不知在过去的 20 年时间里大多时候房子是不好卖的。

一个行业好的时候可能就只是这一段时间，而平淡才应该是这个行业的常态！

只有当这个行业真正进入卖方市场，你才真正能够理解到什么叫做“销售”。销售不是每天只需要坐在售楼部等待客户到访，然后给客户背一遍楼盘宣讲就完事儿的。

真正一个好的销售应该去积极地维系与客户的关系，捕捉客户的价值敏感点，把合适的产品卖给合适的人，促进成交。

当市场热火朝天的时候，没有人能够认识到做销售的真谛；只有当市场下行，才会逼迫你不得不朝着更优秀的自己去努力，因为市场下行对于置业顾问来讲不是坏事，它反倒可以真正培养出一批真正理解销售的人才，而这一批人才是不太会因为市场下行而缺乏客户的。相反，它总是能够找到一批真正需要买房的人。

置业顾问如此，其他岗位又何尝不是呢？

当市场好的时候，做投资的一年拿几块地就觉得成绩不错，殊不知这是市场好公司放宽了审核标准而已。

做策划的，项目每天到访量喜人，都以为这是自己方案推广做得到位；殊不知市场好哪个楼盘到访量都喜人啊。

做工程的，房子只要修出来就能卖，有点小瑕疵只要房价在涨客户就大概率是不会闹事儿的，便想当然以为自己盖的房子工程质量是过关的。做客关的，市场好维权事件当然少，便以为自己客户关系维护好了？

一个行业好的时候可能就是一段时间，而平淡才应该是这个行业的常态。只有平淡的状态才能真正检验一个从业者真正的职业能力。

好的环境下人人都可以把事情做成，而在糟糕的环境下大家博弈的才是真正的才华啊！

因此，行业好是幸事，行业竞争激烈一点又何尝不是幸事呢？况且这个行业只是逐步回归到理性状态，去除风险而已，我们应该看到行业是在向好的方向发展。笔者也始终相信这个行业是还有机会的，每年中国超10万亿的销售规模本身就是一个庞大的市场。

笔者只是看到没经历过房地产周期的同行现在都异常惶恐，而经历过周期的同行却显得格外淡定。多年的经验沉淀，行业起起伏伏早已司空见惯，来人走人内心波澜不惊！

大浪淘沙，该留下的都会留下，不该留下的都会带走。

所谓的危机，既是危险，也是机会。有的人一副好牌也能打烂，而有的人一副差牌也能打好。同样的一副牌看你如何打而已。

参考文献

[1] 陈曦 . 浅谈房地产项目股权收购财务尽职调查 [J]. 智富时代，S2，2016.

[2] 张绍虹 . 案说土地增值税清算鉴证 [J]. 注册税务师，（9），2015.

[3] 张桂芳 . 房地产企业三大主要税种的预缴与清算 [J]. 天津经济，（4），2018.

[4] 纪淼文 . 营改增背景下土地增值税的完善研究 [D]. 苏州大学，2017.

[5] 岁冰 . 房地产企业土地成本税前扣除的税政差异 [J]. 注册税务师，（12），2016.

[6] 刘隆亨 . 财产税法 [M]. 北京，北京大学出版社，2006.

[7] 眭立辉 . 土地增值税及房地产市场研究 [D]. 天津大学，2007.

[8] 马思琳 . 我国房地产开发企业土地增值税纳税筹划 [D]. 云南财经大学，2016 .

[9] 王宏军 . 税法案例选评 [M]. 北京：对外经济贸易大学出版社，2011 .

[10] 王晓亮，荣凤芝 .“营改增”后房地产开发企业预缴增值税、差额计税会计处理解析 [J]. 商业会计，（7），2018.

[11] 赵莉 . 营改增改革对房地产新老项目的影响 [J]. 中国乡镇企业会计，（5），2016.

[12] 陈丹 . 营改增对广宇房地产公司的影响及应对措施 [D]. 天津商业大学，2016.

[13] 王波 . 对营改增后土地增值税若干征管规定的解析 [J]. 注册税务师，（3），2017.

[14] 江承维 .“营改增”对我国房地产企业财务绩效的影响研究——基于财务绩效的报表表现视角 [D]. 重庆大学，2017.

[15] 伍少金 .“营改增”后房地产企业土地成本的会计核算及税务处理 [J]. 消费导刊，（21），2018.

[16] 杨梅 . 土地增值税清算需关注的特殊事项 [J]. 注册税务师，（9），2014.

[17] 薛娟 . 房地产开发企业契税风险防控的政策要点 [J]. 注册税务师，（7），2015.

[18] 胡志军 . 税法教程 [M]. 天津：天津大学出版社，2013.

[19] 李梦彦 . 营改增下房地产业税收筹划研究——以 A 企业为例 [D]. 青岛大学，2017.

[20] 王海涛 . 资产重组不同方式下的税务处理 [J]. 注册税务师，（7），2013.

[21] 一二级联动开发的“控地”策略 . 石门小会计 . 新浪博客 .[EB/OL]. http://blog.

sina.com.cn/s/blog_13da542ec0102xab2.html

[22] 给地产人一份土地获取及开发流程开卷题 . [EB/OL]. www.yidianzixun.com ; http://www.yidianzixun.com/article/0JFEM7Qb

[23] 万科小股盘操盘模式研究 .MBA 智库文档 . [EB/OL]. https://doc.mbalib.com/view/00e3817459cb4928345e6bdd11daa554.html

[24]《房地产开发项目全程税务测算 _ 搜狐财经 _ 搜狐网 . [EB/OL]. https://www.sohu.com/a/212344378_753397

[25] 房地产项目尽职调查实务经验 . [EB/OL]. http://blog.sina.com.cn/s/blog_ 621583480102xa4a.html

[26] 建纬观点 房地产项目尽职调查实务经验分享（二）. [EB/OL].https://www.wang1314.com/doc/topic-20880205-1.html

[27] 房地产开发项目全程税务测算 . [EB/OL]. https://new.qq.com/omn/20190419/20190419A07ZUU.html

后　记

想了想，还是写一篇简短的后记。

从事投资工作是一份有着美好职业前途的工作，感谢这个美好的时代给予了这个职位很大的发展空间，从事投资，无论是专业素养，还是人际沟通、资源积累等诸多方面均可得到良好提升。

感谢一路一直支持我的朋友们，因为每天与你们的深入交流让我更加深刻地感知行业内各企业、各岗位的真实工作情况及各地区市场动态；同时某些朋友针对某个专业问题联系我进行深入的探讨也让我们彼此共同得到了成长。

其次，感谢牧诗地产圈团队 @ 小小在本书编辑过程中给予的诸多帮助与支持。

最后，本书诸多言论均为个人观点，难免有纰漏之处，若有相关不足还请批评指出，如若进一步沟通欢迎添加个人微信 mushi456 探讨。

牧诗

2019 年 5 月

微信：mushi456

邮箱：mrthinkerclub@sina.com